“十四五”江苏省高等学校重点教材(编号：2021-2-116)
高等学校人工智能教育丛书

计算机视觉

Computer Vision

段先华　徐　丹　陈建军　编著

西安电子科技大学出版社

内容简介

本书详细讲解了传统计算机视觉和基于深度学习的计算机视觉的一般原理和经典算法；在传统计算机视觉方面，介绍了图像几何变换、颜色变换、直方图修正、图像滤波等，并详细讲解了图像底层特征和传统分类算法；在深度学习计算机视觉方面，详细介绍了如何将卷积神经网络应用于物体分类、目标检测等任务中；最后，探讨了其他深度学习网络，如循环神经网络、深度信念网络以及生成对抗网络在计算机视觉领域的最新应用。

本书适合计算机相关专业以及人工智能专业的本科生、研究生使用，对有一定基础和经验的读者深入理解和掌握相关原理与方法、提高解决实际问题的能力也有帮助。

图书在版编目(CIP)数据

计算机视觉 / 段先华，徐丹，陈建军编著. —西安：西安电子科技大学出版社，2023.2
(2024.7 重印)
ISBN 978-7-5606-6744-7

Ⅰ. ①计… Ⅱ. ①段… ②徐… ③陈… Ⅲ. ①计算机视觉 Ⅳ. ①TP302.7

中国版本图书馆 CIP 数据核字(2022)第 239633 号

策　　划　高　樱
责任编辑　高　樱
出版发行　西安电子科技大学出版社(西安市太白南路 2 号)
电　　话　(029) 88202421　88201467　　邮　　编　710071
网　　址　www.xduph.com　　电子邮箱　xdupfxb001@163.com
经　　销　新华书店
印刷单位　咸阳华盛印务有限责任公司
版　　次　2023 年 2 月第 1 版　2024 年 7 月第 3 次印刷
开　　本　787 毫米×1092 毫米　1/16　印张 13
字　　数　303 千字
定　　价　37.00 元
ISBN　978-7-5606-6744-7

XDUP 7046001-3
如有印装问题可调换

前　言

人工智能技术的不断发展正在深刻地改变着人类的生活。2019年3月，人工智能专业被教育部列入高等院校新增审批本科专业名单，全国共有35所高等院校获得了首批建设资格，标志着人工智能本科专业的诞生。这是我国抢占人工智能技术制高点的具体举措。计算机视觉是人工智能及计算机类专业的主干课程，建设好计算机视觉相关课程是积极开展“新工科”实践、培养人工智能领域创新人才的重要保障。

计算机视觉是一门实践性很强的课程，虽然已经出版了相关教材，但其中既有理论又有实践指导的很少，因而笔者认为本书的出版是这方面的一个有益的补充，希望本书能够为计算机视觉学习者提供有价值的参考。

本书在内容安排上力求深入浅出，注重理论与实践相结合。一方面通过对基本理论知识的讲解，帮助学生快速掌握计算机视觉的经典算法，加深学生对计算机视觉基本理论的理解；另一方面通过实践，激发学生学习潜能，快速提升其实践拓展能力。本书在内容设置、模块划分和形式编排方面紧密联系实际，注重学以致用，具有以下特点：

(1) 在内容设置方面，依据计算机视觉技术发展的时间线设置教学内容，详细讲解了基于底层图像特征和分类的传统计算机视觉算法，及以卷积神经网络为主的基于深度学习的计算机视觉算法。

在介绍传统计算机视觉算法时，本书从基本的图像处理方法开始，介绍图像的几何变换、直方图修正、图像滤波等，在此基础上讨论了图像底层特征提取算法，如HOG、SIFT、Hash算法，并介绍了传统的分类算法，如KNN分类器、贝叶斯分类器、SVM分类器等。

在介绍深度学习计算机视觉算法时，本书从人工神经网络开始，深入剖析卷积神经网络的原理；进而阐述如何将卷积神经网络应用于计算机视觉的物体分类、目标检测等常见任务中；最后，探讨了其他深度学习网络，如循环神经网络、深度信念网络以及生成对抗网络在计算机视觉领域的最新应用。

(2) 在模块划分方面，把内容分为基础理论、案例分析及实验拓展训练三个部分。本书本着“力求简单，又不影响理解”的原则讲解计算机视觉技术的概念和原理；在案例分析部分，通过代码和实验图像让读者直观感受计算机视觉算法处理的效果，帮助其理解计算机视觉的核心内容；实验拓展以任务为驱动，以算法实现为目标，提升学生解决实际问题的能力。

(3) 在形式编排方面，在讲解相关理论知识的基础上，主要章节均设置了实验任务，提供了相应算法的Python实现代码，引导学生动手实践，帮助学生解决实际问题并掌握计算机视觉算法在相关领域的应用，培养学生的创新实践能力。

本书共分为11个章节，其中第1、7、8、9章由段先华编写，第2、4、5章由陈建军编写，第3、6、10、11章由徐丹编写。本书编写的过程中，得到了左欣、钱萍、张明、程倩怡、叶赵兵、苏俊楷、卢家乐等老师和同学的帮助，在此表示感谢。在编写过程中，本书还参阅了相关文献资料，除文末列出的主要文献外，还得益于多种媒体以及同行交流，难以一一标明出处，特此说明并表示感谢。

限于编者水平，书中存在不足之处在所难免，请广大读者批评指正。

编　者

2022年8月

于江苏科技大学

目　　录

第 1 章　计算机视觉概述

人类接收的大部分信息都是通过视觉系统感知的。图像无处不在，人类对图像的理解似乎是一件简单自然的事情，但对于计算机而言，对图像的理解则是一项复杂而具有挑战性的任务。

人类很容易感知周围世界的三维结构，能毫不费力地从场景中将荷花和蜻蜓分辨出来，如图 1-1 所示，但要用计算机来解释图像则非常困难，因为计算机必须借助模型来分析图像，而视觉世界的建模十分复杂。

图 1-1　人类视觉系统可从图像中分辨出目标物体

人类视觉系统与计算机视觉系统的对比如图 1-2 所示。人类视觉系统借助于光来分辨目标物体，光线穿过眼球晶状体照射到视网膜，视网膜上的感光体细胞将光线转换成电信号，电信号通过视神经传播到大脑，最后在大脑成像，转变为感知。

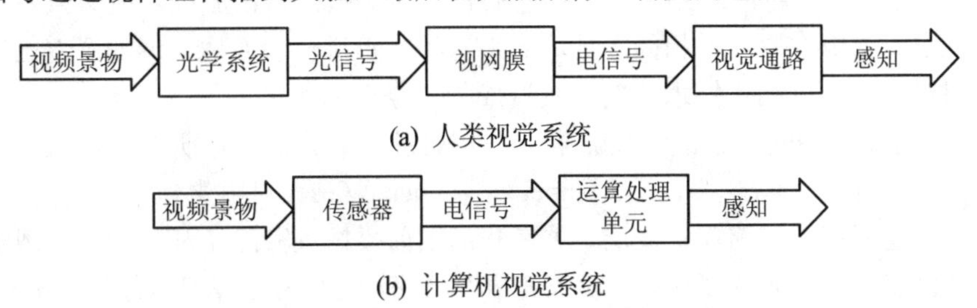

图 1-2　人类视觉系统与计算机视觉系统对比

计算机视觉系统使用成像设备代替人眼，用计算机代替人脑对图像进行处理和理解，从而完成对人类视觉系统的模拟，实现自动视觉理解的过程。因此，计算机视觉系统是一门研究如何使机器“看”的科学。

1.1 计算机视觉的研究目标及相关历史

计算机视觉的研究目标是使计算机能像人类那样通过视觉观察理解世界，对客观世界中实际的目标和场景作出有意义的判断，从而具有自主适应环境的能力。

如图 1-3 所示，计算机接收到的图像是一个像素值矩阵(数值矩阵)，如何让计算机通过这些数值矩阵认识图像并完成特定的任务是计算机视觉的主要研究目标，具体来说，就是要解决“像素值”与“语义”之间的关联问题。

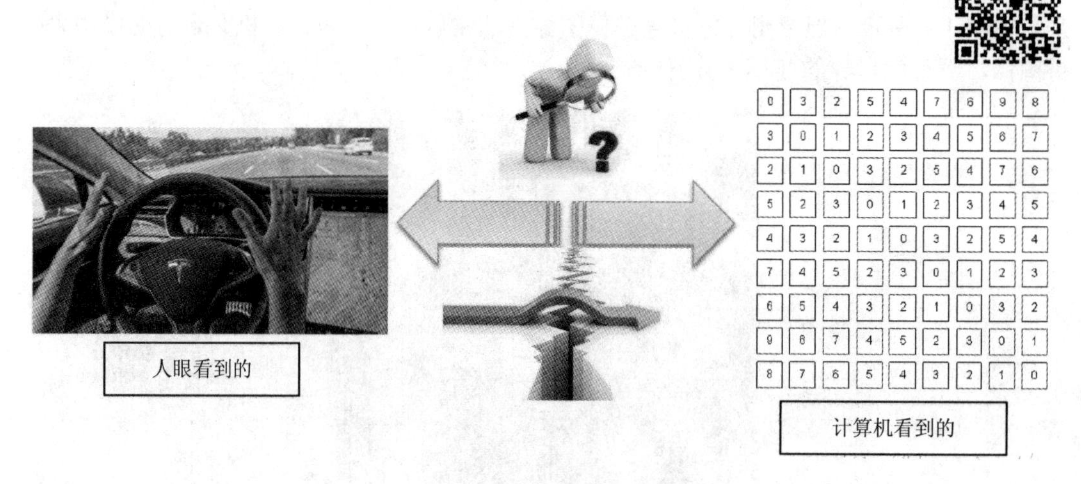

图 1-3 “像素值”与“语义”

19 世纪初，为了复制看到的世界，人们在达·芬奇照相暗盒的基础上发明了照相机。而计算机视觉的快速发展源于对视觉信息在生物大脑中处理过程和处理机制的研究。

(1) 生物视觉的发展。由于生物进化出眼睛，生物中的捕食者和猎物之间的活动开始变得更加积极，由此导致了生物进化速度的加快，生物种类从最初的几种增长到千百万种。到今天，在人类身上，视觉已经发展成为最大的感官系统，视觉皮层大约占据了大脑皮层的一半。视觉系统对于生物发展具有重要意义。

(2) 机器视觉的发展。人类在机器视觉上最早尝试进行暗箱成像，成像原理是针孔成像，与生物眼睛的成像原理有相同之处。后来这种暗箱进一步发展，增加了双凸透镜、光圈和感光材料等，经过几代技术革新，发展成为了今天的相机。

(3) 人类视觉神经的启迪。最具影响力并且启发了计算机视觉研究的是在二十世纪五六十年代，两位神经生理学家 David Hubel 和 Torsten Wiesel 对电生理学的研究。如图 1-4 所示，他们将电极植入猫的视觉皮层，并在猫的眼前投影各种线条和形状，发现猫的视觉平层中一些细胞会对特定的线条、形状或者角度敏感，他们将这些细胞称为“small cell”，还有一些“complex cell”可以检测特定的边缘(与位置无关)或者特定的移动方向。后来这个实验的结论被进一步总结为：视觉神经系统用层层抽象的方法表示复杂的事物，即用简单的特征对复杂事物进行表示。

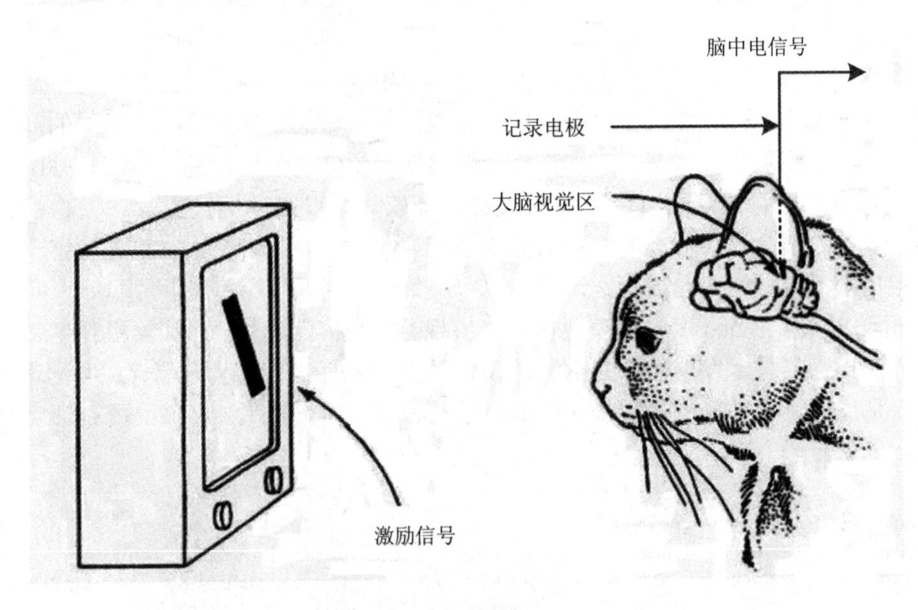

图 1-4　视觉神经系统研究

1.2　计算机视觉的发展

1963 年，Larry Roberts 在计算机视觉领域的第一篇博士论文“Machine Perception of Three-Dimensional Solids”中指出，世界被简化为简单的几何图形，计算机视觉研究的目标是识别这些几何图形并且重组出这些图形。

1966 年夏，著名的人工智能学者马文·明斯基(Marvin Lee Minsky)在给学生布置的作业中，要求学生通过编写程序，让计算机告诉人们摄像头所拍摄的内容是什么，这被认为是计算机视觉最早的任务描述，标志着计算机视觉的诞生。

1970 年，David Marr 提出了计算机视觉理论(视觉神经系统认知的过程)。他认为人类认知事物不是看整体的框架，而是看它的边缘和线条，由此可知视觉神经系统认知的过程是分层的(见表 1-1)：第一阶段是基元图，包含边缘、纹理、线条、边界等基本特征；第二阶段是二维半图，可以分清整块的表面、深度和层次等；第三阶段是三维抽象，包括层次化的表面和体积元信息。该理论到目前为止仍然是计算机视觉研究的基础。

表 1-1　视觉神经系统认知的过程

第一阶段	抽取原始图像的边缘、纹理、线条、边界等基本特征，这些特征的集合称为基元图
第二阶段	在以观测者为中心的坐标中，由输入图像和基元图恢复场景信息(深度、法线方向、轮廓等)，这些信息包含了深度信息，但不是真正的物理三维表示，因此称为二维半图
第三阶段	在以物体为中心的坐标系中，由基元图、二维半图提升到三维表达

1973 年 Fischler 和 Elschlager，1979 年 Brook 和 Binford 分别提出对复杂物体的抽象描述理论，指出每一个物体都是由简单的几何形状构成的。

20 世纪 80 年代后期，卷积神经网络(Convolutional Neural Networks，CNN)技术的实现，使计算机视觉研究迈上了一个新的台阶。生物视觉在识别物体的过程中并不是显式地从图像中提取特征，而是通过一个自组织的深层网络结构逐层地将前一层信息进行抽象，每一个视觉神经元都不感知图像的整体而只感受图像的局部信息。各个神经元感知的局部特征在神经网络的更高层级中综合时，生物就能够感知到图像的全局信息。局部感知图像能够保证在图像发生平移或形变时，图像的关键特征依然可以准确地被提取。生物视觉中的“局部感受野”概念是卷积神经网络的理论基础。卷积神经网络像生物视觉器官一样逐层从输入中提取局部特征并在高层次进行汇总，最终完成对输入目标的识别。

21 世纪以来，各种深度学习模型在计算机视觉中被广泛运用，为计算机视觉带来了一场革命，深度学习技术发展的时间轴如图 1-5 所示。深度学习技术不需要人为设计和提取特征，而是通过特定的算法从大量的样本中自动归纳学习。卷积神经网络就是计算机视觉中最常用的深度学习技术之一。

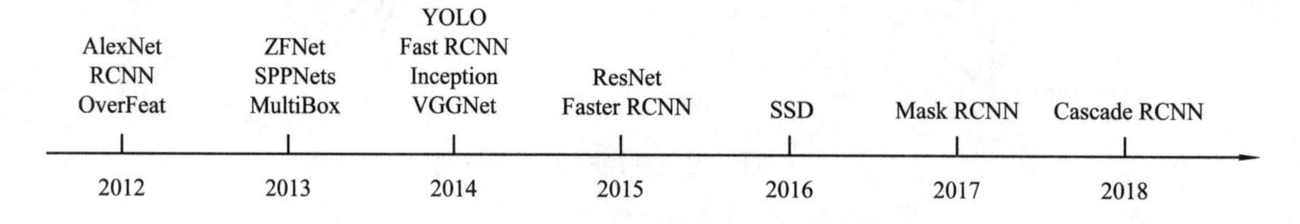

图 1-5 深度学习技术发展的时间轴

为什么直到现在卷积神经网络和深度神经网络才流行起来呢？主要有两方面的原因：一是 CPU 和 GPU 的计算能力不断加强，尤其是 GPU 的并行运算能力对于神经网络中的计算很有帮助；二是大数据的出现，无论是什么样的机器学习算法，没有足够的数据量都容易过拟合，而现在有了足够大的有标记的数据库。

互联网技术的飞速发展为深度学习技术提供了所需的海量数据，著名的 ImageNet 数据集包含了 2 万多个类别共 1400 万张图片。计算机视觉研究人员将其作为重要的数据来源之一，开发人员不约而同地将模型在 ImageNet 上的识别准确率作为比较基准。2017 年及以前，每年举行基于 ImageNet 数据集的 ILSVRC 竞赛，研究者们在该数据集上训练了 AlexNet、GoogleNet、ResNet 等著名的模型，物体识别准确率不断刷新。其他用于图像分类的数据集还有 MNIST、CIFAR-10 和 CIFAR-100，常用的目标检测数据集还有 PASCAL VOC 和 MS COCO。

1.3 计算机视觉的任务

计算机视觉领域的任务主要包括图像分类、目标检测、图像语义分割、图像生成、视频分类、度量学习等。

1. 图像分类

图像分类是根据图像的语义信息对不同类别的图像进行区分，是计算机视觉中重要的基础问题，是目标检测、图像分割、目标跟踪等其他高层视觉任务的基础。

图像分类在人脸识别、交通场景识别、医学图像识别和视频分析等许多领域都有着广泛的应用。

图像分类的经典数据集是 ImageNet，常用的深度模型包括 AlexNet、VGG、GoogleNet、ResNet、InceptionV4、MobileNetV2、DPN(Dual Path Network)、SE-ResNeXt、ShuffleNet 等。

2. 目标检测

目标检测是给定一张图像或一个视频帧，让计算机找出其中所有目标的位置，并给出每个目标的具体类别。

由于目标会出现在图像或是视频帧中的任何位置，目标的形态千变万化，图像或视频帧的背景千差万别，诸多因素都使得目标检测成为一个具有挑战性的问题。

目前，目标检测在商品检测、智慧交通、生产质检、人脸识别、智慧医疗等领域具有广泛应用。

在目标检测任务中，常用的数据集有 PASCAL VOC、MS COCO 等，通用的目标检测模型包括 SSD 模型、PyramidBox 模型以及 RCNN 模型。

3. 图像语义分割

语义分割是目标检测的进阶任务，目标检测只需要框出每个目标，语义分割则需要进一步判断图像像素属于哪个目标，是将图像像素按照表达语义含义的不同进行分组。

图像语义分割可用于在医疗影像分析中进行辅助诊断、在无人驾驶技术中分割街景来避让行人和车辆等。

在图像语义分割任务中，主要有兼顾准确率和速度的 ICNet 模型和分割效果较好的 DeepLabv3+ 模型。

4. 图像生成

图像生成是指根据输入向量生成目标图像，这里的输入向量可以是随机的噪声或用户指定的条件向量。其具体的应用场景有手写体生成、人脸合成、风格迁移、图像修复、超分重建等。当前的图像生成任务主要是借助生成对抗网络(GAN)来实现的。

生成对抗网络由生成器和判别器两种子网络组成。生成器的输入是随机噪声或条件向量，输出是目标图像；判别器是一个分类器，其输入是目标图像和真实图像，其输出是一个概率值，表示判别器判定目标图像为真实图像的概率。在训练过程中，生成器和判别器通过不断的相互博弈提升自己的能力。

在图像生成任务中主要使用 DCGAN 和 ConditioanlGAN 来生成图像，采用 CycleGAN 模型进行图像风格迁移。

5. 视频分类

视频分类是视频理解的基础。与图像分类不同的是，视频分类的对象不再是静止的图像，而是一个由多帧图像构成的、包含语音数据和运动信息等的视频对象。因此理解视频需要获得更多的上下文信息，不仅要理解每帧图像是什么、包含什么，还需要结合不同帧，知道上下文的关联信息。

视频分类方法主要包括基于卷积神经网络的方法、基于循环神经网络的方法以及这两者结合的方法。

在视频分类任务中，主要有 Attention LSTM、Attention Cluster 和 NeXtVLAD(比较流行的特征序列模型)，以及 TSN 和 StNet 两个 End-to-End 的视频分类模型。

6. 度量学习

度量学习也称为距离度量学习、相似度学习，通过学习对象之间的距离，分析对象的时间关联和比较关系。度量学习可应用于辅助分类、聚类问题，也可用于图像检索、人脸识别等领域。

在非度量学习模型中，针对不同的任务，需要选择合适的特征并手动构建距离函数，而度量学习可根据特定的任务自主习得距离度量函数。度量学习和深度学习相结合，在人脸识别/验证、行人再识别、图像检索等领域均取得了较好的效果。在度量学习任务中，主要有基于 Fluid 的深度度量学习模型。

1.4　计算机视觉与其他学科的联系

计算机视觉、图像处理和机器视觉是彼此紧密关联的学科，它们均以成像技术为支撑，并以数学、物理学、信号处理为理论基础。计算机视觉对人眼视觉机制的研究涉及神经生物学的相关知识，研究所用方法与人工智能、机器学习相互交叉。计算机视觉与机器视觉、图像处理相结合，可实现高效的机器人控制和各种实时操作。计算机视觉与其他学科的联系如图 1-6 所示。

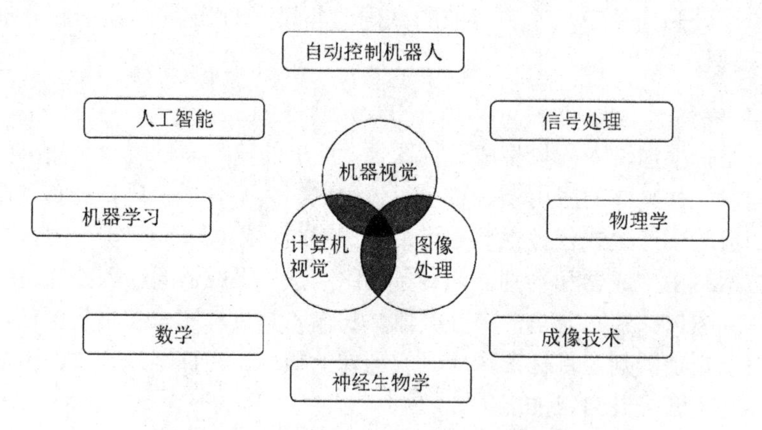

图 1-6　计算机视觉与其他学科的联系

本章小结

本章主要介绍了计算机视觉的研究目标及相关历史、计算机视觉的发展、计算机视觉的主要任务及计算机视觉与其他学科的联系。计算机视觉的发展得益于计算机硬件水平的提高、大数据的产生和收集以及大量深度网络的出现。今天，研究人员可以访问大型、标记好的高维视觉数据集，可以充分训练所设计的深度学习模型，避免过度拟合。很多企业找到了用 CNN 驱动的计算机视觉系统解决现实问题的方法，使得计算机视觉的应用得到了更快的发展。

课 后 习 题

1. 根据自己的理解阐述计算机视觉的概念。
2. 试举例说明计算机视觉有哪些方面的应用。
3. 计算机视觉的主要任务是什么?
4. 目标检测常用的检测算法有哪些?

第2章　Python与OpenCV运行环境

Python是一种广泛使用的解释型的通用高级编程语言，其创始人为荷兰人吉多·范罗苏姆(Guido van Rossum)，其第一版发布于1991年。相比于C++或Java，Python让开发者能够用更少的代码表达思想。例如，完成同一个任务，C语言要写1000行代码，Java只需要写100行，而Python可能只要20行。代码少的代价是运行速度慢，如果C程序运行需要1 s，Java程序可能需要2 s，而Python程序可能需要10 s。

自Python诞生以来，其版本不断更新，功能更加完善，被广泛用于图形处理、数值运算、文本处理、Web编程、数据库编程、多媒体应用等项目的开发。

Python支持多种编程范式，包括面向对象、命令式、函数式和过程式。其本身拥有一个巨大而广泛的标准库，并提供了非常完善的基础代码库，覆盖了网络、文件、GUI、数据库、文本等大量内容。用Python开发，许多功能不必从零编写，直接使用现成的代码即可。除了内置的库外，Python还有大量的第三方库，开发者可以用Python实现完整应用程序所需的各种功能，轻易完成各种高级任务。

下面就Python科学计算的第三方库和集成开发环境的安装进行说明。除此之外，本章还将介绍Python环境下OpenCV视觉库的安装、应用以及基本的图像处理。

2.1　Anaconda

Anaconda是一个供数据科学家、IT专家和商业领袖使用的数据科学平台，是Python、R语言等的一个科学计算发行版，内置了数百个Python经常会使用的库，也包括供机器学习或数据挖掘的库，如scikit-learn、numpy、scipy和pandas等，其中有一些是TensorFlow的依赖库。同时，Anaconda自动集成了最新版的MKL(Math Kernel Library)库，可加速矩阵运算和线性代数运算。

Anaconda是一个科学计算环境，可以直接安装。在电脑上安装好Anaconda以后，就相当于安装好了Python，同时还有一些常用的库，如numpy、scrip、matplotlib等。

Anaconda下载与安装的步骤如下：

1) 下载和安装

从官网(https://www.anaconda.com/download/)或者清华镜像(https://mirrors.tuna.tsinghua.edu.cn/anaconda/archive/)下载与主机系统匹配的版本，推荐最新版本，下载后自定义安装位置，然后按照默认设置安装即可，如图2-1所示。

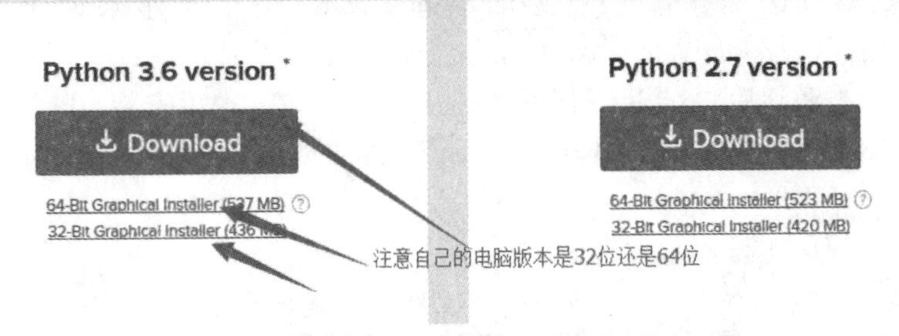

图 2-1　Anaconda 下载页面

2) 打开控制台

安装完以后，即可打开 Anaconda Prompt，如果是通过清华镜像安装的，则应先输入以下命令，推荐将第一行命令输入两次，以便把这个镜像地址放在首位。

```
conda config --add channels
https://mirrors.tuna.tsinghua.edu.cn/anaconda/pkgs/free/
conda config --add channels
https://mirrors.tuna.tsinghua.edu.cn/anaconda/pkgs/main/
conda config --set show_channel_urls yes
```

3) 验证 python 是否安装成功

输入语句 python--->print("hello world")，如出现图 2-2 所示的语句，则表明安装成功。

```
PS C:\Users\junk    zw> python
Python 3.7.4 (tags/v3.7.4:e09359112e, Jul  8 2019, 20:34:20) [MSC v.1916 64 bit (AMD64)] on win32
Type "help", "copyright", "credits" or "license" for more information.
>>> print("hello world")
hello world
>>>
```

图 2-2　验证 Anaconda Python 是否安装成功

4) 使用 conda 命令

(1) 列清单：使用 pip list 或者 conda list 命令，可查看项目所需要的第三方库是否存在，如图 2-3 所示为列出的已安装的第三方库。

```
PS C:\Users\junk    zw> pip  list
Package                        Version
------------------------------ ----------
absl-py                        0.8.0
astor                          0.8.0
beautifulsoup4                 4.8.2
certifi                        2018.8.24
chardet                        3.0.4
cycler                         0.10.0
dukpy                          0.2.2
future                         0.18.2
```

图 2-3　列出的已安装的第三方库

(2) 安装第三方库：使用“pip install 包名”或者“conda install 包名”命令可以自动安装所需要的包。例如，当需要安装 NumPy 包时，那么相应的命令是：

```
pip install numpy
```

5) 安装 TensorFlow

(1) 打开 Anaconda Prompt，输入 conda create -n tensorflow python = 3.5 命令(注意：3.5 以上版本就可以，但应与计算机上安装的 Python 版本一致)，创建 TensorFlow 环境。

安装完以后，输入 activate tensorflow 命令，可激活环境。

(2) 在环境被激活后，安装 CPU 版本(根据电脑配置，也可安装 GPU 版本)，输入 pip install--upgrade--ignore-installed tensorflow 命令，结果如图 2-4 所示。

```
(tensorflow) C:\Users\10218>pip uninstall tensorflow-gpu
Skipping tensorflow-gpu as it is not installed.

(tensorflow) C:\Users\10218>pip install tensorflow-gpu==1.4.0
Collecting tensorflow-gpu==1.4.0
  Downloading https://files.pythonhosted.org/packages/0a/0d/1a52e775e490f2fcb0eba08b3df773e6e6d64934c77346b351f6df2ed8df
/tensorflow_gpu-1.4.0-cp35-cp35m-win_amd64.whl (67.6MB)
    100% |████████████████████████████████| 67.6MB 21kB/s
Requirement already satisfied: six>=1.10.0 in d:\anaconda3\envs\tensorflow\lib\site-packages (from tensorflow-gpu==1.4.(
) (1.12.0)
Requirement already satisfied: numpy>=1.12.1 in d:\anaconda3\envs\tensorflow\lib\site-packages (from tensorflow-gpu==1.4
.0) (1.16.2)
Collecting enum34>=1.1.6 (from tensorflow-gpu==1.4.0)
  Downloading https://files.pythonhosted.org/packages/af/42/cb9355df32c69b553e72a2e28daee25d1611d2c0d9c272aa1d34204205b2
/enum34-1.1.6-py3-none-any.whl
Requirement already satisfied: wheel>=0.26 in d:\anaconda3\envs\tensorflow\lib\site-packages (from tensorflow-gpu==1.4.(
) (0.33.1)
Requirement already satisfied: protobuf>=3.3.0 in d:\anaconda3\envs\tensorflow\lib\site-packages (from tensorflow-gpu==1
.4.0) (3.7.1)
Collecting tensorflow-tensorboard<0.5.0,>=0.4.0rc1 (from tensorflow-gpu==1.4.0)
  Downloading https://files.pythonhosted.org/packages/e9/9f/5845c18f9df5e7ea638ecf3a272238f0e7671e454faa396b5188c6e6fc0a
/tensorflow_tensorboard-0.4.0-py3-none-any.whl (1.7MB)
    100% |████████████████████████████████| 1.7MB 44kB/s
Requirement already satisfied: setuptools in d:\anaconda3\envs\tensorflow\lib\site-packages (from protobuf>=3.3.0->tenso
rflow-gpu==1.4.0) (41.0.0)
Requirement already satisfied: werkzeug>=0.11.10 in d:\anaconda3\envs\tensorflow\lib\site-packages (from tensorflow-tens
orboard<0.5.0,>=0.4.0rc1->tensorflow-gpu==1.4.0) (0.15.2)
Collecting bleach==1.5.0 (from tensorflow-tensorboard<0.5.0,>=0.4.0rc1->tensorflow-gpu==1.4.0)
  Downloading https://files.pythonhosted.org/packages/33/70/86c5fec937ea4964184d4d6c4f0b9551564f821e1c3575907639036d9b9(
/bleach-1.5.0-py2.py3-none-any.whl
Requirement already satisfied: markdown>=2.6.8 in d:\anaconda3\envs\tensorflow\lib\site-packages (from tensorflow-tensor
board<0.5.0,>=0.4.0rc1->tensorflow-gpu==1.4.0) (3.1)
Collecting html5lib==0.9999999 (from tensorflow-tensorboard<0.5.0,>=0.4.0rc1->tensorflow-gpu==1.4.0)
  Downloading https://files.pythonhosted.org/packages/ae/ae/bcb60402c60932b32dfaf19bb53870b29eda2cd17551ba5639219fb5ebf9
/html5lib-0.9999999.tar.gz (889kB)
    100% |████████████████████████████████| 890kB 27kB/s
Building wheels for collected packages: html5lib
  Building wheel for html5lib (setup.py) ... done
  Stored in directory: C:\Users\10218\AppData\Local\pip\Cache\wheels\50\ae\f9\d2b189788efcf61d1ee0e36045476735c838898eef
1cad6e29
Successfully built html5lib
Installing collected packages: enum34, html5lib, bleach, tensorflow-tensorboard, tensorflow-gpu
Successfully installed bleach-1.5.0 enum34-1.1.6 html5lib-0.9999999 tensorflow-gpu-1.4.0 tensorflow-tensorboard-0.4.0

(tensorflow) C:\Users\10218>python
Python 3.5.6 |Anaconda, Inc.| (default, Aug 26 2018, 16:05:27) [MSC v.1900 64 bit (AMD64)] on win32
Type "help", "copyright", "credits" or "license" for more information.
>>> import tensorflow as tf
Traceback (most recent call last):
```

https://blog.csdn.net/XunCiy

图 2-4　选择安装 CPU 版本

(3) 测试安装是否成功。打开 Anaconda Prompt，进入 python 环境，显示内容如图 2-5 所示。

```
(base) C:\Users\leilo>python
Python 3.6.5 |Anaconda, Inc.| (default, Mar 29 2018, 13:32:41) [MSC v.1900 64 bit (AMD64)] on win32
Type "help", "copyright", "credits" or "license" for more information.
>>>
```

图 2-5　测试安装是否成功

输入以下代码：

```
>>>import tensorflow as tf
>>>hello = tf.constant("hello, tensorflow!")
>>>sess = tf.Session()
>>>print(sess.run(hello))
```

如果安装成功，则会显示：

```
'hello,tensorflow!'
```

使用结束后，输入 deactivate tensorflow 命令，关闭 tensorflow 环境。

(4) 打开 anaconda nagavitor 可以发现，除了原本的 root 环境外，已经有了一个新的 tensorflow 环境，如图 2-6 所示。

```
Anaconda Prompt (tensorflow)
pywinpty              0.5.7          py37_0           https://mirrors.tuna.tsinghua.edu.cn/anaconda/pkgs/main
pyzmq                 18.1.1         pypi_0           pypi
qt                    5.9.7          vc14h73c81de_0
send2trash            1.5.0          py37_0           https://mirrors.tuna.tsinghua.edu.cn/anaconda/pkgs/main
setuptools            45.2.0         py37_0
sip                   4.19.8         py37h6538335_0
six                   1.14.0         py37_0           https://mirrors.tuna.tsinghua.edu.cn/anaconda/pkgs/main
sqlite                3.31.1         he774522_0
tensorboard           1.13.1         pypi_0           pypi
tensorflow            1.13.1         pypi_0           pypi
tensorflow-estimator  1.13.0         pypi_0           pypi
termcolor             1.1.0          pypi_0           pypi
terminado             0.8.3          py37_0           https://mirrors.tuna.tsinghua.edu.cn/anaconda/pkgs/main
testpath              0.4.4          py_0             https://mirrors.tuna.tsinghua.edu.cn/anaconda/pkgs/main
tornado               6.0.3          py37he774522_3   https://mirrors.tuna.tsinghua.edu.cn/anaconda/pkgs/main
traitlets             4.3.3          py37_0           https://mirrors.tuna.tsinghua.edu.cn/anaconda/pkgs/main
vc                    14.1           h0510ff6_4
vs2015_runtime        14.16.27012    hf0eaf9b_1
wcwidth               0.1.8          py_0             https://mirrors.tuna.tsinghua.edu.cn/anaconda/pkgs/main
webencodings          0.5.1          py37_1           https://mirrors.tuna.tsinghua.edu.cn/anaconda/pkgs/main
werkzeug              1.0.0          pypi_0           pypi
wheel                 0.34.2         py37_0
wincertstore          0.2            py37_0
winpty                0.4.3          4                https://mirrors.tuna.tsinghua.edu.cn/anaconda/pkgs/main
zeromq                4.3.1          h33f27b4_3       https://mirrors.tuna.tsinghua.edu.cn/anaconda/pkgs/main
zipp                  2.2.0          py_0             https://mirrors.tuna.tsinghua.edu.cn/anaconda/pkgs/main
zlib                  1.2.11         h62dcd97_3

(tensorflow) C:\Users\HJY>
```

图 2-6　新的 tensorflow 环境

在新的 tensorflow 环境下，再次安装 spyder 和 jupyter notebook。此时打开带有 tensorflow 的 spyder 图标，就可以在 spyder 中使用 tensorflow 了，如图 2-7 所示。

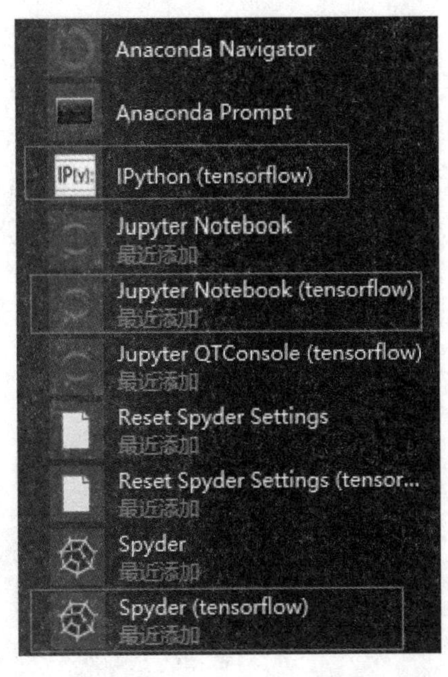

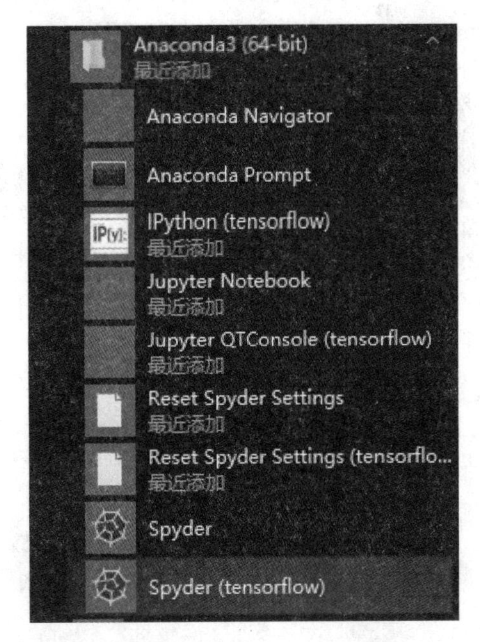

图 2-7　在 spyder 中使用 tensorflow

2.2 编 译 器

1. Jupyter notebook 编译器

下载安装 Anaconda 后，其内部自带 Jupyter notebook 编译器。在本机搜索栏中输入 Jupyter，单击即可打开，其显示界面如图 2-8 所示。该编译器最大的优势在于编写一行运行一行，可保证代码无误。

图 2-8　Jupyter 编译器

2. PyCharm 编译器

PyCharm 编译器的下载地址为 https://www.jetbrains.com/pycharm/，选择社区版(Community)，其下载界面如图 2-9 所示。

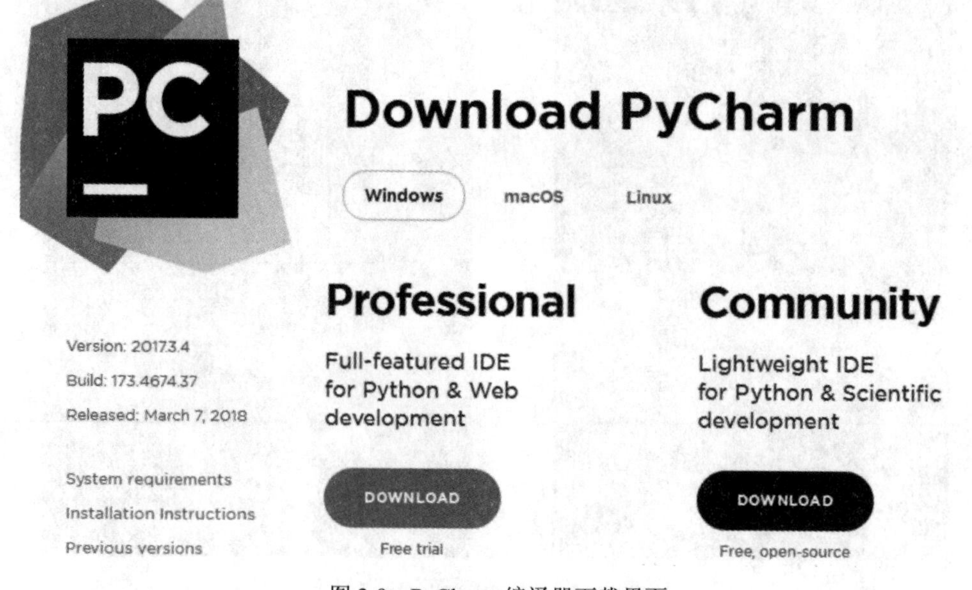

图 2-9　PyCharm 编译器下载界面

2.3　OpenCV 视觉库

OpenCV(Open Source Computer Vision Library)是一款由 Intel 公司开发的计算机视觉处理开源软件库。作为一款广泛使用的计算机视觉库，OpenCV 在以下方面有着优越的表现。

(1) 编程语言：多数模块基于 C++ 实现，少部分基于 C 语言实现，同时提供了 Python、Ruby、MATLAB 等语言的接口。

(2) 跨平台：可自由运行在 Linux、Windows 和 Mac OS 等桌面平台，以及 Android、IOS、BlackBerray 等移动平台。

(3) 版本持续改进：目前已更新至 OpenCV4.0 以上版本。

(4) 丰富的 API：完善的计算机视觉算法，除了涵盖传统计算机视觉算法、机器学习算法外，还添加了对深度学习的支持。

在用 Python 进行图像处理的时候，很多程序都用到了 OpenCV，所以需要安装 Python 版的 OpenCV，有以下两种安装方法：

(1) 直接用命令行进行安装。在 Windows 环境下用 cmd 打开命令行，输入命令 pip install opencv-python，界面显示如图 2-10 所示。

图 2-10　Python 环境下安装 OpenCV

(2) 下载 whl 文件再安装。

① 打开网站 https://www.lfd.uci.edu/~gohlke/pythonlibs/#opencv，找到与 Python 版本相匹配的 OpenCV 安装文件；

② 用 cmd 打开命令行，用 cd 命令将当前目录改为 whl 文件所在目录，输入命令 pip install opencv_python-3.4.1-cp36-cp36m-win_amd64.whl，进行安装。

安装时需要注意的是：

① OpenCV 安装文件一定要与 Python 版本匹配；

② 一般情况下，第(2)种方法安装比较快。

2.3.1　OpenCV 功能模块

OpenCV 目录下的“modules 目录”列出了 OpenCV 中包含的各个模块，其中 core、highgui、imgproc 是最基础的模块。

(1) core 模块：实现了最核心的数据结构及其基本运算，如绘图函数、数组操作相关函数、与 OpenGL 的互操作等。

(2) highgui 模块：高层图像用户界面模块，包含媒体的输入输出、视频捕捉、图像和视频的编码解码、图形交互界面接口等内容。

(3) imgproc 模块：实现了图像处理的基础方法，包括图像滤波、图像几何变换、阈值分割、形态学处理、边缘检测、目标检测、运动分析和对象跟踪等。

对于图像处理其他更高层次的应用，在 OpenCV 中也有相关的实现模块：

(1) features2d 模块：用于提取图像特征以及特征匹配，但是还有一些申请了专利的特征提取算法，比如 sift 和 surf 等不在 features2d 模块中，而是在 nonfree 模块中。

(2) objdetect 模块：实现了一些目标检测的功能，如经典的基于 Haar、LBP 特征的人脸检测，基于 HOG 的行人、汽车检测等。

(3) stitching 模块：实现了图像拼接功能。

(4) FLANN(Fast Library for Approximate Nearest Neighbors)模块：包含快速近似最近邻搜索 FLANN 和聚类 Clustering 算法。

(5) ml 机器学习模块：包括 SVM、决策树、Boosting 等。

(6) photo 模块：包含图像修复和图像去噪两部分。

(7) video 模块：可针对视频进行处理，如背景分离，前景检测、目标跟踪等。

(8) calib3d 模块：主要是实现相机校准和三维重建的相关内容，包含了基本的多视角几何算法、单个立体摄像头标定、物体姿态估计、立体相似性算法、3D 信息重建等。

(9) G-API 模块：包含超高效的图像处理 pipeline 引擎。

2.3.2 OpenCV 基本数据结构

常用的 OpenCV 基本数据结构有以下几种。

1. Mat 类

要熟练使用 OpenCV，最重要的就是学会使用 Mat 数据结构，在 OpenCV 中 Mat 被定义为一个类，可以把它看作一个数据结构，以矩阵的形式来存储数据。Mat 有以下常见属性：

(1) dims：表示矩阵 **M** 的维度，如 2×3 的矩阵为 2 维，$3 \times 4 \times 5$ 的矩阵为 3 维。

(2) data：uchar 型的指针，指向内存中存放矩阵数据的一块内存。

(3) rows、cols：矩阵的行数、列数。

(4) channels：通道数量，若图像为 RGB、HSV 等三通道图像，则 channels = 3；若图像为灰度图，则为单通道，channels = 1。

(5) type：表示矩阵中元素的类型与矩阵的通道个数，命名规则为 CV_ + (位数) + (数据类型) + (通道数)。

例如，type 是 CV_8UC3，其中各符号的含义为：CV_是 type 的前缀；8 表示每个元素的位数为 8 位；U 表示数据类型为 Unsigned Integer；C3 表示通道数为 3。

通常，元素的位数可取 8、16、32、64，数据类型可取 U(Unsigned Integer)、S(Signed Integer)、F(Float)。需要注意的是，8 位和 16 位只能匹配数据类型 U 和 S，32 位只能匹配 S 和 F，64 位只能匹配 F。

(6) depth：矩阵中元素的一个通道的数据类型，这个值和 type 是相关的。例如，type 是 CV_16SC2，那么，depth 是 CV_16S。

(7) elemSize：矩阵中每一个元素的数据大小，elemSize = channels × depth / 8。例如，type 是 CV_8UC3，elemSize = 3 × 8 / 8 = 3 字节。

(8) elemSize1：单通道的矩阵元素占用的数据大小，elemSize1 = depth / 8。例如，type 是 CV_8UC3，elemSize1 = 8 / 8 = 1 字节。

2. 其他数据类型

(1) 点(Point)类：包含两个整型数据成员 *x* 和 *y*，即坐标点。

(2) 尺寸(Size)类：数据成员是 width 和 height，一般用来表示图像的大小或者矩阵的大小。

(3) 矩形(Rect)类：数据成员为 *x*、*y*、width、height，分别代表这个矩形左上角的坐标以及矩形的宽度和高度。

(4) 颜色(Scalar)类：其默认构造函数为 Scalar_(_Tp v0, _Tp v1, _Tp v2 = 0, _Tp v3 = 0)。

这个默认构造函数中有四个参数，与 RGB+Alpha 颜色中各分量对应关系为：

v0——RGB 中的 B(蓝色)分量；

v1——RGB 中的 G(绿色)分量；

v2——RGB 中的 R(红色)分量；

v3——Alpha 透明色分量。

(5) 向量(Vec)类：表示一个“一维矩阵”。

Vec<int>表示构造一个长度为 *n*，数据类型为 int 的一维矩阵(列向量)。

(6) Range 类：用于指定一个连续的子序列，例如一个轮廓的一部分，或者一个矩阵的列空间。

2.3.3 OpenCV 图像基本操作

1. 图像的读取、显示和保存

1) 图像读取

图像读取的命令为

```
cv2.imread(文件名，显示控制参数)
```

其中，第一个参数是图像文件名；第二个参数是读取图像的方式，可选项有：

cv2.imread_color：表示始终将图像转换为 BGR 3 通道彩色图像，为默认值；

cv2.imread_grayscale：表示始终将图像转换为单通道灰度图像。

2) 图像显示

图像显示的命令如下：

创建指定名称窗口的命令为

```
cv2.namedWindow(窗口名)
```

在指定窗口显示图像的命令为

```
cv2.imshow(窗口名，图像名)
```

删除指定窗口的命令为

```
cv2.destroyWindow(窗口名)
```

删除所有窗口的命令为

```
cv2.destroyAllWindow()
```

cv2.waitKey([delay])为键盘绑定函数，当 decay > 0 时，等待 delay 毫秒；当 decay < 0 时，等待键盘单击；当 decay = 0 时，无限等待。

因为 OpenCV 具有强大的图像处理功能，在用 Python 处理图像时会调用 OpenCV 的图像处理模块，但两者之间存在一些不一致，在使用时要特别注意。例如，利用 OpenCV 图像读取函数 cv2.imread()读入图像时，会将图像转换为 BGR 3 通道彩色图像，但是在用 Python 中的 Matplotlib 显示图像时则采用 RGB 3 通道，即三个颜色通道顺序不同。所以采用 cv2.imread()读取的图像，需要将 BGR 3 通道转换成 RGB 3 通道，才能被 Matplotlib 正确显示。代码 2-1 用于实现当用 cv2.imread()读取图像、用 Matplotlib 显示图像时，未进行通道变换和进行通道变换后的不同情况。图 2-11 所示的图像是代码 2-1 的运行结果。

【代码 2-1】

```
#OpenCV 读入图像，matplotlib 显示
import cv2 as cv
from matplotlib import pyplot as plt
img = cv.imread("D:\opencv\lenna.jpg")
b,g,r = cv.split(img)
img2 = cv.merge([r,g,b])
plt.subplot(121),plt.imshow(img), plt.xticks([]), plt.yticks([])
plt.subplot(122),plt.imshow(img2), plt.xticks([]), plt.yticks([])
plt.show()
```

(a) 未经通道变换

(b) 经过通道变换

图 2-11　Matplotlib 显示 OpenCV 读入的图像

3) 图像保存

图像保存的命令为

```
cv2.imwrite(文件名，图像)
```

其中，第一个参数是保存的文件名；第二个参数是要保存的图像名。

图像读取、显示和保存的示例如代码 2-2 所示。图 2-12 所示图像是代码 2-2 的运

行结果。

【代码 2-2】

```
#OpenCV 图像读取、显示和保存
import cv2
img = cv2.imread("D:/opencv/bird.jpg")
cv2.namedWindow("Image")
cv2.imshow("Image", img)
cv2.waitKey (0)
cv2.destroyAllWindows()
cv2.imwrite("D:\\opencv\\bird2.jpg", img)
```

图 2-12　OpenCV 图像显示

2. 图像的几何变换

图像的几何变换有刚性变换、仿射变换和透视变换等，本章主要讨论仿射变换。仿射变换(Affine Transformation)是一种由二维坐标(x, y)到二维坐标(u, v)的线性变换，其数学表达式形式如下：

$$\begin{cases} u = a_1 x + b_1 y + c_1 \\ v = a_2 x + b_2 y + c_2 \end{cases} \tag{2-1}$$

对应的齐次坐标矩阵的表示形式为

$$\begin{bmatrix} u \\ v \\ 1 \end{bmatrix} = \begin{bmatrix} a_1 & b_1 & c_1 \\ a_2 & b_2 & c_2 \\ 0 & 0 & 1 \end{bmatrix} \begin{bmatrix} x \\ y \\ 1 \end{bmatrix} \tag{2-2}$$

仿射变换保持了二维图形的“平直性”(直线经仿射变换后依然为直线)和“平行性”(直线之间的相对位置关系保持不变，平行线经仿射变换后依然为平行线，且直线上点的位置顺序不会发生变化)。仿射变换是通过一系列原子变换复合实现的，包括平移(Translation)、缩放(Scale)、旋转(Rotation)、翻转(Flip)等。

1) 图像的平移

图像的平移示意图如图 2-13 所示。

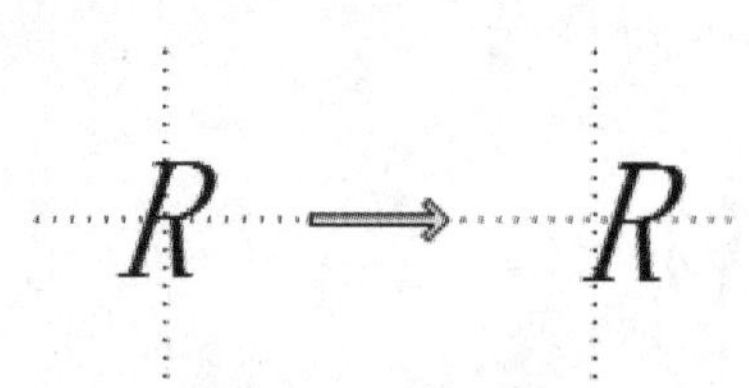

图 2-13　图像的平移

图像的平移对应的齐次坐标矩阵表示形式为

$$\begin{bmatrix} u \\ v \\ 1 \end{bmatrix} = \begin{bmatrix} 1 & 0 & t_x \\ 0 & 1 & t_y \\ 0 & 0 & 1 \end{bmatrix} \begin{bmatrix} x \\ y \\ 1 \end{bmatrix} \tag{2-3}$$

即图像沿着 x 方向移动 t_x 距离，沿着 y 方向移动 t_y 距离，变换的关键是构造式(2-3)中的变换矩阵。

在用 Python 和 OpenCV 实现的时候，可通过 numpy 来产生这个矩阵，并将其赋值给仿射函数 cv2.warpAffine()，仿射函数 cv2.warpAffine()有三个参数，即原始图像、变换矩阵 $\boldsymbol{M}$ 以及变换后的图像大小。

代码 2-3 是以图像沿 x 方向移动 100 像素、y 方向移动 50 像素为例，给出的实现程序。

【代码 2-3】

```
#图像平移
import cv2
import numpy as np
import matplotlib.pyplot as plt
img = cv2.imread("D:/opencv/flower.jpg")
M = np.float32([[1,0,100],[0,1,50]])                #变换矩阵
rows,cols = img.shape[:2]
#warpAffine 有三个参数，原始图像、变换矩阵、变换后的图像大小
res = cv2.warpAffine(img,M,(rows,cols))
b,g,r = cv2.split(img)
img = cv2.merge([r,g,b])
b,g,r = cv2.split(res)
res =  cv2.merge([r,g,b])
plt.subplot(121)
plt.imshow(img)
plt.subplot(122)
plt.imshow(res)
plt.show()
```

代码 2-3 的运行结果如图 2-14 所示。

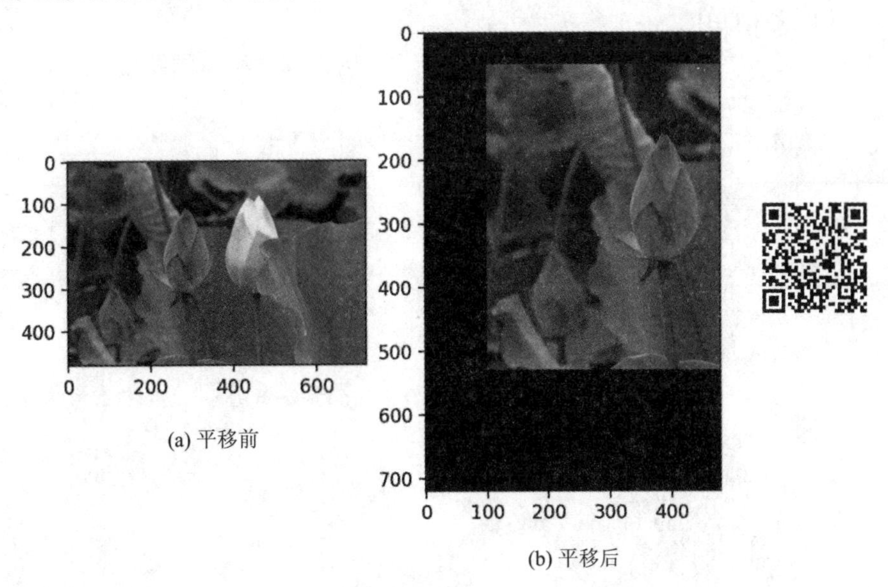

(a) 平移前

(b) 平移后

图 2-14　平移变换结果

2) 图像的缩放

图像的缩放示意图如图 2-15 所示。

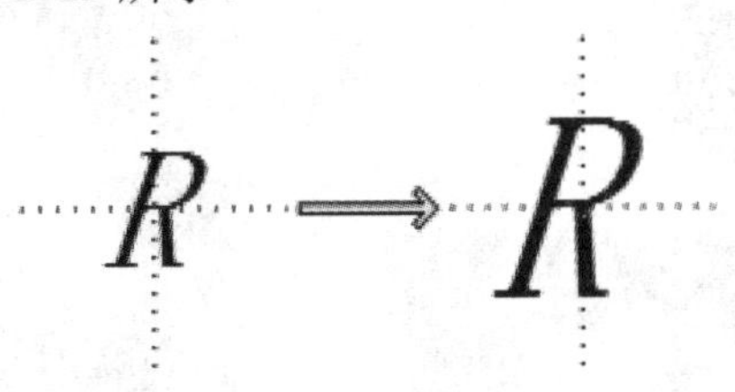

图 2-15　图像的缩放

图像的缩放对应的齐次坐标矩阵表示形式为

$$\begin{bmatrix} u \\ v \\ 1 \end{bmatrix} = \begin{bmatrix} f_x & 0 & 0 \\ 0 & f_y & 0 \\ 0 & 0 & 1 \end{bmatrix} \begin{bmatrix} x \\ y \\ 1 \end{bmatrix} \tag{2-4}$$

即将图像在 x 和 y 方向分别扩大 f_x 和 f_y 倍。在 OpenCV 中，图像的扩大与缩小有专门函数，即 cv2.resize()，那么关于缩放需要确定的就是缩放比例，可以是在 x 与 y 方向缩放相同倍数，也可以单独设置 x 与 y 方向的缩放比例。在缩放以后图像必然发生变化，这就又涉及插值问题。在函数 cv2.resize()中，有几种不同的插值(Interpolation)方法可供选择，在缩小时推荐采用 cv2.INTER_ARER 方法，扩大时推荐采用 cv2.INTER_CUBIC 和 cv2.INTER_LINEAR 方法，默认情况下采用 cv2.INTER_LINEAR 方法。cv2.resize()的具体用法为：

dst = cv2.resize(src,dsize,f_x,f_y，interpolation = cv2.INTER_CUBIC)

其中，src 表示需缩放的图像名；dsize 表示缩放后图像的大小；f_x、f_y 分别表示宽度和高度方向的缩放比例，一般情况下，dsize 和(f_x, f_y)选择一种即可；插值算法选择 cv2.INTER_CUBIC。

代码 2-4 是以图像宽度不变、高度放大一倍为例，给出的缩放实现程序。

【代码 2-4】

```
#图像缩放
import numpy as np
import cv2 as cv
from matplotlib import pyplot as plt
img = cv.imread("D:/opencv/flower.jpg")
height,width = img.shape[:2]
Scaling_img = cv.resize(img, (1*width, 2*height), interpolation = cv.INTER_CUBIC)
cv.namedWindow("Image")
cv.imshow("Scaling image", Scaling_img)
cv.imshow("Imput image", img)
cv.waitKey(0)
cv.destroyAllWindows()
```

代码 2-4 的运行结果如图 2-16 所示。

(a) 输入图像

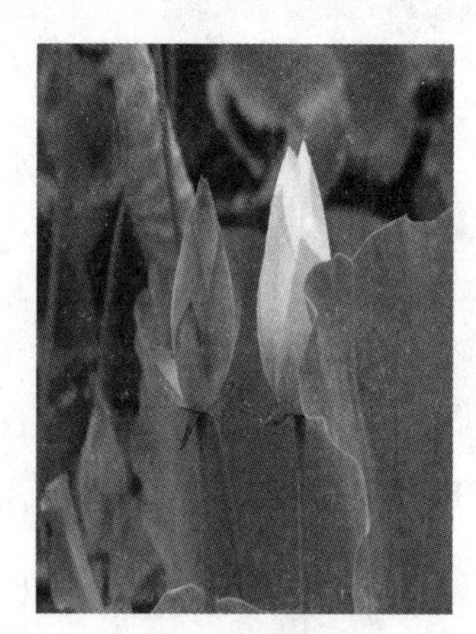

(b) 放大图像

图 2-16　图像缩放结果

3) 图像的旋转

图像的旋转示意图如图 2-17 所示。

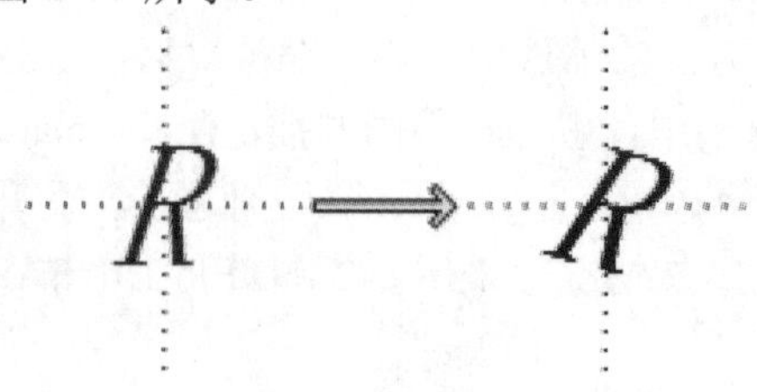

图 2-17　图像的旋转

图像的旋转对应的齐次坐标矩阵表示形式为

$$\begin{bmatrix} u \\ v \\ 1 \end{bmatrix} = \begin{bmatrix} \cos\theta & -\sin\theta & 0 \\ \sin\theta & \cos\theta & 0 \\ 0 & 0 & 1 \end{bmatrix} \begin{bmatrix} x \\ y \\ 1 \end{bmatrix} \tag{2-5}$$

可认为式(2-5)中 3×3 的矩阵为旋转变换矩阵，但在实际应用中并不能直接采用该矩阵进行变换，这是因为，该矩阵是将图像左上角作为旋转原点，而笛卡尔坐标系中的原点在图像中心，在图像旋转中需要将图像坐标系转换为笛卡尔坐标系，旋转之后再逆变换回图像坐标。且在实际应用中，不一定要以原点为旋转中心，可以通过参数设置。OpenCV 提供了一个函数 cv2.getRotationMatrix2D()，用来获得旋转变换矩阵。这个函数需要三个参数，即旋转中心、旋转角度和旋转后图像的缩放比例。代码 2-5 是以将图像旋转 45° 为例，给出的实现程序。

【代码 2-5】

```
#图像旋转
import cv2
import numpy as np
import matplotlib.pyplot as plt
img = cv2.imread("D:/opencv/flower.jpg")
rows,cols = img.shape[:2]
#获得旋转变换矩阵 M，参数一是旋转中心，参数二是旋转角度，参数三为缩放比例
M = cv2.getRotationMatrix2D((cols/2,rows/2),45,1)
#获得 M 后，调用 cv2.warpAffine 函数得到旋转后的图像
res = cv2.warpAffine(img,M,(cols,rows))
b,g,r = cv2.split(img)
img = cv2.merge([r,g,b])
b,g,r = cv2.split(res)
res =  cv2.merge([r,g,b])
plt.subplot(121), plt.imshow(img)
plt.subplot(122), plt.imshow(res)
plt.show()
```

由代码 2-5 实现的旋转变换结果如图 2-18 所示。

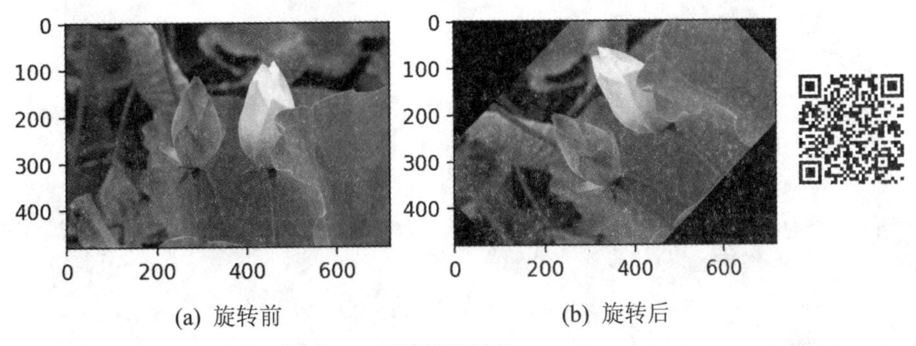

(a) 旋转前　　(b) 旋转后

图 2-18　图像旋转结果

4) 图像的翻转

图像的翻转示意图如图 2-19 所示。

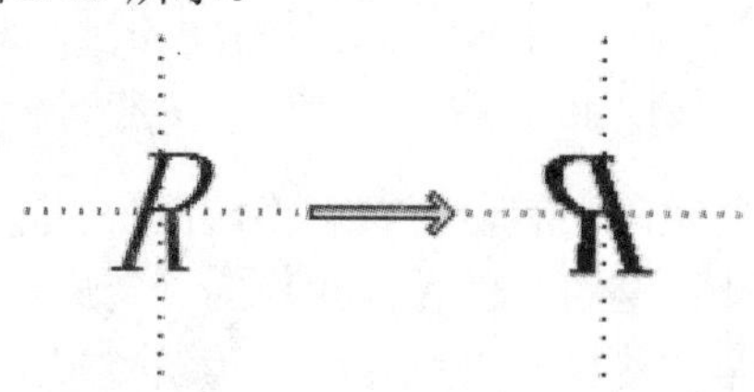

图 2-19　图像的翻转

图像的垂直翻转(以 X 轴为对称轴)对应的齐次坐标矩阵表示形式为

$$\begin{bmatrix} u \\ v \\ 1 \end{bmatrix} = \begin{bmatrix} 1 & 0 & 0 \\ 0 & -1 & N+1 \\ 0 & 0 & 1 \end{bmatrix} \begin{bmatrix} x \\ y \\ 1 \end{bmatrix} \tag{2-6}$$

OpenCV 中提供了函数 cv2.flip(src,flipCode)来实现图像的翻转，src 为原图像名，flipCode 为翻转代码，其取值有以下三种：

当 flipCode = 0 时，以 X 轴为对称轴翻转；

当 flipCode > 0 时，以 Y 轴为对称轴翻转；

当 flipCode < 0 时，同时沿 X、Y 轴翻转。

代码 2-6 给出了水平、垂直、水平垂直翻转的实现程序，其运行结果如图 2-20 所示。

【代码 2-6】

```
#图像翻转
import cv2
import numpy as np
from matplotlib import pyplot as plt
image = cv2.imread("D:/opencv/flower.jpg")
#水平翻转
h_flip = cv2.flip(image, 1)
#垂直翻转
v_flip = cv2.flip(image, 0)
#Flipped Horizontally & Vertically 水平垂直翻转
hv_flip = cv2.flip(image, -1)
plt.figure(figsize = (8,8))
plt.subplot(221), plt.imshow(image[:,:,::-1]), plt.title('original')
plt.subplot(222), plt.imshow(h_flip[:,:,::-1]), plt.title('horizontal flip')
plt.subplot(223), plt.imshow(v_flip[:,:,::-1]),plt.title(' vertical flip')
plt.subplot(224), plt.imshow(hv_flip[:,:,::-1]),plt.title('h_v flip')
#调整子图间距
plt.subplots_adjust(top = 0.9, bottom = 0.2, left = 0.10, right = 0.95, hspace = 0.4, wspace = 0.05)
plt.show()
```

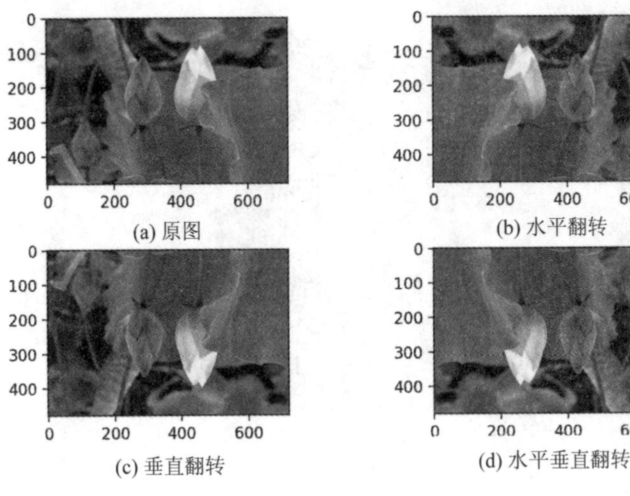

图 2-20　图像翻转结果

5) 图像的仿射

图像的线性变换和平移可组成仿射变换。仿射变换需要确定变换矩阵 ***M***，但是由于仿射变换比较复杂，一般很难直接找到这个矩阵。OpenCV 提供了一种根据变换前后 3 个点(图像左上角、左下角、右上角，称为参照点)的对应关系来自动求解变换矩阵 ***M*** 的函数，M = cv2.getAffineTransform(pos1，pos2)。其中，参数 pos1 为变换前 3 个参照点的坐标，pos2 为变换后 3 个参照点的坐标。得到矩阵 ***M*** 后，使用函数 cv2.warpAffine()即可进行仿射变换。代码 2-7 为给出的实现程序。

【代码 2-7】

```
#图像仿射变换
import cv2 as cv
import numpy as np
img = cv.imread("D:/opencv/flower.jpg")
imgInfo = img.shape
height = imgInfo[0]
width = imgInfo[1]
mode = imgInfo[2]
#原图中的三个点
matSrc = np.float32([[0,0],[0,height-1],[width-1, 0]])
#对应变换后的三个点
matDst = np.float32([[50,50],[100, height-50],[width-200,100]])
#获得仿射变换矩阵
M = cv.getAffineTransform(matSrc,matDst)
#得到变换后的图像
dst = cv.warpAffine(img, M,(height, width))
cv.imshow('image', dst)
cv.waitKey(0)
```

代码 2-7 的运行结果如图 2-21 所示。

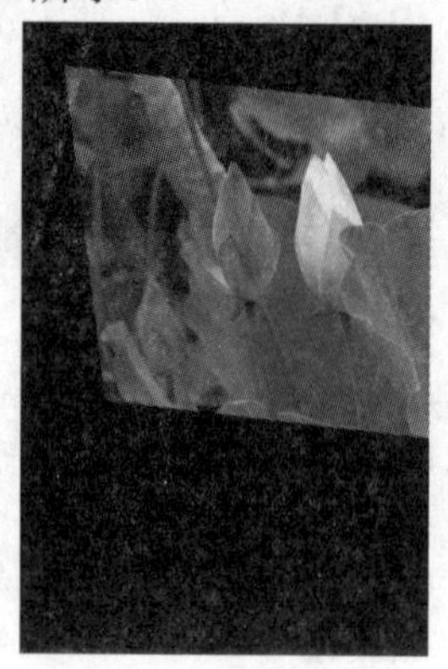

图 2-21　仿射变换结果

3. 图像颜色变换

1) 图像通道拆分与合并

常见的彩色图像有 R、G、B 三个通道，其对应的矩阵尺寸为 width × height × 3，每个通道均是大小为 width × height 的灰度图。OpenCV 中提供的函数 cv2.split()可将彩色图像拆分为 R、G、B 三个通道，相应地，提供的 cv2.merge()函数可实现三个通道的合并。代码 2-8 为给出的图像通道拆分实现程序。

【代码 2-8】

```
#图像通道拆分
import numpy as np
import cv2 as cv
from matplotlib import pyplot as plt
img = cv.imread("D:/opencv/flower.jpg")
b,g,r = cv.split(img)
cv.namedWindow("Image")
cv.imshow('Channel B', b)
cv.imshow('Channel G', g)
cv.imshow('Channel R', r)
cv.waitKey(0)
cv.destroyAllWindows()
```

代码 2-8 的运行结果如图 2-22 所示。

(a) 原图

(b) R 通道图像

(c) G 通道图像

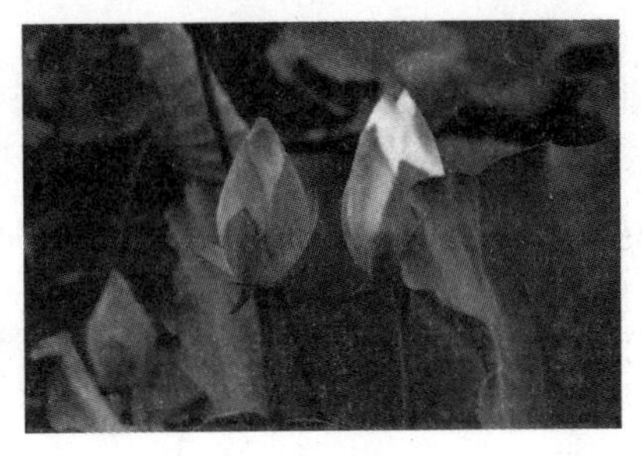

(d) B 通道图像

图 2-22　R、G、B 通道拆分

2) 图像的反转

图像的反转特别适用于增强嵌入图像暗色区域中的白色或灰色细节，特别是当黑色面积在尺寸上占主导地位时。灰度值范围在[0，$L-1$]的图像，其反转图像可由公式 $s=L-1-r$ 获得，其中，r 为原图像像素灰度值，s 为反转后的像素灰度值。图 2-23 所示为图像反转前后的对比。

(a) 反转前

(b) 反转后

图 2-23　图像的反转

本 章 小 结

本章重点介绍了 Python 编程环境的安装配置，讲解了 OpenCV 功能模块以及 OpenCV 中图像的读取、显示、保存以及图像几何变换和颜色变换等基本操作，在后续章节中将深入介绍 OpenCV 的其他功能模块。

课 后 习 题

1. 在本章介绍的几种图像几何变换方法中，哪些属于图像位置变换？哪些属于图像形状变换？

2. 在图像的放大过程中，是否需要对未知数据进行估计？在图像的缩小过程中，是否需要对未知数据进行估计？

3. 灰度图像如习题图 1 所示，试写出其水平翻转的结果。

43	47	48	52	118
51	54	91	170	243
58	105	203	248	251
93	201	251	251	249
171	246	249	246	246

习题图 1

4. 简述二值图像、灰度图像和彩色图像的区别。

第 3 章　图像预处理

图像预处理的主要目的是消除图像中的无关信息，恢复有用的、真实的信息，增强有关信息的可检测性和最大限度地简化数据。通过预处理可以提高特征抽取、图像分割、匹配和识别的可靠性。本章介绍几种常用的图像预处理方法，包括直方图修正，空域滤波和频域滤波等。

3.1　直方图修正

图像是由不同数值(颜色)的像素组成的，像素值在图像中的分布情况是该图像的一个重要特征。直方图可以反映图像的概貌，比如图像中有几类目标、不同目标具有不同的颜色分布等。使用直方图可以完成图像分割、目标检索等任务。使用归一化直方图作目标匹配不易受到目标翻转和目标大小变化的影响。

3.1.1　灰度直方图

图像由像素构成，在一幅单通道的灰度图像中，每个像素的值都是一个 0(黑色)～255(白色)的整数。对于每个灰度等级，都有不同数量的像素分布在该图像内。

直方图是一个简单的统计图，表示一幅图像中具有某个值的像素的数量。因此，灰度图像的直方图有 256 个容器(bin)。0 号容器给出值为 0 的像素的数量，1 号容器给出值为 1 的像素的数量，以此类推。显然，如果对直方图的所有容器进行求和，得到的结果就是图像像素的总数。也可以把直方图归一化，即将每个容器所含的像素数量除以图像像素总数，每个容器的数值就表示容器中像素数量占像素总数的百分比。如图 3-1 所示为一幅 6 × 6 的灰度图像，该图像中有 1，2，…，6 六个灰度级，其中，灰度值为 1 的像素有 5 个，灰度值为 2 的像素有 4 个，依次类推，可以得到如图 3-2 所示的灰度直方图。

1	2	3	4	5	6
6	4	3	2	2	1
1	6	6	4	6	6
3	4	5	6	6	6
1	4	6	6	2	3
1	3	6	4	6	6

图 3-1　6 × 6 灰度图像

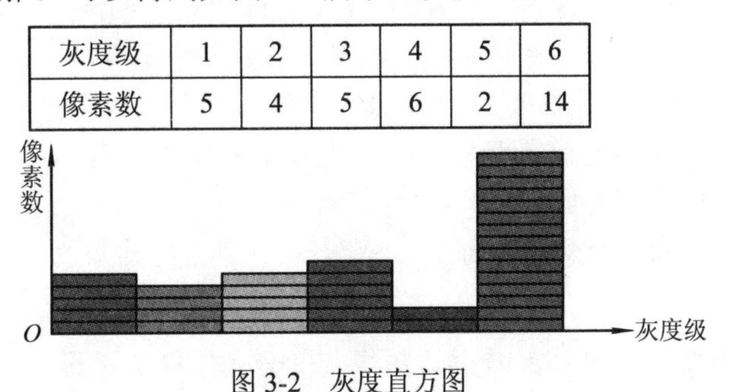

灰度级	1	2	3	4	5	6
像素数	5	4	5	6	2	14

图 3-2　灰度直方图

灰度直方图是关于灰度级分布的函数，是对图像中灰度级分布的统计，它表示图像中具有某种灰度级的像素的个数，反映了图像中某种灰度出现的频率。但是，灰度直方图不会记录像素的位置信息。

如果图像的灰度分布不均匀，比如其灰度分布集中在较窄的范围内，则说明图像对比度较低，图像细节不够清晰，如图3-3(a)所示为低对比度图像及其直方图。对于这种图像，通常可采用直方图均衡化或直方图规定化变换，使图像的灰度均匀分布，扩大灰度分布范围，从而提高对比度，使图像细节清晰，以达到增强的目的，图3-3(b)所示为直方图均衡化后的图像及其直方图。

(a) 原图　　(b) 均衡化后

图3-3　图像在不同对比度下的灰度分布

3.1.2　直方图均衡化

灰度直方图反映了数字图像中每一灰度级与其出现频率间的关系，它能描述该图像的概貌，通过修改直方图来增强图像是一种实用而有效的处理技术。

直方图均衡化是对图像进行非线性拉伸，重新分配图像的灰度值。在图像进行了均衡化处理后，图像灰度值的范围被拉伸，灰度值对应的像素数大致相等，从而使灰度级具有均匀的概率分布，图像看起来更加清晰。

为了研究方便，假定$r(0\leqslant r\leqslant 1)$为归一化后的原始图像的像素灰度值，$P_r(r)$为原始图像灰度分布的概率密度函数。直方图均衡化处理实际上就是寻找一个变换函数T(单调递增函数)，使变化后的灰度值s满足$s=T(r)$，其中$0\leqslant T(r)\leqslant 1$。建立了$r$与$s$之间的映射关系后，变换后的图像灰度分布的概率密度函数$P_s(s)$为[0, 1]上的均匀分布，即期望所有灰度级出现的概率相同。

由s到r的反变换为

$$r=T^{-1}(s),\quad 0\leqslant s\leqslant 1 \tag{3-1}$$

由概率论可知，若原始图像灰度分布的概率密度函数$P_r(r)$和变换函数$T(r)$已知，且

$T^{-1}(s)$ 是单调递增函数，则变换后的图像灰度分布的概率密度函数 $P_s(s)$ 如下：

$$P_s(s) = P_r(r)\frac{\mathrm{d}r}{\mathrm{d}s}\bigg|_{r=T^{-1}(s)} \tag{3-2}$$

对于连续图像，当直方图均衡化(并归一化)后有 $P_s(s)=1$，即

$$\mathrm{d}s = P_r(r)\mathrm{d}r = \mathrm{d}T(r) \tag{3-3}$$

对式(3-3)两边取积分得

$$s = T(r) = \int_0^r P_r(r)\,\mathrm{d}r \tag{3-4}$$

式(3-4)就是所求的变换函数，它表明变换函数是原图像的累积分布函数，是一个非负的递增函数。

对于数字图像，假定图像中的像素总数为 N，灰度级总数为 L，k 为灰度值，r_k 表示归一化后的灰度值，n_k 为灰度值为 r_k 的像素数，则该图像中灰度值为 r_k 的像素出现的概率(或称频数)为

$$P_r(r_k) = \frac{n_k}{N} \quad (0 \leqslant r_k \leqslant 1,\ k = 0,\ 1,\ \cdots,\ L-1) \tag{3-5}$$

对其进行均衡化处理的变换函数为

$$s_k = T(r_k) = \sum_{i=0}^{k} P_r(r_i) = \sum_{i=0}^{k} \frac{n_i}{N} \tag{3-6}$$

相应的逆变换函数为

$$r_k = T^{-1}(s_k),\quad 0 \leqslant s_k \leqslant 1 \tag{3-7}$$

1. 直方图均衡化的实现流程

直方图的均衡化实际上也是一种灰度的变换过程，即将当前的灰度分布通过一个变换函数，变换为范围更宽、灰度分布更均匀的图像，以增强图像的对比度。常用的均衡化变换函数是以灰度累积概率为自变量，寻找原图像和变换后图像灰度级之间的映射关系，其算法步骤如下：

(1) 计算图像像素总数 $N = W \times H$，W 为图像宽度，H 为图像高度。

(2) 确定图像的灰度级总数 L，通常 $L = 256$，因此，像素值的取值范围为 0～L−1；记 k 为图像灰度值，$k = 0$，1，…，L−1。将灰度值 k 归一化为 r_k。

(3) 统计图像的灰度直方图 n_k，其中 n_k 为灰度值为 r_k 的像素数量。

(4) 利用式(3-5)计算图像中灰度值为 r_k 的像素出现的频率 $P_r(r_k)$。

(5) 对直方图进行均衡化变换，得到变换后的灰度值 s_k 为

$$s_k = \sum_{i=0}^{k} P_r(r_i) = \sum_{i=0}^{k} \frac{n_i}{N} \tag{3-8}$$

(6) 由于式(3-8)中 s_k 取值为 $0 \leqslant s_k \leqslant 1$，需将其整数化为 k'：

$$k' = \mathrm{int}[(L-1) * s_k + 0.5] \tag{3-9}$$

式中，int()为向左取整函数。

(7) 根据 k 与 r_k，r_k 与 s_k，s_k 与 k' 之间的关系，可得到 k 与 k' 之间的映射关系，进而得到均衡化后的直方图。

例如，一幅大小为 64 × 64 的灰度图像有 8 个灰度级($L = 8$)，如表 3-1 所示为该图像的灰度分布信息，试对该图像进行直方图均衡化处理。

表 3-1　一幅 64 × 64 图像的灰度分布信息

原图像灰度值 k	像素数量 n_k
$k = 0$	790
$k = 1$	1023
$k = 2$	850
$k = 3$	656
$k = 4$	329
$k = 5$	245
$k = 6$	122
$k = 7$	81

对原图像灰度值进行归一化处理，并计算灰度分布频率 $P_r(r_k)$与均衡化后图像灰度值 s_k，结果如表 3-2 所示。

表 3-2　图像均衡化变换

原图像灰度值 k	归一化后的灰度值 r_k	像素数量 n_k	灰度分布频率 $P_r(r_k)$	均衡化后图像灰度值 s_k	s_k 整数化后的 k'
$k = 0$	$r_0 = 0$	790	0.19	0.19	$k' = 1$
$k = 1$	$r_1 = 1/7$	1023	0.25	0.44	$k' = 3$
$k = 2$	$r_2 = 2/7$	850	0.21	0.65	$k' = 5$
$k = 3$	$r_3 = 3/7$	656	0.16	0.81	$k' = 6$
$k = 4$	$r_4 = 4/7$	329	0.08	0.89	$k' = 6$
$k = 5$	$r_5 = 5/7$	245	0.06	0.95	$k' = 7$
$k = 6$	$r_6 = 6/7$	122	0.03	0.98	$k' = 7$
$k = 7$	$r_7 = 1$	81	0.02	1	$k' = 7$

通过式(3-9)计算灰度值 s_k 整数化后的灰度值 k'：

$$s_0 \to \text{int}[(8-1)\times 0.19+0.5]=\text{int}(1.83)=1$$

$$s_1 \to \text{int}[(8-1)\times 0.44+0.5]=\text{int}(3.58)=3$$

$$s_2 \to \text{int}[(8-1)\times 0.65+0.5]=\text{int}(5.05)=5$$

$$s_3 \to \text{int}[(8-1)\times 0.81+0.5]=\text{int}(6.17)=6$$

$$s_4 \to \text{int}[(8-1)\times 0.89+0.5]=\text{int}(6.73)=6$$

$$s_5 \to \text{int}[(8-1)\times 0.95+0.5]=\text{int}(7.15)=7$$

$$s_6 \to \text{int}[(8-1)\times 0.98+0.5]=\text{int}(7.36)=7$$

$$s_7 \to \text{int}[(8-1)\times 1+0.5]=\text{int}(7.5)=7$$

根据以上计算结果可建立原直方图灰度级到新直方图灰度级的映射，进而得到新的直方图概率分布，如表 3-3 所示。

表 3-3　直方图均衡化后的概率分布结果

原图像灰度值 k	新图像灰度值 k'	原灰度值 k 到新灰度值 k' 的映射	原直方图像素数量 n_k	新直方图像素数量 $n_{k'}$
0	1	0→1	790	0
1	3	1→3	1023	790
2	5	2→5	850	0
3	6	3→6	656	1023
4	6	4→6	329	0
5	7	5→7	245	850
6	7	6→7	122	985
7	7	7→7	81	448

如图 3-4 所示为原直方图和均衡化后的直方图对比。

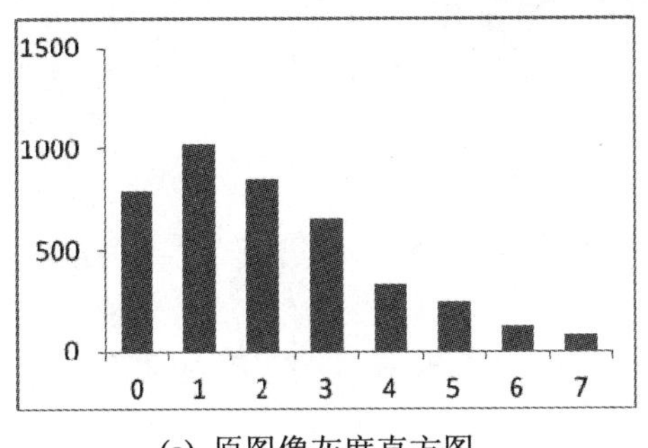

(a) 原图像灰度直方图

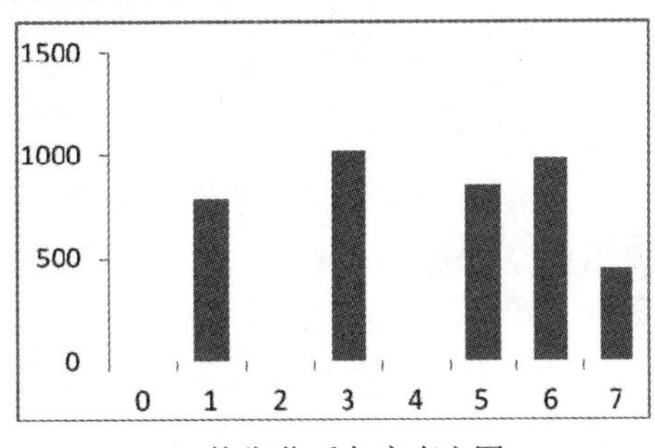

(b) 均衡化后灰度直方图

图 3-4　原直方图和均衡化后的灰度直方图对比

2. 直方图均衡化的优缺点

直方图均衡化方法对处理背景和前景都太亮或者太暗的图像非常有用，尤其是可以改善 X 光图像中由于曝光过度或曝光不足而导致的骨骼结构显示不清晰的情况，该方法的主要优势就是它是一个相当直观的技术，且是可逆操作。

该方法的缺点是对处理的数据不加选择，这样可能会增加背景无用信息的对比度，同时降低有用信息的对比度；变换后图像的灰度级减少，会导致某些细节消失。

3.1.3　直方图规定化

直方图均衡化实现了图像灰度的均衡分布，对提高整幅图像的对比度有明显作用。但是，在实际应用中，有时候需要对某些特定的灰度区间进行增强。这时，可以使用直方图规定化的方法，按需要灵活地对直方图的分布进行调整。

直方图规定化，也叫做直方图匹配，用于将图像变换为某一特定的灰度分布。因此，规定化操作可以有目的地增强某个灰度区间。在对直方图执行规定化操作时，首先要知道变换后的灰度直方图，这样才能确定变换函数。

在图像连续的情况下，类似于 3.1.2 节中的直方图均衡化处理，假设原始图像和规定化图像归一化后的像素灰度值分别为 r 和 z，$P_r(r)$和 $P_z(z)$分别代表原始图像和规定化图像的灰度概率密度函数，分别对原始直方图和规定化直方图进行均衡化处理，则有：

$$s = T(r) = \int_0^r P_r(r)\,\mathrm{d}r \tag{3-10}$$

$$v = G(z) = \int_0^r P_z(z)\,\mathrm{d}z \tag{3-11}$$

$$z = G^{-1}(v) \tag{3-12}$$

通过式(3-10)和式(3-11)对直方图进行均衡化处理后，理论上二者所获得的图像灰度概率密度函数 $P_s(s)$ 和 $P_v(v)$ 应该是相等的，因此可以用 s 代替式(3-12)中的 v，即

$$z = G^{-1}(s) \tag{3-13}$$

这里的灰度值 z 便是所求得的直方图规定化后的灰度值。

此外，利用式(3-10)和式(3-13)还可以得到组合变换函数：

$$z = G^{-1}[T(r)] \tag{3-14}$$

利用式(3-14)可以从原始图像得到希望的图像。

在图像是离散的情况下，类似于 3.1.2 节中的直方图均衡化处理，假定 z_k 为规定化图像经过归一化后的像素的灰度值，v_k 为规定化直方图经过均衡化变换后的灰度值，r_k 为原始图像经过归一化后的像素的灰度值，s_k 为原始直方图经过均衡化变换后的灰度值，则有以下关系成立：

$$P_z(z_k) = \frac{n_k}{N} \tag{3-15}$$

$$v_k = G(z_k) = \sum_{i=0}^{k} P_z(z_i) \tag{3-16}$$

$$z_k = G^{-1}(s_k) = G^{-1}[T(r_k)] \tag{3-17}$$

直方图规定化的实现步骤如下：

(1) 计算原图像和规定化图像中各灰度值像素概率分布 $P_r(r_k)$ 和 $P_z(z_k)$ 。

(2) 分别对原始直方图和规定化直方图进行均衡化变换，得到变换后的灰度值 s_k 和 v_k。

(3) 对任意的 i，寻找映射值 j，使得 $|s_i - v_j|$ 最小，即为 i 在规定化直方图中对应的灰度级，由此确定映射关系为 $i \to j$；注意当满足条件的 j 有多个值时，j 取最小的那个值。

(4) 根据映射关系，得到匹配直方图。

下面通过实例说明直方图规定化的步骤和结果。

如表 3-4 所示为原始图像的灰度分布信息和规定化信息，图 3-5(a)和图 3-5(b)分别为对应的原始直方图和规定化直方图。

表 3-4　原始图像灰度分布信息和规定化信息

灰度值 k	归一化后的灰度值 r_k 和 z_k	原始直方图灰度分布频率 $P_r(r_k)$	规定化直方图灰度分布频率 $P_z(z_k)$
$k=0$	$r_0=z_0=0$	0.19	0
$k=1$	$r_1=z_1=1/7$	0.25	0
$k=2$	$r_2=z_2=2/7$	0.21	0
$k=3$	$r_3=z_3=3/7$	0.16	0.15
$k=4$	$r_4=z_4=4/7$	0.08	0.2
$k=5$	$r_5=z_5=5/7$	0.06	0.3
$k=6$	$r_6=z_6=6/7$	0.03	0.2
$k=7$	$r_7=z_7=1$	0.02	0.15

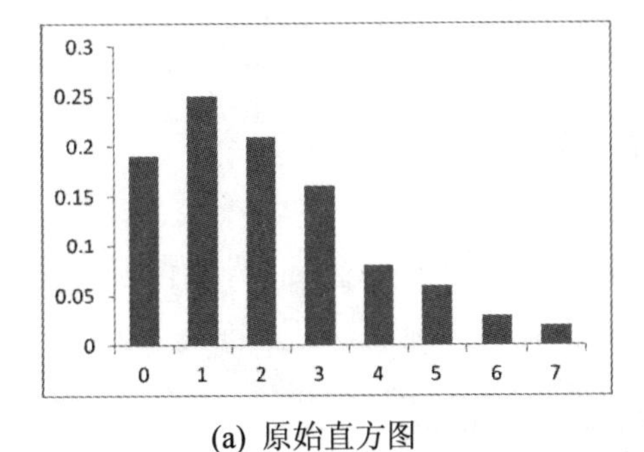

(a) 原始直方图

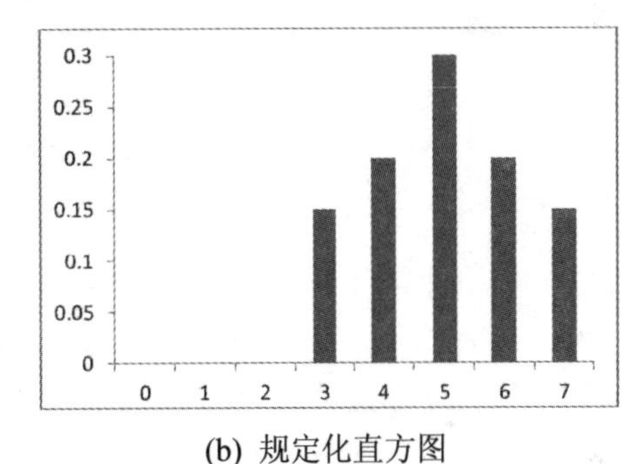

(b) 规定化直方图

图 3-5　原始直方图和规定化直方图

对原始图像灰度级 i，寻找规定化后对应的灰度级 j，其中 $j=0,1,\cdots,7$，使得 $|s_i-v_j|$ 最小，从而确定映射关系。如表 3-5 所示为规定化的映射关系，如图 3-6 所示为变换后的直方图。

表 3-5　确定规定化的映射关系

灰度值 k	原始直方图均衡化后的灰度值 s_k	规定化直方图均衡化后的灰度值 v_k	对于 i，寻找映射 j，使得 $\|s_i-v_j\|$ 最小	原直方图像素分布	新直方图灰度分布
0	0.19	0	0→3	0.19	0
1	0.44	0	1→4	0.25	0
2	0.65	0	2→5	0.21	0
3	0.81	0.15	3→6	0.16	0.19
4	0.89	0.35	4→6	0.08	0.25
5	0.95	0.65	5→7	0.06	0.21
6	0.98	0.85	6→7	0.03	0.24
7	1	1	7→7	0.02	0.11

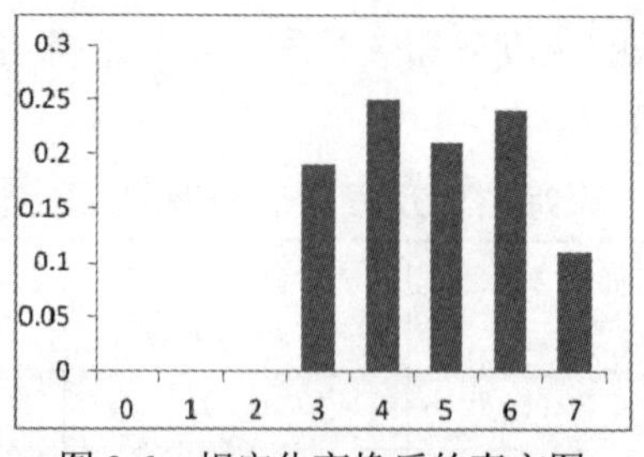

图 3-6　规定化变换后的直方图

总而言之，直方图规定化就是修改一幅图像的直方图，使得其概率分布逼近目标直方图的概率分布。当需要具有特定直方图的图像时，可按照预先设定的某个形状人为地调整图像的直方图。在使用直方图规定化的方法时，需先根据经验知识，计算最合适的规定直方图，并与原始图像一起输入，输出即为规定化之后的图像，从而达到特定的图像增强效果。

直方图均衡化与直方图规定化的比较：直方图均衡化方法可以对图像自动增强，但是效果不容易控制，最后得到的是全局增强的图像；直方图规定化方法是有选择地增强，但是必须给定需要的直方图，最后得到的是局部增强的图像。

3.2　空域滤波

滤波的概念来源于频域对信号的处理，通过滤波器可以改变输入信号所含频率成分的相对比例，或者滤除某些频率成分。例如，低通滤波器会滤除信号中的高频成分，从而达到去噪的效果。本节重点关注空域滤波，即直接对图像像素进行滤波处理。

滤波器也可称为掩膜、模板或窗口。空域滤波的原理如图 3-7 所示，在待处理的图像上逐点移动掩膜，在图像像素点(x, y)处，滤波器的响应可通过预先定义的运算关系来计算。以线性滤波器为例，滤波器在(x, y)处的响应为

$$R = w(-1,-1)f(x-1,y-1) + w(-1,0)f(x-1,y) + \cdots + w(0,0)f(x,y) + \cdots + w(1,0)f(x+1,y) + w(1,1)f(x+1,y+1) \tag{3-18}$$

其中，w 表示滤波掩膜，f 表示图像。

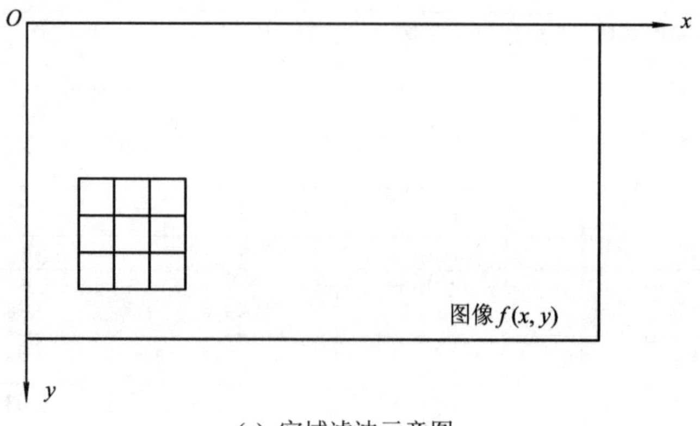

(a) 空域滤波示意图

$w(-1,-1)$ w_1	$w(0,-1)$ w_2	$w(1,-1)$ w_3
$w(-1,0)$ w_4	$w(0,0)$ w_5	$w(1,0)$ w_6
$w(-1,1)$ w_7	$w(0,1)$ w_8	$w(1,1)$ w_9

(b) 3 × 3 滤波掩膜

$f(x-1,y-1)$ z_1	$f(x,y-1)$ z_2	$f(x+1,y-1)$ z_3
$f(x-1,y)$ z_4	$f(x,y)$ z_5	$f(x+1,y)$ z_6
$f(x-1,y+1)$ z_7	$f(x,y+1)$ z_8	$f(x+1,y+1)$ z_9

(c) 掩膜下的图像像素

图 3-7　空域滤波原理

图 3-7(a)所示为空域滤波示意图，掩膜可在图像平面内逐点移动，图 3-7(b)所示为 3 × 3 滤波掩膜的两种表示方式，即采用坐标或权重的方式表示，图 3-7(c)所示为掩膜下覆盖的图像像素。

可见，线性滤波器响应为滤波器系数与掩膜覆盖区域的像素值的乘积之和。这与频域中卷积处理的概念相似，因此，线性滤波处理也可以称为掩膜与图像的卷积，这也是为什么掩膜又被称为卷积模板或卷积核的原因。如果我们只关注像素点(x, y)处的响应值，式(3-18)可简化为

$$R = w_1 z_1 + w_2 z_2 + \cdots + w_9 z_9 = \sum_{i=1}^{9} w_i z_i \tag{3-19}$$

在空域滤波中需要考虑的一个重要情况是，当滤波中心靠近图像边缘时的处理方法。设掩膜的大小为 $n \times n$，当掩膜中心距离图像边缘$(n-1)/2$ 个像素时，该掩膜的边与图像边缘重合，如果掩膜中心继续向图像边缘靠近，掩膜的行或列便会移出图像平面之外。最简单的处理方法为，将掩膜中心点的移动范围限制在距离输入图像边缘不小于$(n-1)/2$ 的区域，这样所得输出图像的像素均是经掩膜处理过的，但是，结果图像要比原始图像小一些。另一种处理方法是在图像边缘补 0 或复制边缘像素，补上的部分经掩膜处理后去除，得到与原始图像大小一致的输出图像。这种方法的缺点是补上的部分会影响边缘像素的处理，而且掩膜尺寸越大，需填补得越多，影响也越大。

3.2.1　空域平滑滤波器

图像常常被强度随机信号(也称为噪声)所污染，常见的噪声包括椒盐(Salt & Pepper)噪声、脉冲噪声、高斯噪声等。平滑滤波器(低通滤波器)常应用于模糊处理和减小噪声，常用的空域平滑滤波器包括均值滤波器、中值滤波器和高斯平滑滤波器三种。

1. 均值滤波器

均值滤波器的输出是滤波掩膜邻域内像素的均值，它是一种线性滤波器，其掩膜如图 3-8 所示。掩膜中心点对应的像素(x, y)处的响应 R 为

$$R = \frac{1}{9}(1 \times z_1 + 1 \times z_2 + \cdots + 1 \times z_9) = \frac{1}{9}\sum_{i=1}^{9} z_i \tag{3-20}$$

1	1	1
1	1	1
1	1	1

图 3-8　均值滤波器掩膜

均值滤波器采用线性的方法平均整个窗口范围内的像素值，减小了图像灰度的尖锐变化，对于随机噪声具有较好的抑制效果，然而，均值滤波器本身存在着固有的缺陷，不能很好地保护图像细节，在给图像去噪的同时也使图像变得模糊。并且掩膜大小控制着滤波程度，掩膜邻域越大，去噪效果越好，图像细节损失也越严重。如图 3-9 所示为均值滤波示例，左一为原图，左二为添加了高斯噪声的图像，左三和左四分别为采用 3 × 3 和 7 × 7 均值掩膜处理后的图像。

图 3-9　均值滤波示例

下面给出空域滤波的实现代码。代码 3-1 为均值滤波、高斯滤波、中值滤波的共享代码，用于加载程序所需的第三方库、显示图像以及获得图像的尺度信息。代码 3-2 为添加高斯噪声的代码，用于生成带有高斯噪声的图像。代码 3-3 为添加椒盐噪声的代码，用于生成带有椒盐噪声的图像。代码 3-4 为对高斯噪声图像进行均值滤波的主程序。

【代码 3-1】

```
#均值滤波、高斯滤波、中值滤波案例的共享代码
import random
import numpy as np
import matplotlib.pyplot as plt
import cv2 as cv
#定义用来显示结果图像的函数
def show(img):
    if img.ndim = = 2:  #判断维数
        plt.imshow(img, cmap = 'gray', vmin = 0, vmax = 255)
    else:
        plt.imshow(cv.cvtColor(img, cv.COLOR_BGR2RGB))  #彩色转灰度图片显示
plt.show()
#读入输入图像，获得其尺寸
img = cv.imread('lenna.jpg', 0)
Height = img.shape[0]
Width = img.shape[1]
```

【代码 3-2】

```
#添加高斯噪声，用于均值滤波和高斯滤波案例
Gaussian_noise = np.zeros((Height, Width), dtype = np.float32)
img = np.array(img / 255, dtype = np.float32)        #变成浮点型
mu = 0
sigma = 0.08
for i in range(Height):
        for j in range(Width):
            #生成一个随机高斯噪声矩阵
            Gaussian_noise[i][j] = random.gauss(mu, sigma)
img_Gaussian_noise = img + Gaussian_noise          #噪声矩阵与原图像相加得到高斯噪声图像
img_Gaussian_noise = np.clip(img_Gaussian_noise, 0, 1.0)      #截断小于 0 大于 1 的数值
img_Gaussian_noise = np.uint8(img_Gaussian_noise * 255)    #恢复成 uint8 类型
```

【代码 3-3】

```
#添加椒盐噪声，用于中值滤波案例
img_salt_pepper_noise = np.array(img, dtype = np.uint8)
for k in range(500):
    i = random.randint(0, Height - 2)
    j = random.randint(0, Width - 2)
    img_salt_pepper_noise[i][j] = 255       #胡椒噪声

    i = random.randint(0, Height - 2)
    j = random.randint(0, Width - 2)
    img_salt_pepper_noise[i][j] = 0         #盐噪声
```

【代码 3-4】

```
#对高斯噪声图像进行均值滤波
img_mean_blur_3 = cv.blur(img_Gaussian_noise, (3, 3))  #openCv 均值模糊函数
img_mean_blur_7 = cv.blur(img_Gaussian_noise, (7, 7))  #openCv 均值模糊函数
img = np.uint8(img * 255)                    #恢复成 uint8 类型
show(np.hstack([img, img_Gaussian_noise, img_mean_blur_3, img_mean_blur_7]))
```

2. 高斯平滑滤波器

高斯平滑滤波器是根据高斯函数的形状来选择权值的线性平滑滤波器。高斯平滑滤波器对去除服从正态分布的噪声有很好的效果。一维零均值高斯函数为

$$g(x) = \mathrm{e}^{-\frac{x^2}{2\sigma^2}} \tag{3-21}$$

式中，参数 σ 决定了高斯平滑滤波器的宽度。

对图像处理来说，常用二维零均值离散高斯函数作平滑滤波器，其高斯函数为

$$g(x,y)=\mathrm{e}^{-\frac{(x^2+y^2)}{2\sigma^2}} \tag{3-22}$$

常用的高斯平滑滤波器掩膜如图 3-10 所示，可认为它是一种线性加权的均值滤波器，处于掩膜中心位置的像素权值较大，距离掩膜中心较远的像素权值较小，这是为了减小平滑处理中的模糊现象。需要注意的是，该掩膜所有系数的和为 16，那么掩膜中心位置的滤波响应可表示为

$$R=\frac{1}{16}\sum_{i=1}^{9}w_i z_i \tag{3-23}$$

1	2	1
2	4	2
1	2	1

图 3-10　高斯平滑滤波器掩膜

高斯平滑滤波的实现程序如代码 3-5 所示。图 3-11 所示为高斯平滑滤波示例，左一为原图，左二为添加了高斯噪声的图像，左三为采用 3 × 3、σ = 3 的高斯掩膜滤波后的图像，左四为采用 7 × 7、σ = 3 的高斯掩膜滤波后的图像。

【代码 3-5】

```
#对高斯噪声图像进行高斯平滑滤波，模板大小为 3*3, σ = 3
img_Gaussian_blur = cv.GaussianBlur(img_Gaussian_noise, (3, 3), sigmaX = 3)  #openCv 高斯模糊函数
show(np.hstack([img_Gaussian_noise, img_Gaussian_blur]))
```

图 3-11　高斯平滑滤波示例

3. 中值滤波器

均值滤波和高斯平滑滤波的主要问题是有可能模糊图像中的尖锐不连续部分，为解决这一问题，引入中值滤波器。中值滤波器的基本思想是用像素点邻域内灰度值的中值来替代该像素点的灰度值，是一种非线性空间滤波器。中值滤波应用非常广泛，对于特定类型的随机噪声(如椒盐噪声)非常有效，同时又能保留图像边缘细节。经中值滤波器处理后的图像，其模糊程度明显低于同尺寸的均值滤波器的处理结果。

为了对一幅图像中的某个点进行中值滤波处理，需将以该像素为中心的掩膜邻域内的像素值进行排序，确定出中值，并将中值赋值给该像素点，其实现程序如代码 3-6 所示。

【代码 3-6】

```
#对椒盐噪声图像进行中值滤波，模板大小为 3 × 3
img_median_blur = cv.medianBlur(img_salt_pepper_noise, 3)
#openCv 中值模糊函数
show(np.hstack([img_salt_pepper_noise, img_median_blur]))
```

如图 3-12 所示为中值滤波示例，左图为原图，中间为添加椒盐噪声的图像，右图为用 3 × 3 掩膜进行中值滤波后的图像。

图 3-12　中值滤波示例

3.2.2　空域锐化滤波器

与平滑滤波器的作用相反，图像锐化滤波器的作用是突出图像中的细节，抑制图像中灰度平坦区域。如果说平滑滤波器是低通滤波器的话，锐化滤波器则属于高通滤波器。在平滑处理中，我们采用邻域均值替代像素值，从而使图像变得模糊，均值处理与积分类似(都有相乘和累加的计算)，因此，采用微分算子进行锐化处理是一种合理的思路。本小节讨论基于一阶微分和二阶微分的锐化滤波器，在此之前，先介绍一下微分算子的定义和性质。

在一幅图像中，有灰度平坦区域、灰度突变点(如阶梯和斜坡突变)以及突变区域。微分算子应具有以下性质：在灰度平坦区域，微分值为 0；在突变点和突变区域，微分值不为 0。考虑一维离散函数 $f(x)$，其一阶微分定义为相邻两个函数值的差，则 $f(x)$在 x 处的一阶微分可定义为

$$\frac{\mathrm{d}f}{\mathrm{d}x}=f(x+1)-f(x) \tag{3-24}$$

$f(x)$在 x 处的二阶微分可定义为

$$\frac{\mathrm{d}^2 f}{\mathrm{d}x^2}=[f(x+1)-f(x)]-[f(x)-f(x-1)]=f(x+1)+f(x-1)-2f(x) \tag{3-25}$$

容易证明，$f(x)$在 x 处的一阶和二阶微分均满足上述微分算子性质。在平坦区域，灰度值不变，$f(x+1)$、$f(x)$、$f(x-1)$之间差值为 0；在突变点和突变区域，三者之间差值不为 0。

1. 基于一阶微分的图像锐化

图像可用二维离散函数 $f(x, y)$表示，其在坐标(x, y)处的一阶微分可表示为$\left(\dfrac{\partial f}{\partial x}, \dfrac{\partial f}{\partial y}\right)$，这种由全部变量的偏导数组成的向量也称为梯度，更加规范的表达方式如下：

$$\nabla f = \begin{bmatrix} G_x & G_y \end{bmatrix}^{\mathrm{T}} = \begin{bmatrix} \frac{\partial f}{\partial x} & \frac{\partial f}{\partial y} \end{bmatrix}^{\mathrm{T}} \tag{3-26}$$

虽然不够准确，但一般情况下，可用梯度的模值来替代梯度，即

$$\nabla f = \mathrm{mag}(\nabla f) = \left[\left(\frac{\partial f}{\partial x}\right)^2 + \left(\frac{\partial f}{\partial x}\right)^2\right]^{\frac{1}{2}} \tag{3-27}$$

在实际计算过程中，由于在整幅图像上的运算量较大，一般用绝对值代替平方和开方运算，可求出梯度模值的近似值为

$$\nabla f \approx |G_x| + |G_y| \tag{3-28}$$

图 3-13 所示为 3 × 3 的图像区域，中心点 z_5 表示像素 $f(x, y)$，z_1 表示 $f(x-1, y-1)$，z_2 表示 $f(x, y-1)$，以此类推。

z_1	z_2	z_3
z_4	z_5	z_6
z_7	z_8	z_9

图 3-13　3 × 3 图像区域

如果只考虑 2 × 2 的图像区域，如图 3-13 中的 z_5、z_6、z_8、z_9 区域，则满足式(3-24)规定的一阶微分最简单的近似处理是 $G_x = z_6 - z_5$ 和 $G_y = z_8 - z_5$，二者分别表示 x 和 y 方向上的一阶差分。1965 年提出的 Robert 算子就是在 2 × 2 的图像区域上计算的一阶差分，不同的是，Robert 算子计算的是对角线方向上的一阶差分，其定义为

$$\begin{cases} G_x = z_9 - z_5 \\ G_y = z_8 - z_6 \end{cases} \tag{3-29}$$

其对应的梯度近似值为

$$\nabla f \approx |z_9 - z_5| + |z_8 - z_6| \tag{3-30}$$

式(3-29)和式(3-30)可以通过如图 3-14 所示的两个掩膜实现，这种掩膜称为 Robert 算子。

−1	0
0	1

0	−1
1	0

图 3-14　Robert 算子

Robert 算子采用了 2 × 2 的掩膜，这种偶数尺寸的掩膜在实际应用中并不常用，通常采用尺寸为奇数的掩膜，如 3 × 3 的最小滤波器掩膜。定义 G_x 和 G_y 分别为

$$\begin{cases} G_x = (z_3 + 2z_6 + z_9) - (z_1 + 2z_4 + z_7) \\ G_y = (z_7 + 2z_8 + z_9) - (z_1 + 2z_2 + z_3) \end{cases} \tag{3-31}$$

则相应的梯度可近似为

$$\nabla f \approx |(z_7 + 2z_8 + z_9) - (z_1 + 2z_2 + z_3)| + |(z_3 + 2z_6 + z_9) - (z_1 + 2z_4 + z_7)| \tag{3-32}$$

在如图 3-15 所示的 3 × 3 掩膜中，第三行与第一行之间的差接近 y 方向上的一阶微分，第三列与第一列之间的差接近 x 方向上的一阶微分，这种掩膜称为 Sobel 算子。可以看出，Sobel 算子中所有系数之和为 0，这表明灰度恒定区域的响应为 0。

-1	-2	-1
0	0	0
1	2	1

-1	0	1
-2	0	2
-1	0	1

图 3-15　Sobel 算子

使用 Sobel 算子锐化图像的实现程序如代码 3-7 所示，代码运行结果如图 3-16 所示。在图 3-16 中，左图为原图，右图为经 Sobel 算子锐化后的图像。

【代码 3-7】

```
#Sobel 算子锐化
import numpy as np
import matplotlib.pyplot as plt
import cv2 as cv
#定义 sobel 算子
def sobel(img):
    h,w = img.shape
    new_img = np.zeros([h,w])
    x_img = np.zeros(img.shape)
    y_img = np.zeros(img.shape)
    sobel_y = np.array([[-1,-2,-1],[0,0,0],[1,2,1]])
    sobel_x = np.array([[-1,0,1],[-2,0,2],[-1,0,1]])
    for i in range(h-2):
        for j in range(w-2):
            x_img[i+1,j+1] = abs(np.sum(img[i:i+3,j:j+3]*sobel_x))
            y_img[i+1,j+1] = abs(np.sum(img[i:i+3,j:j+3]*sobel_y))
            new_img[i+1,j+1] = np.sqrt(np.square(x_img[i+1,j+1])+np.square(y_img[i+1,j+1]))
    return np.uint8(new_img)

img = cv.imread('lenna.png',0)
img_sobel = sobel(img)
show(np.hstack([img, img_sobel]))     #show 函数参照代码 3-1
```

图 3-16　sobel 算子图像锐化示例

2. 基于二阶微分的图像锐化

这里介绍二元离散函数的二阶微分在图像锐化中的应用。首先定义一个二阶微分的离散公式，然后基于该公式构建相应的数字滤波器。我们希望滤波器是各向同性的，即滤波器是旋转不变的，也就是说，将原图像旋转后进行滤波处理与先对图像进行滤波处理后再旋转，所得到的结果是一样的。

最简单的各向同性微分算子是拉普拉斯(Laplace)算子，该算子是一种线性操作，二元函数 $f(x, y)$的拉普拉斯变化定义为

$$\nabla^2 f = \frac{\partial^2 f}{\partial x^2} + \frac{\partial^2 f}{\partial y^2} \tag{3-33}$$

因为数字图像是离散形式，则有

$$\begin{cases} \dfrac{\partial^2 f}{\partial x^2} = f(x+1, y) + f(x-1, y) - 2f(x, y) \\ \dfrac{\partial^2 f}{\partial y^2} = f(x, y+1) + f(x, y-1) - 2f(x, y) \end{cases} \tag{3-34}$$

因此，拉普拉斯算子的离散定义为

$$\nabla^2 f = [f(x+1, y) + f(x-1, y) + f(x, y+1) + f(x, y-1)] - 4f(x, y) \tag{3-35}$$

上述公式可用如图 3-17(a)所示的掩膜实现，得到 90° 旋转各向同性的滤波结果。如果考虑两个对角线的方向，则可获得 45° 旋转不变的滤波掩膜，如图 3-17(b)所示。

0	1	0
1	−4	1
0	1	0

(a) 90° 旋转各向同性算子

1	1	1
1	−8	1
1	1	1

(b) 45° 旋转各向同性算子

图 3-17　拉普拉斯算子

拉普拉斯算子会强化图像中灰度突变区域、抑制灰度平坦区域，可用于边缘检测，也

可与原图像叠加进行图像的锐化增强。

拉普拉斯算子的实现程序如代码 3-8 所示，代码运行结果如图 3-18 所示。在图 3-18 中，左图为原图，中间为采用如图 3-17(a)所示掩膜锐化后的图像，右图为采用如图 3-17(b)所示掩膜锐化后的图像。

【代码 3-8】

```
#Laplace 算子锐化
import numpy as np
import matplotlib.pyplot as plt
import cv2 as cv
#定义 Laplace 算子
def Laplace_op(img,n): #n 表示采用 n 邻域 Laplace 算子
    h, w = img.shape
    new_image = np.zeros((h, w))
    if n = = 4:
        filter = np.array([[0,1,0],[1,-4,1],[0,1,0]])
    elif n = = 8:
        filter = np.array([[1,1,1],[1,-8,1],[1,1,1]])
    for i in range(h-2):
        for j in range(w-2):
            new_image[i+1, j+1] = abs(np.sum(img[i:i+3, j:j+3] * filter))
    return np.uint8(new_image)

img = cv.imread('lenna.png',0)
lap4_image = Laplace_op(img,4)
lap8_image = Laplace_op(img,8)
show(np.hstack([img, lap4_image, lap8_image]))
```

图 3-18　拉普拉斯算子图像锐化示例

3. Canny 边缘检测算子

图像边缘是指图像局部区域亮度变化显著的部分，边缘信息主要集中在高频段，因此图像边缘检测本质上是一种高通滤波。上文所述 Sobel 算子、拉普拉斯算子均可用于边缘检测。在目前常用的边缘检测方法中，Canny 边缘检测算子是具有严格定义、可提供可靠检测结果、最为流行的边缘检测算法之一。

使用 Canny 边缘检测算子进行边缘检测主要包括以下几个步骤：

(1) 高斯平滑滤波：采用高斯平滑滤波器对原图像进行降噪处理。

(2) 计算梯度幅值和方向：梯度幅值由公式 $\sqrt{G_x^2+G_y^2}$ 计算，方向由公式 $\arctan(G_y/G_x)$ 得到。x 和 y 方向梯度 G_x 和 G_y 可由 Sobel 算子计算得到。

(3) 非极大值抑制：沿梯度方向对梯度幅值进行非极大值抑制。

(4) 双阈值边缘筛选：设置两个阈值，分别为低阈值和高阈值。若检测点低于低阈值，则判定不是边缘点；高于高阈值，则判定是边缘点；如果介于两者之间，则要看周围 8 邻域是否有边缘点，如果有则判定是边缘点，否则判定不是边缘点。

在 OpenCV 中提供了用 Canny 边缘检测算子进行边缘检测的函数 canny = cv.Canny (img, thred1, thred2)，其中 thred1 是低阈值，thred2 是高阈值，实现程序如代码 3-9 所示，检测结果如图 3-19 所示。在图 3-19 中，左图为原图，右图为使用 Canny 边缘检测算子检测的结果。

【代码 3-9】

```
#Canny 边缘检测
import cv2 as cv
import numpy as np
img = cv.imread("lenna.png",0)
img = cv.GaussianBlur(img, (3, 3), 0)       #用高斯滤波处理原图像降噪
canny = cv.Canny(img, 50, 150)              #50 是最小阈值,150 是最大阈值
cv.imshow('canny', canny)
cv.waitKey(0)
cv.destroyAllWindows()
```

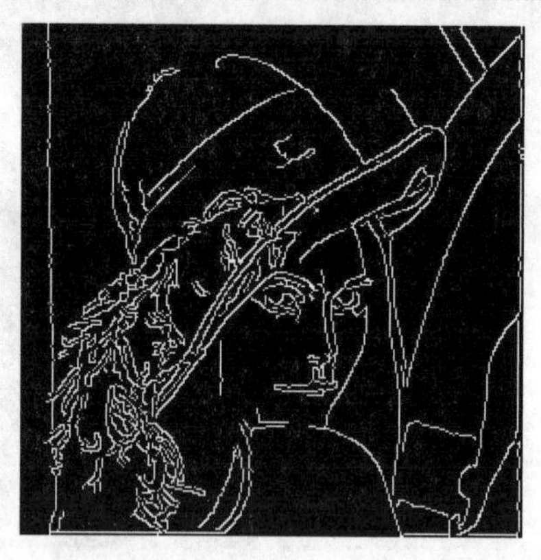

图 3-19　Canny 算子边缘检测示例

3.3 频域滤波

对图像进行频域处理的基础是傅里叶变换，即通过傅里叶变换将空域信号转换到频

域。一维连续函数 $f(x)$ 的傅里叶变换可记为 $F(u)$，$f(x)$ 和 $F(u)$ 被称为一个傅里叶变换对，记为

$$f(x) \leftrightarrow F(u) \tag{3-36}$$

这里，x 和 u 均是连续变量，无法在计算机中实现。因此，引入离散傅里叶变换(Discrete Fourier Transform, DFT)，其实质是对有限长序列的傅里叶变换进行有限点离散采样，从而实现了频域的离散化。一维离散函数 $f(x)(x = 0, 1, 2, \cdots, M-1)$ 的 DFT 变换公式如下：

$$F(u) = \frac{1}{M}\sum_{x=0}^{M-1} f(x)\mathrm{e}^{-\mathrm{j}2\pi ux/M}, \quad u = 0,\ 1,\ 2,\ \cdots,\ M-1 \tag{3-37}$$

当 $u = 0$ 时，$F(0) = \frac{1}{M}\sum_{x=0}^{M-1} f(x)$；

当 $u = 1$ 时，$F(1) = \frac{1}{M}\sum_{x=0}^{M-1} f(x)\mathrm{e}^{-\mathrm{j}2\pi x/M}$。

可见，傅里叶变换的每一项是由 $f(x)\mathrm{e}^{-\mathrm{j}2\pi ux/M}$ 的所有值 $(x = 0, 1, 2, \cdots, M-1)$ 的和组成的。以上是 DFT 的正变换，相反地，给出 $F(u)$，可用逆 DFT 变换获得原函数 $f(x)$，即：

$$f(x) = \sum_{u=0}^{M-1} F(u)\mathrm{e}^{\mathrm{j}2\pi ux/M}, \quad x = 0,\ 1,\ 2,\ \cdots,\ M-1 \tag{3-38}$$

一维 DFT 到二维 DFT 的扩展比较简单，对于一幅大小为 $M \times N$ 的图像 $f(x, y)$，其二维 DFT 可表示为

$$F(u,v) = \frac{1}{MN}\sum_{x=0}^{M-1}\sum_{y=0}^{N-1} f(x,y)\mathrm{e}^{-\mathrm{j}2\pi(ux/M+vy/N)}, \quad u = 0, 1, 2, \cdots, M-1,\ v = 0, 1, 2, \cdots, N-1 \tag{3-39}$$

逆 DFT 变换公式为

$$f(x,y) = \sum_{u=0}^{M-1}\sum_{v=0}^{N-1} F(u,v)\mathrm{e}^{\mathrm{j}2\pi(ux/M+vy/N)}, \quad x = 0, 1, 2, \cdots, M-1,\ y = 0, 1, 2, \cdots, N-1 \tag{3-40}$$

在上述公式中，x 和 y 为空间域变量，u 和 v 为频率域变量。也可用极坐标的形式将傅里叶变换表示为 □

$$F(u,v) = |F(u,v)|\mathrm{e}^{\mathrm{j}\phi(u,v)} \tag{3-41}$$

其中

$$|F(u,v)| = [R^2(u,v) + I^2(u,v)]^{1/2} \tag{3-42}$$

$$\phi(u,v) = \arctan\left[\frac{I(u,v)}{R(u,v)}\right] \tag{3-43}$$

式中，$|F(u,v)|$ 称为傅里叶变换的幅度或频率谱，$\phi(u,v)$ 为傅里叶变换的相位谱，$R(u,v)$ 和

$I(u,v)$ 分别是 $F(u,v)$ 的实部和虚部。

傅里叶变换具有平移性和对称性，这对于其在图像处理中的应用非常重要，先看平移性。

$$f(x,y)\mathrm{e}^{\mathrm{j}2\pi(u_0x/M+v_0y/N)} \leftrightarrow F(u-u_0,v-v_0) \tag{3-44}$$

式(3-44)说明，图像 $f(x, y)$在空域与指数函数相乘对应于 $F(u,v)$在频域的移位。当 $u_0 = M/2$， $v_0 = N/2$时， $\mathrm{e}^{\mathrm{j}2\pi(u_0x/M+v_0y/N)} = \mathrm{e}^{\mathrm{j}\pi(x+y)} = (-1)^{x+y}$ ，则有：

$$f(x,y)(-1)^{x+y} \leftrightarrow F(u-\frac{M}{2},v-\frac{N}{2}) \tag{3-45}$$

由式(3-45)可知，函数 $f(x,y)(-1)^{x+y}$ 的傅里叶变换的原点 $F(0,0)$ 在 $u=M/2$、$v=N/2$ 处。因此，在对图像 $f(x, y)$进行傅里叶变换之前，先乘以$(-1)^{x+y}$可将 $F(u, v)$的原点变换到频率坐标$(M/2, N/2)$处。

根据傅里叶变换的公式：

$$F(0,0)=\frac{1}{MN}\sum_{x=0}^{M-1}\sum_{y=0}^{N-1}f(x,y) \tag{3-46}$$

可知，原点处的傅里叶变换即等于图像的平均灰度级。

傅里叶变换的对称性可用频率谱简单地表示为

$$|F(u,v)|=|F(-u,-v)| \tag{3-47}$$

该性质可简化频域滤波器的设计复杂度。

将 DFT 应用于图像滤波的基本步骤如下：

(1) 将原始图像 $f(x, y)$乘以$(-1)^{x+y}$；

(2) 对 $f(x,y)(-1)^{x+y}$ 进行 DFT 变换，将图像变换至频率域，得到 $F(u,v)$；

(3) 构建频域滤波器 $H(u,v)$，并与 $F(u,v)$相乘，完成滤波，得到 $G(u,v)$；

(4) 将 $G(u,v)$进行逆 DFT 变换，得到滤波后的图像；

(5) 将滤波后的图像乘以$(-1)^{x+y}$，以消除在步骤(1)中对图像的处理的影响，得到最终图像。

3.3.1　频域平滑滤波器

将图像进行傅里叶变换后，则低频成分对应图像中灰度变化平缓区域，高频成分对应图像中灰度尖锐变换部分(如边缘和噪声)。频域平滑滤波器是通过抑制图像在傅里叶变换中的高频部分、保留低频部分来实现滤波的，因此，频域平滑滤波器也称为低通滤波器。

频域平滑滤波过程可表示为

$$G(u,v)=H(u,v)F(u,v) \tag{3-48}$$

式中，$F(u,v)$为待滤波图像的傅里叶变换结果，$H(u,v)$为要构建的频域滤波器，$G(u,v)$为滤波结果。

1. 理想低通滤波器

理想的低通滤波器(ILPF)可定义为

$$H(u,v)=\begin{cases}1 & D(u,v)\leqslant D_0\\0 & D(u,v)>D_0\end{cases} \tag{3-49}$$

式中，$D(u,v)$为点(u,v)到滤波器中心的距离，D_0 是一个给定的非负数，也称为截止频率。该滤波器会切断以 D_0 为半径的圆外的 $F(u,v)$分量，使圆上及圆内保持不变。理想低通滤波器可在计算机中实现，却无法通过电子元件实现。

如图 3-20 所示为频域理想低通滤波的结果，图 3-20(a)为原图及其对应的频率谱；图 3-20(b)为 $D_0=30$ 的理想低通滤波器(以图像方式显示)及用其滤波后的图像；图 3-20(c)为 $D_0=50$ 的理想低通滤波器(以图像方式显示)及用其滤波后的图像。可见，D_0 越大，保留的高频信息越多，滤波后的图像模糊程度越小。

(a) 原图及其对应的频率谱

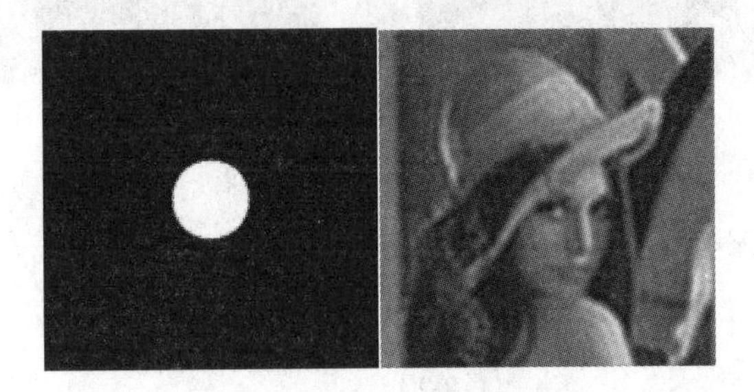

(b) 滤波器($D_0=30$)及用其滤波后的图像

(c) 滤波器($D_0=50$)及用其滤波后的图像

图 3-20　理想低通滤波

还应注意到，理想低通滤波结果中存在振铃效应(如滤波后帽子边缘出现的重影现象)，这是因为理想低通滤波器在频域是一个门函数，其时域对应的是 sinc 函数，而 sinc 函数是一个长度无限且波动的函数。又因为频域相乘相当于时域卷积(时域卷积定理)，因此，在频域乘以门函数相当于在时域卷积 sinc 函数，其过程就是对 sinc 函数的搬移，搬移后的 sinc 函数在叠加的时候会由于其波动性对周围的点造成影响，从而出现振铃现象。

2. 巴特沃斯低通滤波器

n 阶巴特沃斯低通滤波器可表示为

$$H(u,v)=\frac{1}{1+[D(u,v)/D_0]^{2n}} \tag{3-50}$$

式中，$D(u,v)$为点(u,v)到滤波器中心的距离，D_0 是截止频率，n 是巴特沃斯低通滤波器的阶数。

如图 3-21 所示为巴特沃斯低通滤波的结果，参数设置为阶数 $n = 2$，截止频率 $D_0 = 30$。图 3-21(a)所示为滤波器，图 3-21(b)所示为滤波后图像。可见，巴特沃斯低通滤波器的截断边缘不像理想情况下那么尖锐，而是有个过渡区域。阶数越大，过渡区越窄，巴特沃斯低通滤波器越接近理想滤波器。比较图 3-21 和 3-20(b)还可发现，在截止频率均为 30 的情况下，巴特沃斯低通滤波的振铃现象明显要小于理想低通滤波器。

(a) 滤波器

(b) 滤波后图像

图 3-21　巴特沃斯低通滤波

3. 高斯低通滤波器

高斯低通滤波器的二维表示形式为

$$H(u,v)=\mathrm{e}^{-D^2(u,v)/(2D_0^2)} \tag{3-51}$$

式中，$D(u,v)$为点(u,v)到滤波器中心的距离，D_0 是截止频率。

图 3-22 所示为高斯低通滤波的结果，截止频率 $D_0 = 30$。图 3-22(a)所示为滤波器，图 3-22(b)所示为滤波后图像。从图 3-22 中可以看出，高斯低通滤波器的截断边缘也有一个过渡区域，D_0 越大，过渡区越宽；高斯低通滤波器没有振铃现象，这是因为高斯低通滤波器的逆傅里叶变换仍然是高斯函数，该函数没有波动，因此不存在振铃现象。

(a) 滤波器

(b) 滤波后图像

图 3-22　高斯低通滤波

3.3.2　频域锐化滤波器

与平滑滤波器相对，锐化滤波器保留的是图像频率域的高频成分，也称为高通滤波器。本小节讲解三种锐化滤波器：理想高通滤波器、巴特沃斯高通滤波器和高斯高通滤波器。

1. 理想高通滤波器

理想高通滤波器(IHPF)可定义为

$$H(u,v)=\begin{cases}0 & D(u,v)\leqslant D_0\\ 1 & D(u,v)>D_0\end{cases} \tag{3-52}$$

可以看出，理想高通滤波器和理想低通滤波器的表达形式正好相反。图 3-23 所示为以图像形式显示的理想高通滤波器以及滤波后图像。

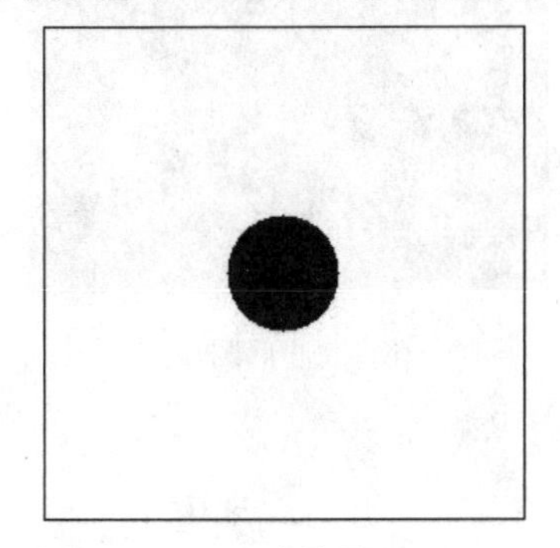

(a) 滤波器

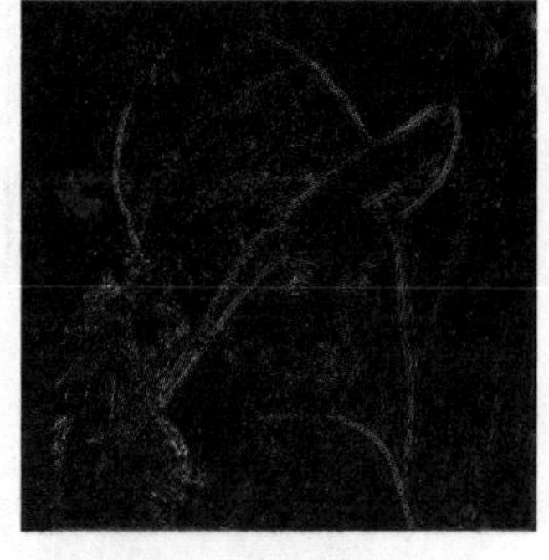

(b) 滤波后图像

图 3-23　理想高通滤波($D_0 = 30$)

2. 巴特沃斯高通滤波器

n 阶巴特沃斯高通滤波器可表示为

$$H(u,v)=\frac{1}{1+[D_0\,/\,D(u,v)]^{2n}} \tag{3-53}$$

图 3-24 所示为巴特沃斯高通滤波的结果，参数设置为阶数 $n = 2$，截止频率 $D_0 = 30$，图 3-24(a)所示为滤波器，图 3-24(b)所示为滤波后图像。

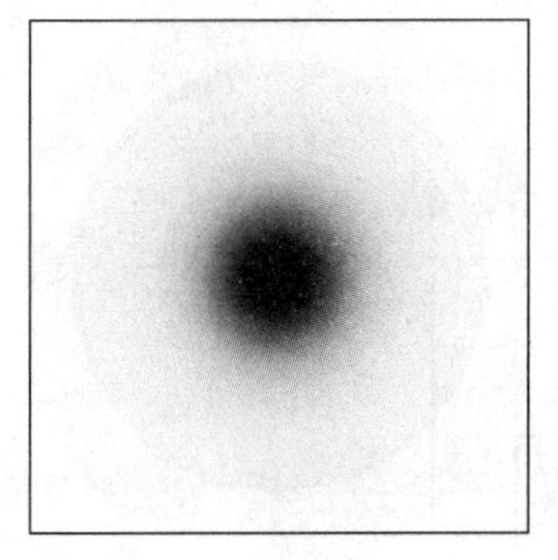

(a) 滤波器

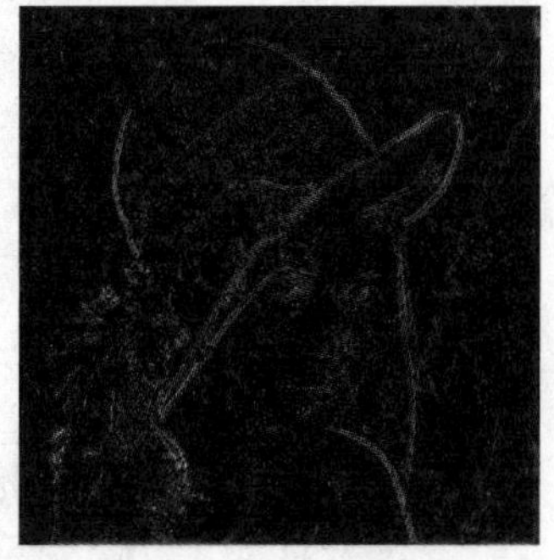

(b) 滤波后图像

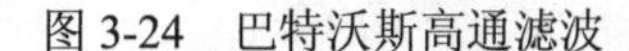

图 3-24　巴特沃斯高通滤波

3. 高斯高通滤波器

高斯高通滤波器的二维表示形式为

$$H(u,v)=1-\mathrm{e}^{-D^2(u,v)/(2D_0^2)} \tag{3-54}$$

式中，$D(u,v)$为点(u,v)到滤波器中心的距离，D_0是截止频率。

图 3-25 所示为高斯高通滤波的结果，截止频率 $D_0 = 30$。图 3-25(a)所示为滤波器，图 3-25(b)为滤波后图像。

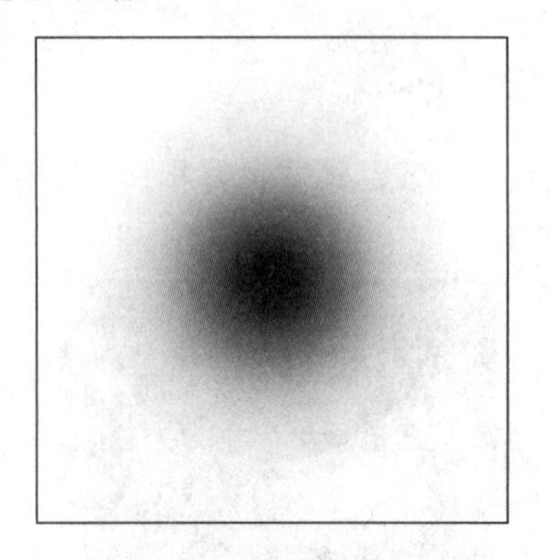

(a) 滤波器　　(b) 滤波后图像

图 3-25　高斯高通滤波

本 章 小 结

本章讨论了两类常用的图像预处理方法，一是直方图修正，二是图像滤波。前者是多种空间域处理技术的基础，可有效地用于图像增强；后者包括空域滤波和频域滤波，广泛应用于图像去噪和边缘检测等领域。

课 后 习 题

1. 简述直方图均衡化和直方图规定化之间的区别与联系。

2. 如习题图 1 所示为一幅 4 × 4 的图像，其灰度级别为 0～7。

(1) 求该图像的灰度直方图；

(2) 对该图像进行直方图均衡化处理，写出过程和结果。

4	5	6	6
5	4	5	5
6	6	5	5
5	5	5	6

习题图 1

3. 对于一幅被椒盐噪声污染的图像，采用哪种空域滤波方法效果较好？为什么？

4. 如习题图 2 所示为一幅 256 × 256 的二值图像，其中条纹高 210 像素，白色条纹的宽度为 7 个像素，两个白色条纹之间的间隔宽度为 17 个像素，当分别采用 3 × 3、7 × 7 掩膜均值滤波时，图像会有什么变化？(按照四舍五入原则取 0 或 1，不考虑边界影响)

习题图 2

5. 如习题图 3 所示为一幅 7 × 7 的二值图像，其中心处有一个值为 1 的 3 × 3 正方形区域，其余区域值均为 0，利用本章所讲 Sobel 算子的水平掩膜和垂直掩膜计算其水平梯度和垂直梯度。

0	0	0	0	0	0	0
0	0	0	0	0	0	0
0	0	1	1	1	0	0
0	0	1	1	1	0	0
0	0	1	1	1	0	0
0	0	0	0	0	0	0
0	0	0	0	0	0	0

习题图 3

6. 根据教材中对振铃效应产生原因的描述，解释为什么巴特沃斯滤波器的振铃现象要小于理想滤波器？阶数越大，振铃效应越小还是越大？

第 4 章　图像特征提取

图像特征提取指的是使用计算机提取图像中属于特征信息的方法及过程，它通过检查每个像素来确定该像素是否代表一个特征。

图像特征主要有图像的颜色特征、纹理特征、形状特征和空间关系特征。颜色特征一般是基于像素点来计算的，所有像素点对该图像或图像区域都有贡献。颜色对图像的方向、大小等变化不敏感，不能很好地捕获对象的局部特征。纹理是一种反映图像中同质的一种视觉特征，体现了物体表面的结构组织排列属性。形状特征有两类表示方法，一类是轮廓特征，另一类是区域特征。图像的轮廓特征主要针对物体的外边界，而图像的区域特征则关系到整个形状区域。空间关系特征是指图像中分割出来的多个目标之间的相互空间位置或相对方向关系，这些关系可分为连接/邻接关系、交叠/重叠关系和包含/包容关系等。

本章主要介绍图像处理中应用比较广泛的三种特征，即 HOG 特征、SIFT 特征和基于相似性度量的哈希(hash)特征。

4.1　HOG 特征

HOG(Histogram of Oriented Gradient)是方向梯度直方图，是一种在计算机视觉和图像处理中用于物体检测的特征描述子，即用图像梯度信息来识别物体。它通过对图像的每个单元进行方向梯度直方图计算来构成特征向量。HOG 特征结合 SVM 分类器已被广泛应用于图像识别中，思路就是用提取出的 HOG 特征训练分类器。其优点是对于目标相同但大小、方向不同的图像，可以利用相同的 HOG 特征模式来检测，而不用管目标的位置和呈现方式。

HOG 特征在行人检测应用中获得了极大的成功，由于 HOG 特征提取是在图像的局部方格单元上操作的，所以它对图像的几何和光学形变都能保持很好的不变性，只要行人大体上能够保持直立的姿势，一些细微的肢体动作可以被忽略，不会影响检测效果。

HOG 特征提取方法就是将一幅图像进行以下处理：

(1) 图像灰度化：这里颜色信息的作用不大，因此通常先将彩色图像转化为灰度图。

(2) 采用 Gamma 校正法对输入图像进行颜色空间归一化：目的是调节图像的对比度，减少光照因素的影响，同时可以抑制噪声的干扰。Gamma 压缩公式为

$$I(x,y)=I(x,y)^{\text{gamma}} \tag{4-1}$$

式中，可以取 gamma = 1/2。

(3) 计算图像中每个像素的梯度(包括大小和方向)：主要是为了捕获轮廓信息，同时进一步弱化光照的干扰。

用 $[-1, 0, 1]$ 梯度算子对原图像作卷积计算，可得到 x 方向(水平方向)的梯度分量，即 $G_x(x,y) = H(x+1,y) - H(x-1,y)$；

用 $[-1, 0, 1]^{\mathrm{T}}$ 梯度算子对原图像作卷积计算，可得到 y 方向(垂直方向)的梯度分量，即 $G_y(x,y) = H(x,y+1) - H(x,y-1)$。

像素点(x, y)处的梯度幅值和梯度方向分别为

$$
\begin{cases}
G(x,y) = \sqrt{G_x(x,y)^2 + G_y(x,y)^2} \\
\alpha(x,y) = \arctan\left(\dfrac{G_y(x,y)}{G_x(x,y)}\right)
\end{cases}
\tag{4-2}
$$

(4) 将图像划分成若干个单元(cell)：每个单元一般为 8 × 8 个像素。

(5) 统计每个单元的梯度直方图，形成其描述子。假设采用 9 个柱(bin)的直方图来统计 8 × 8 像素的梯度信息，其中，9 个柱分别代表的是梯度方向在 0°，20°，40°，60°，…，160° 上的梯度幅值的累计，这里不考虑梯度方向的正负。如图 4-1 所示，将方向 0° ～360° 分成 9 个方向块，每隔 20° 为一个块，但是对顶角属于同一个块，例如，梯度方向在 20° ～40° 和 200° ～220° 的均属于 Z_2 块。

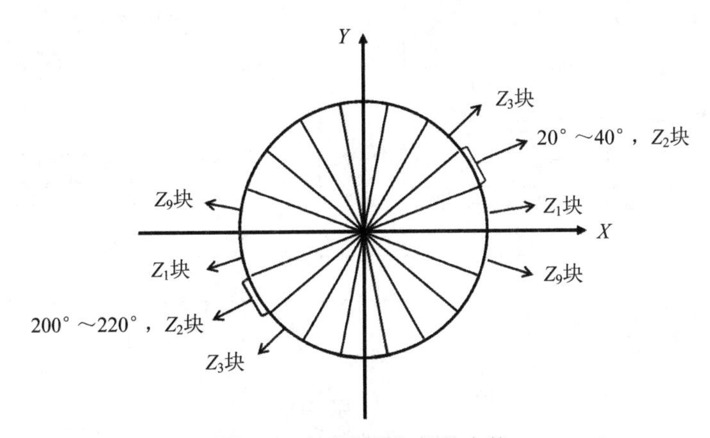

图 4-1　方向划分与柱的个数

如图 4-2 所示为某个单元中像素的梯度方向和梯度幅值。如实线圈所示像素的梯度方向是 80°，梯度值是 2，那么直方图第 5 个柱的计数就加 2。虚线圈所示的角度值是 10，梯度值是 4，因为角度 10 介于 0～20° 的中间，所以把梯度值一分为二地放到 0 和 20 两个柱里面去。这样，对单元中的每个像素，都可以根据梯度方向按比例在直方图中进行累计。

需要注意的是，这里不考虑方向的正负，角度 0 和 180° 可用同一个柱表示，如果有一个梯度方向为 160° ～180°，如 165°，梯度幅值为 85，则要把梯度值按照比例放到 0 和 160 的柱里去，如图 4-3 所示。

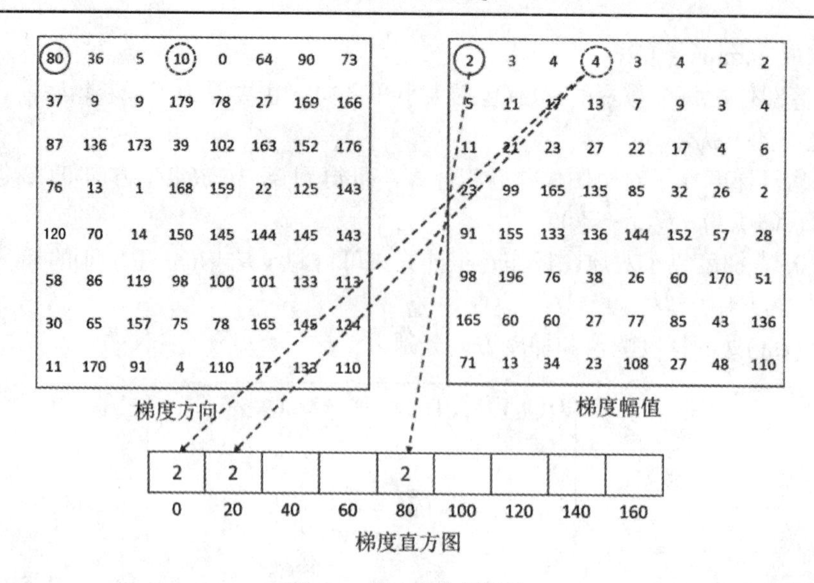

图 4-2　梯度直方图计算

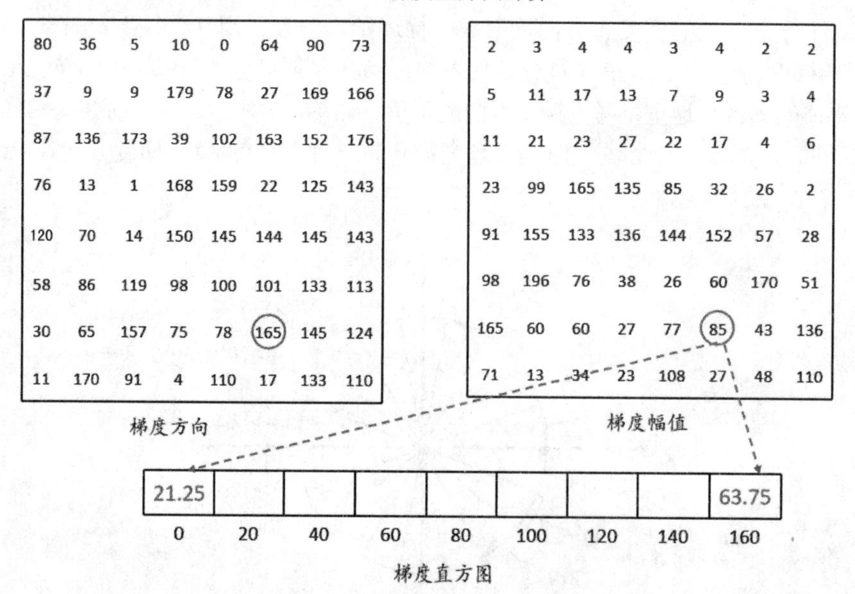

图 4-3　按比例分配梯度值

在把 8 × 8 的单元里所有像素点的梯度值分别累加到 9 个柱中去后，就构建了一个 9 柱直方图，例如，图 4-2 所示的单元对应的直方图如图 4-4 所示。

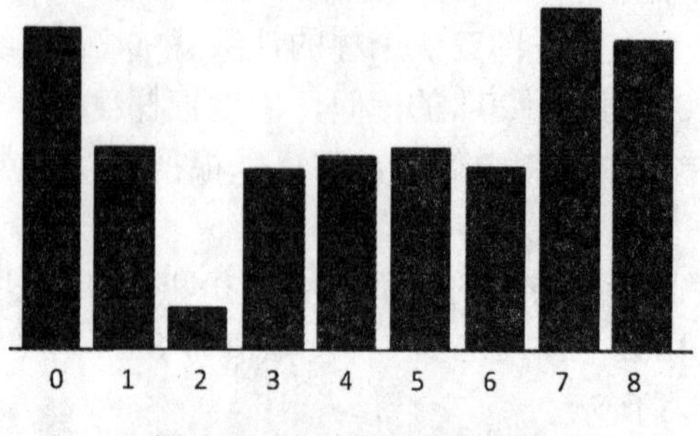

图 4-4　单元的梯度直方图

(6) 将若干个单元组成一个块(block)(例如 2 × 2 个单元组成一个块)：将一个块内所有单元的特征描述子串联起来便可得到该块的 HOG 特征描述子。计算块的过程就是把整幅图像遍历一遍的过程，窗口移动步长可以设定为 1 个单元。

(7) 将图像内所有块的 HOG 特征描述子串联起来就可以得到该图像的 HOG 特征描述子，也就是最终可供分类使用的特征向量。

例如，对于 64 × 128 的图像而言，每 8 × 8 个像素组成一个单元，每相邻的 2 × 2 个单元组成一个块，因为每个单元有 9 个特征，所以每个块内有 4 × 9 = 36 个特征，以 1 个单元为步长，那么，水平方向将有 7 个扫描窗口，垂直方向将有 15 个扫描窗口。也就是说，对于 64 × 128 的图像，其 HOG 特征长度为 36 × 7 × 15 = 3780。

由以上介绍可知，HOG 特征描述子生成过程冗长，速度慢，时效性差；由于梯度的性质，该描述子对噪点相当敏感；作为一种局部特征描述子，很难用来处理遮挡问题。

4.2　SIFT 特征

SIFT(Scale Invariant Feature Transform)特征是一种基于尺度空间的，对图像的缩放、旋转甚至仿射变换保持不变性的图像局部特征描述子，即尺度不变特征变换。SIFT 算法最早由 David G. Lowe 于 1999 年提出，并于 2004 年完善。

SIFT 算法是在空间尺度中寻找极值点，并提取出其位置、尺度、旋转不变量，其结果是将一幅图像映射为一个局部特征向量集。该算法具有以下优点。

(1) 局部性：SIFT 特征是图像的局部特征，是基于物体上的一些局部外观的兴趣点的，与图像的大小和旋转无关，对于光线、噪声、视角改变的容忍度相当高。

(2) 独特性：SIFT 特征高度显著而且相对容易提取，适用于在海量特征数据库中进行快速、准确的匹配。使用 SIFT 特征描述对于部分物体遮挡的检测率相当高，甚至只需要 3 个以上的 SIFT 特征点就可以计算出位置与方位。

(3) 多量性：即使是很少几个物体也可以产生大量的 SIFT 特征。

(4) 高速性：经优化的 SIFT 匹配算法甚至可以达到实时性。

(5) 可扩展性：可以很方便地与其他形式的特征向量进行联合。

SIFT 特征的主要应用范围包括物体辨识、机器人地图感知与导航、图像配准、3D 模型建立、视频跟踪等。众所周知，目标的呈现形式、背景变换和图像采集设备等因素均会影响图像配准和目标识别跟踪的性能，而 SIFT 特征可以很好地克服由这些因素造成的图像配准或者识别困难等问题，如目标的旋转、缩放、平移；图像仿射/投影变换、光照影响；目标遮挡；背景杂乱；噪声干扰等。

SIFT 算法的实质是在不同的尺度空间上查找出关键点(特征点)，并计算出关键点的方向。SIFT 算法所查找到的关键点是一些十分突出的，不会因光照、仿射变换和噪声等因素而变化的点，如角点、边缘点、暗区的亮点或亮区的暗点等。SIFT 算法主要包括以下几个步骤：

(1) 尺度空间的极值检测：搜索所有尺度空间上的图像，通过高斯微分函数来识别潜在的对尺度不变的兴趣点。

(2) 特征点定位：在每个候选位置上，通过拟合模型来确定位置尺度，依据它们的稳定程度来选取关键点。

(3) 特征方向赋值：基于图像局部梯度方向，给每个关键点位置分配一个或多个方向，后续的所有操作都是对于关键点的方向、尺度和位置进行变换，从而提供这些特征的不变性。

(4) 特征点描述：在每个特征点的邻域内，在选定的尺度上测量图像的局部梯度，这些梯度被变换成一种表示，这种表示允许比较大的局部形状的形变和光照变换。

下面，详细介绍 SIFT 特征提取的方法。

1. DoG 尺度空间构造

1) 尺度简介

尺度空间理论最早是在 1962 年由 T.Iijima 提出的，其主要思想是通过对原始图像进行尺度变换，获得图像在多尺度下的尺度空间表示序列，通过这些序列可以实现尺度空间主轮廓的提取，并以该主轮廓作为一种特征向量，实现边缘、角点检测和不同分辨率上的特征提取等。图像处理中的“尺度”可以理解为图像的模糊程度，尺度越大，图像越模糊，细节越少。

SIFT 特征希望提取所有尺度上的信息，也就是无论图像是否经过放大缩小都能够提取特征。这种思考类似于人类的视觉生理特征，比如即使是在模糊的情况下，人类仍然能够识别物体的种类。

高斯滤波是一种线性平滑滤波，对于抑制服从正态分布的噪声效果非常好，其效果是降低图像灰度的尖锐变化，使图像变模糊。在减小图像尺寸进行降采样的时候，通常先对图像进行低通高斯滤波处理，这样就可以保证在采样图像中不会出现虚假的高频信息。

高斯核是可以产生多尺度空间的线性核，在图像处理中对图像构建尺度空间的方法，就是使用不同σ值的高斯核对图像进行卷积操作。一幅图像的尺度空间$L(x,y,\sigma)$可定义为

$$\begin{cases} L(x,y,\sigma)=G(x,y,\sigma)\times I(x,y) \\ G(x,y,\sigma)=\dfrac{1}{2\pi\sigma^2}\mathrm{e}^{-\frac{x^2+y^2}{2\sigma^2}} \end{cases} \tag{4-3}$$

式中，$I(x,y)$为原始图像，$G(x,y,\sigma)$是尺度可变的二维离散高斯核函数，(x,y)是空间坐标。σ为图像尺度参数，即高斯模糊系数，它是高斯正态分布的标准差，反映了图像被模糊的程度。大尺度对应图像的概貌特征，小尺度对应图像的细节特征，因此，大的σ值对应粗糙尺度(低分辨率)，小的σ值对应精细尺度(高分辨率)。如图 4-5 所示为不同尺度下的图像。

图 4-5　不同尺度下的图像

在实际应用中，高斯核函数的作用范围为 $r \leqslant 3\sigma$，$r>3\sigma$ 的像素都可以看作不起作用。这里，$r=\sqrt{(x-x')^2+(y-y')^2}$ 为模糊半径，(x',y')为目标像素坐标位置。

检测不同尺度下特征点的理想算子是高斯拉普拉斯(Laplacion of Gaussian, LoG)，$\nabla^2 G=\dfrac{\partial^2 G}{\partial x^2}+\dfrac{\partial^2 G}{\partial y^2}$。由于 LoG 的运算量较大，通常用高斯差分函数(Difference of Gaussian, DoG)来代替，利用不同尺度的高斯差分核与图像卷积来生成特征图，表达式如下：

$$\begin{aligned} D(x,y,\sigma) &= (G(x,y,k\sigma)-G(x,y,\sigma)) * I(x,y) \\ &= L(x,y,k\sigma)-L(x,y,\sigma) \end{aligned} \tag{4-4}$$

2) 图像金字塔简介

图像金字塔也是图像处理中的常用方法，一般通过对原始图像逐步进行降采样(每隔 2 个像素抽取一个像素)，得到宽和高都为原始图像 1/2 的缩小图像，如图 4-6 所示。金字塔的层数是由下向上来数的，底层叫第 0 层，然后往上依次为第 1、2 层，尺度由细到粗。

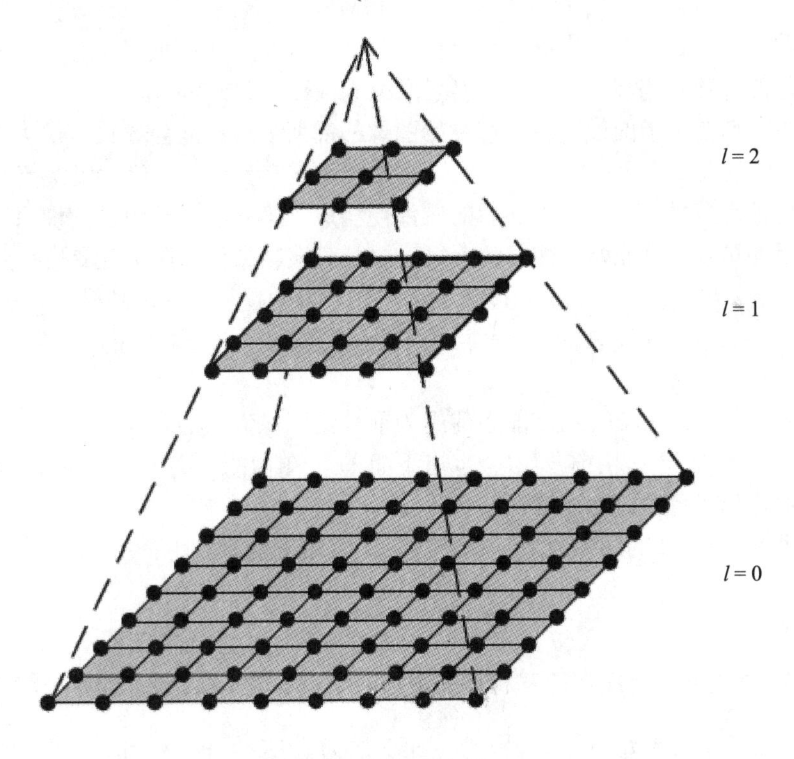

图 4-6　图像金字塔

3) 高斯金字塔构建

为了能够检测到不同尺度下的特征点，对于一幅图像 I，须建立其高斯金字塔。这里的高斯金字塔不同于上面提到的传统金字塔结构，如图 4-7 所示，高斯金字塔由若干组(Octave)构成，从下至上的各组间图像为降采样关系，组内图像是“复合”结构，由若干层(Interval)大小相同而尺度空间不同的图像组成。

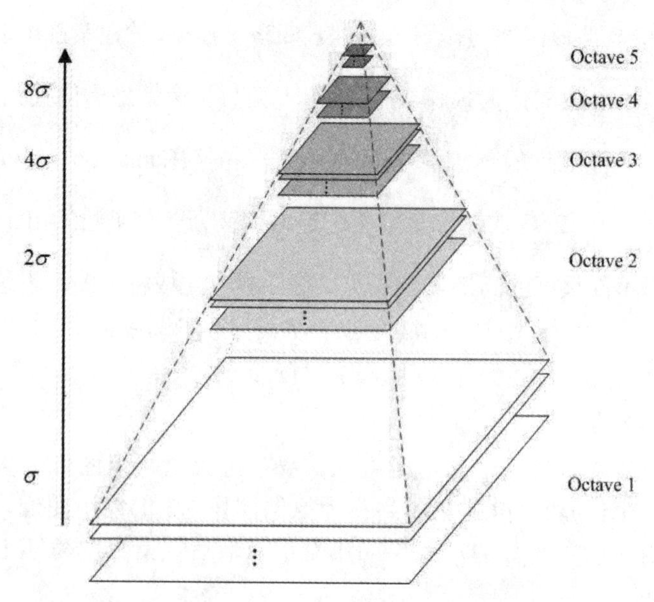

图 4-7　图像的高斯金字塔

图像的大小决定了金字塔的数组，计算公式为：$O=[\mathrm{lb}\min(M,N)]-3$，其中，$M$、$N$ 为原始图像的行数和列数。每组有 s 层图像组成，s 一般取 3～5。

在构建高斯金字塔的过程中，对原始图像的高斯平滑滤波会导致图像丢失高频信息，所以 Lowe 建议在建立尺度空间前首先对原始图像长宽各扩展一倍，以保留原始图像的信息，增加特征点数量。这样，扩展后的图像便构成了第 0 组，该组的模糊系数为 $2^{-1}\sigma$。

第 1 组的第 0 层是原始图像，往上每一层是对该层进行高斯尺度变换得到的图像，如 σ，$k*\sigma$，$k*k*\sigma$，…，$k^s\sigma$，直观上看，同一组中越往上图像越模糊。在 Lowe 的论文中，取 $\sigma=1.6$，考虑相机实际已经对图像进行了 $\sigma=0.5$ 的模糊处理，故实际 $\sigma=\sqrt{1.6^2-0.5^2}=1.52$。

组间的图像是降采样关系，即当前组为前一组图像大小的 1/4。金字塔上边一组图像的第 1 层图像(最底层)是由前一组(金字塔下面一组)图像的中间一层图像降采样得到，这种尺度关系被称作“尺度变化连续性”。

以一个 512 × 512 的图像为例，构建高斯金字塔的步骤如下：

(1) 计算金字塔的组数，$\mathrm{lb}512=9$，减去因子 3，即构建的金字塔的组数为 6，取每组的层数为 3。

(2) 构建第 0 组，将图像的宽和高都增加一倍，变成 1024 × 1024(I_0)。其第 0 层为 $I_0*G(x,y,\frac{1}{2}\sigma)$，第 1 层为 $I_0*G(x,y,\frac{1}{2}k\sigma)$，第 2 层为 $I_0*G(x,y,\frac{1}{2}k^2\sigma)$。

(3) 构建第 1 组，对 I_0 降采样变成 512 × 512(I_1)，其第 0 层为 $I_1*G(x,y,\sigma)$，第 1 层为 $I_1*G(x,y,k\sigma)$，第 2 层为 $I_1*G(x,y,k^2\sigma)$。

(4) 构建第 2 组，对 I_1 降采样变成 256 × 256(I_2)，其第 0 层为 $I_2*G(x,y,2\sigma)$，第 1 层为 $I_2*G(x,y,2k\sigma)$，第 2 层为 $I_2*G(x,y,2k^2\sigma)$。

(5) 构建第 O 组，其第 s 层为 $I_O*G(x,y,2^{O-1}k^s\sigma)$。

4) 高斯差分金字塔

图像差分运算就是对两幅图像作减法运算，这样就可以找到两幅图像中相异的内容。图像特征提取中一种简单的方法就是用原图像减去该图像经过高斯模糊后的图像，从信号理论的角度来解释，就是去掉低频信息保留高频信息。为了寻找不同尺度下稳定的特征信息，需要构建高斯差分金字塔。

高斯差分金字塔是由高斯金字塔作差分运算而来，如图 4-8(a)所示为高斯金字塔，每组包含 6 层图像，对相邻两层图像作差分运算，可得 5 张差分图，这样就可以得到如图 4-8(b)所示的高斯差分金字塔。构造了高斯差分金字塔之后，就可以检测每组差分图像中的关键点，如图 4-8(c)所示。

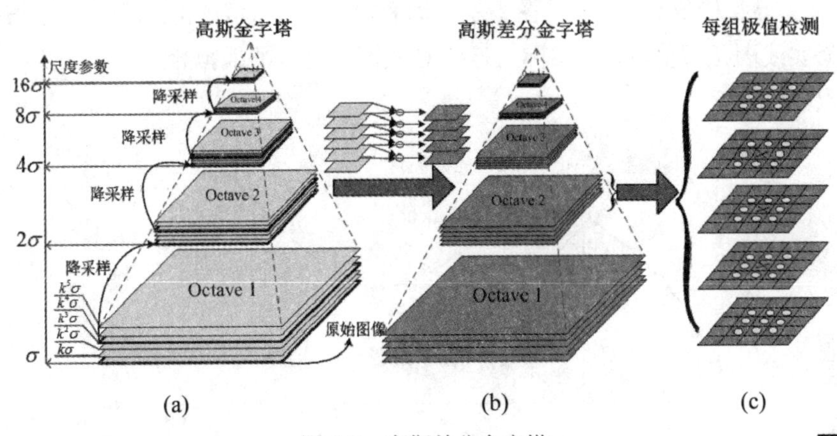

图 4-8　高斯差分金字塔

2. 关键点搜索与定位

1) 粗略寻找

为了寻找尺度空间的极值点，每一个采样点都要和它所有的相邻点作比较，看其是否比它在图像域和尺度域的相邻点大或者小。如图 4-9 所示，中间的检测点要和与它同尺度的 8 个相邻点和上下相邻尺度对应的 9 × 2 个点共 26 个点比较，以确保在尺度空间和二维图像空间都检测到极值点。如果一个点在 DoG 尺度空间本层以及上下两层的 26 个邻域中是最大值或最小值，就认为该点是图像在该尺度下的一个特征点。

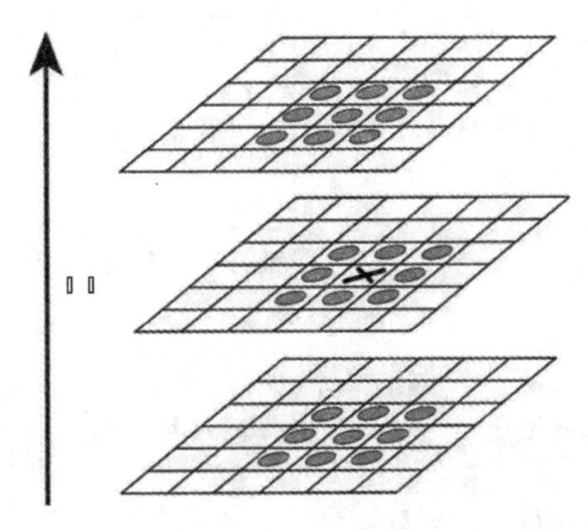

图 4-9　特征点搜索(标记 × 的像素为被检测点)

在极值比较的过程中，如果要获得 s 层的极值，则一共需要 $s+2$ 层 DoG 值(首末两层是无法进行极值比较的)，由于 1 个 DoG 至少需要 2 个高斯尺度才能够计算出来，所以，如果想获得 s 层的极值，那么需要 $s+3$ 层高斯尺度。

2) 细化寻找

由于 DoG 值对噪声和边缘较敏感，因此，在上面 DoG 尺度空间中检测到的局部极值点还需要进一步检验才能精确定位为特征点。

(1) 寻找极值并去除较小的极值。

对关键点进行 3D 二次函数拟合，然后求拟合函数的极值点，作为真正的极值点。如图 4-10 所示为寻找极值点的过程，图中实线圈和虚线圈为检测到的关键点，根据关键点的走势可认为实线圈是极值点，但实际上通过对关键点进行曲线拟合后得到的实心圈才是真正的极值点。

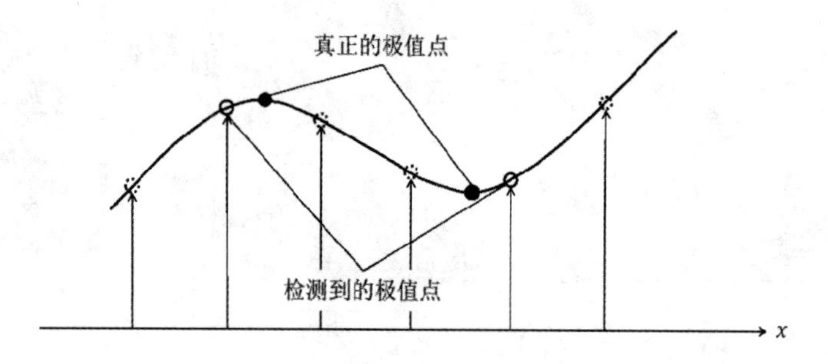

图 4-10　关键点与真正极值点

将每个关键点的一段函数 $D(x,y,\sigma)$ 进行泰勒二次展开。任意一极值点在 $\boldsymbol{X}_0=(x_0,y_0,\sigma_0)$ 处泰勒展开并舍掉二阶以后的结果如下：

$$f\left(\begin{bmatrix}x\\y\\\sigma\end{bmatrix}\right)\approx f\left(\begin{bmatrix}x_0\\y_0\\\sigma_0\end{bmatrix}\right)+\begin{bmatrix}\frac{\partial f}{\partial x} & \frac{\partial f}{\partial y} & \frac{\partial f}{\partial \sigma}\end{bmatrix}\left(\begin{bmatrix}x\\y\\\sigma\end{bmatrix}-\begin{bmatrix}x_0\\y_0\\\sigma_0\end{bmatrix}\right)+$$

$$\frac{1}{2}\left(\begin{bmatrix}x & y & \sigma\end{bmatrix}-\begin{bmatrix}x_0 & y_0 & \sigma_0\end{bmatrix}\right)\begin{bmatrix}\frac{\partial^2 f}{\partial x\partial x} & \frac{\partial^2 f}{\partial x\partial y} & \frac{\partial^2 f}{\partial x\partial \sigma}\\ \frac{\partial^2 f}{\partial x\partial y} & \frac{\partial^2 f}{\partial y\partial y} & \frac{\partial^2 f}{\partial y\partial \sigma}\\ \frac{\partial^2 f}{\partial x\partial \sigma} & \frac{\partial^2 f}{\partial y\partial \sigma} & \frac{\partial^2 f}{\partial \sigma\partial \sigma}\end{bmatrix}\left(\begin{bmatrix}x\\y\\\sigma\end{bmatrix}-\begin{bmatrix}x_0\\y_0\\\sigma_0\end{bmatrix}\right) \tag{4-5}$$

式(4-5)可以简单地记为

$$D(\boldsymbol{X})=D(\boldsymbol{X}_0)+\frac{\partial D^{\mathrm{T}}}{\partial \boldsymbol{X}}(\boldsymbol{X}-\boldsymbol{X}_0)+\frac{1}{2}(\boldsymbol{X}-\boldsymbol{X}_0)^{\mathrm{T}}\frac{\partial^2 D}{\partial \boldsymbol{X}^2}(\boldsymbol{X}-\boldsymbol{X}_0) \tag{4-6}$$

式中，$\boldsymbol{X}=(x,y,\sigma)^{\mathrm{T}}$，$D$、$\frac{\partial D^{\mathrm{T}}}{\partial \boldsymbol{X}}$ 和 $\frac{\partial^2 D}{\partial \boldsymbol{X}^2}$ 分别表示函数在关键点的取值、一阶导数和二阶

导数。这个展开就是在关键点周围拟合出的 3D 二次曲线。对式(4-6)求导，并令其为 0，可得到精确的极值点位置。此时的极值为 $\hat{X}=-\left(\frac{\partial^2 D}{\partial \boldsymbol{X}^2}\right)^{-1}\frac{\partial D}{\partial \boldsymbol{X}}$，带入式(4-6)中，化简整理后得到：

$$D(\hat{X})\approx D+\frac{1}{2}\frac{\partial D^{\mathrm{T}}}{\partial X}\hat{X} \tag{4-7}$$

过小的点易受噪声的干扰而变得不稳定，所以当这个极值小于某个经验值的时候会被去除(例如，Lowe 论文中剔除了 $|D(\hat{x})|<0.03$ 的点)。

(2) 消除边缘噪声。

为了提高稳定性，仅消除低对比度(极值过小的点)的关键点是不够的，还要消除边缘噪声。高斯差分算子会产生较强的边缘响应，在横跨边缘的方向有较大的主曲率，而在沿边缘方向有较小的主曲率，可以通过计算曲率的比值剔除边缘点。

Hessian 矩阵的特征值和特征值所在特征向量方向上的曲率成正比，因此可以使用 Hessian 矩阵的特征值的比值替代曲率的比值。Hessian 矩阵定义如下：

$$\boldsymbol{H}=\begin{bmatrix} D_{xx} & D_{xy} \\ D_{xy} & D_{yy} \end{bmatrix} \tag{4-8}$$

假设 α 是 $\boldsymbol{H}$ 最大的特征值，β 是较小的特征值，则 $\boldsymbol{H}$ 的迹和行列式可表示为

$$\mathrm{Tr}(\boldsymbol{H})=D_{xx}+D_{yy}=\alpha+\beta \tag{4-9}$$

$$\mathrm{Det}(\boldsymbol{H})=D_{xx}D_{yy}-(D_{xy})^2=\alpha\beta \tag{4-10}$$

式中，$\mathrm{Tr}(\cdot)$，$\mathrm{Det}(\cdot)$ 分别是矩阵的迹(对角元素和)和矩阵的行列式值。特征值的比值可以通过这两个公式计算得到，而不需要特征值分解。令 $\alpha=\gamma\beta$，$\gamma\geqslant 1$，则

$$\frac{\mathrm{Tr}(\boldsymbol{H})^2}{\mathrm{Det}(\boldsymbol{H})}=\frac{(\alpha+\beta)^2}{\alpha\beta}=\frac{(\gamma\beta+\beta)^2}{\gamma\beta^2}=\frac{(1+\gamma)^2}{\gamma} \tag{4-11}$$

当 $\gamma=1$ 时，$\frac{(1+\gamma)^2}{\gamma}$ 最小，γ 越大，$\frac{(1+\gamma)^2}{\gamma}$ 越大，对应的 $\frac{\mathrm{Tr}(\boldsymbol{H})^2}{\mathrm{Det}(\boldsymbol{H})}$ 也越大。所以，将 $\gamma>\gamma_0$ 的点剔除就相当于将曲率比值较大的点剔除(Lowe 论文中取 $\gamma_0=10$ 为阈值)。

上述两处“筛选”的算法，一个是去掉了极值较小的特征点，一个是去掉了边缘效应产生的特征点。

3. 方向赋值

在 DoG 空间中找到并细化出若干关键点后，还需要考虑“旋转不变性”，就是一个特征旋转后还能够被认为是同样的特征。为了解决这个问题，需要采集关键点所在高斯金字塔图像 3σ 邻域内像素的梯度和方向分布特征。

像素点梯度的幅值和方向可以用以下公式计算：

$$\begin{cases} m(x,y)=\sqrt{(L(x+1,y)-L(x-1,y))^2+(L(x,y+1)-L(x,y-1))^2} \\ \theta(x,y)=\arctan\left(\dfrac{L(x,y+1)-L(x,y-1)}{L(x+1,y)-L(x-1,y)}\right) \end{cases} \tag{4-12}$$

在完成关键点邻域内高斯图像梯度计算后，使用直方图统计邻域内像素对应的梯度方向的幅值。梯度方向直方图的横轴是梯度方向，纵轴是梯度方向对应的梯度幅值累加值。梯度方向直方图将 0°～360° 的范围分为 36 个柱，每 10° 为一个柱，直方图的峰值方向代表了关键点处邻域内图像梯度的主方向，也就是该关键点的主方向。在梯度方向直方图中，当存在另一个相当于主峰值 80%能量的峰值时，则将这个方向认为是该关键点的辅方向，如图 4-11 所示。

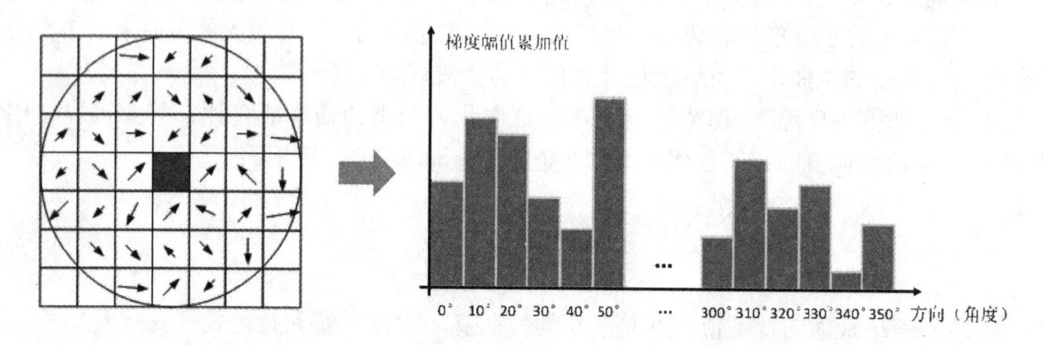

图 4-11　关键点邻域内像素的梯度方向幅值统计直方图

在获得图像关键点主方向后，每个关键点可用 3 个信息(x,y,σ,θ)来描述，分别是位置(x,y)、尺度σ、方向θ。

4. 关键点描述子生成

前面获取的关键点对位置、尺度和方向参数应具有不变性，下一步，就是要生成一种能够描述这些关键点的描述子，且尽可能让这种描述子对其他因素也有一定的不变性，比如光照和三维视角变化等。描述子的生成是以关键点为中心的局部图像区域来度量的，生成描述子的步骤如下：

1) *确定计算描述子所需的图像区域*

描述子梯度方向直方图由关键点所在尺度的模糊图像计算产生。图像区域半径可通过以下公式计算：

$$\text{radius}=\frac{3\sigma_{\text{oct}}\times\sqrt{2}\times(d+1)}{2} \tag{4-13}$$

式中，σ_{oct}是关键点所在组(Octave)的组内尺度，d 表示将关键点附近的区域划分为 $d\times d$ (Lowe 建议 $d=4$)个子区域，每个子区域作为一个种子点，每个种子点有 8 个方向。

2) *旋转主方向*

将坐标轴旋转为关键点的方向，以确保旋转不变性，如图 4-12 所示。

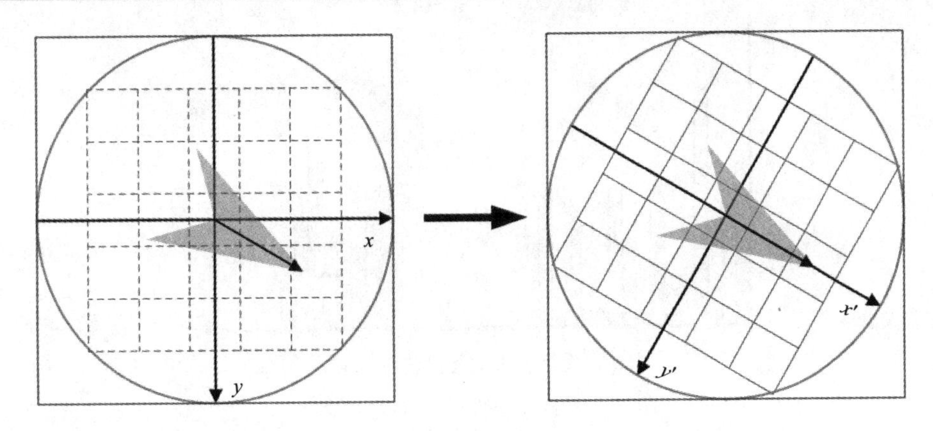

图 4-12　坐标轴旋转

那么旋转角度后的新坐标为

$$\begin{bmatrix} x' \\ y' \end{bmatrix} = \begin{bmatrix} \cos\theta & -\sin\theta \\ \sin\theta & \cos\theta \end{bmatrix} \times \begin{bmatrix} x \\ y \end{bmatrix} \tag{4-14}$$

3) 生成描述子

图像处理必须考虑相关性，也就是描述一个点同时还须考虑到它周围的情况。所以这个描述子不但包括关键点，也应包括关键点周围对其有影响的像素点。

首先，选择以关键点为中心的半径区域，并计算出区域内每个点的梯度值。然后，将这个区域所有的梯度值用一个中心在该区域中央的高斯函数加权(高斯函数的标准差为 1.5 倍的区域宽度)。再者，将整个区域划分为 4 × 4 个子区域，并对每个子区域统计梯度直方图，直方图分为 8 个方向(梯度方向直方图将 0° ～360° 划分为 8 个方向区间，每个区间为 45°)，那么整个区域最终有 4 × 4 × 8 = 128 个数据，形成 128 维 SIFT 特征向量，如图 4-13(a)所示是关键点的 16 × 16 领域的像素梯度，其中阴影圆域为经过高斯加权后的梯度；图 4-13(b)是将图 4-13(a)划分为 4 × 4 子区域后的子区域统计梯度；图 4-13(c)是将图 4-13(b)从左到右、从上到下所有统计梯度的串联表示，例如，图 4-13(c)最左侧的前 8 个梯度值对应着图 4-13(b)左上角的第一个子区域统计梯度。可见，用 128 维来表示一个特征点需要非常大的数据量，这也是 SIFT 特征向量计算缓慢的原因。

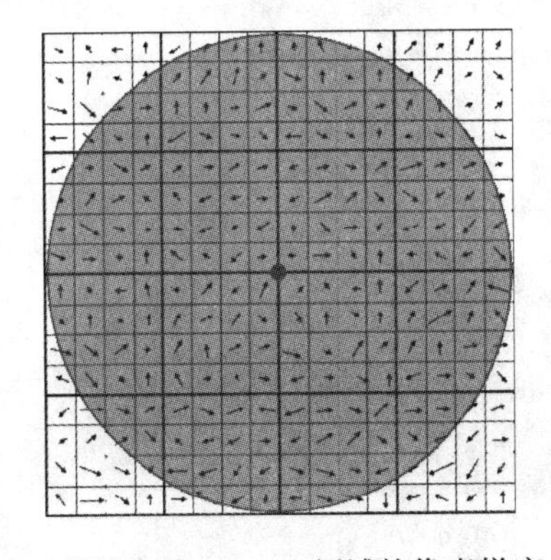

(a) 关键点的 16 × 16 领域的像素梯度

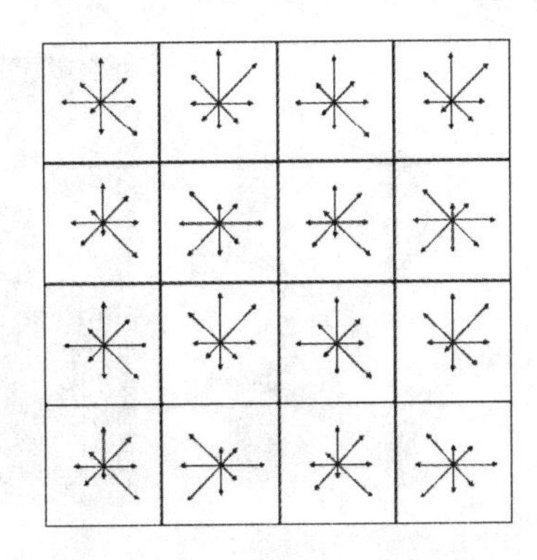

(b) 关键点 4 × 4 子区域统计梯度

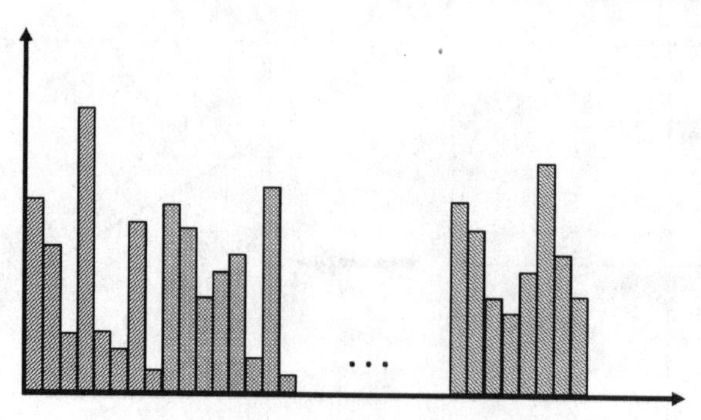

(c) 关键点的 128 维特征向量

图 4-13　关键点的 SIFT 特征描述子

4) 特征向量的归一化

特征向量的归一化，可以进一步去除光照变化的影响。记 $\boldsymbol{W}=(w_1,w_2,\cdots,w_{128})$ 为得到的 128 维特征向量，则归一化后的向量为 $\boldsymbol{L}=(l_1,l_2,\cdots,l_{128})$，其中，

$$l_j=\frac{w_j}{\sqrt{\sum_{i=1}^{128}w_i^2}},\quad j=1,2,\cdots,128 \tag{4-15}$$

5. SIFT 特征匹配

当 A、B 两幅图像的 SIFT 特征向量生成后，就可以采用欧氏距离来度量两幅图像中关键点的相似性，如图 4-14 所示。取图像 A 中的某个关键点，并找出其与图像 B 中欧氏距离最近的前两个关键点，在这两个关键点中，如果最近距离除以次近距离小于某个阈值，则接受这一对匹配点。如果降低这个比例阈值，SIFT 匹配点数目会减少，但会更加稳定。

图像 A 中关键点描述子：$\boldsymbol{A}_i=(a_{i1},a_{i2},\cdots,a_{i128})$；

图像 B 中关键点描述子：$\boldsymbol{B}_j=(b_{j1},b_{j2},\cdots,b_{j128})$；

两个描述子相似性度量：$d(A_i,B_j)=\sqrt{\sum_{k=1}^{128}(a_{ik}-b_{jk})^2}$ 。

当 $\dfrac{\text{图像B中距离}A_i\text{最近的点}B_j}{\text{图像B中距离}A_i\text{次最近的点}B_p}<\text{Threshold}$ 时，得到配对的关键点 (A_i,B_j) 。

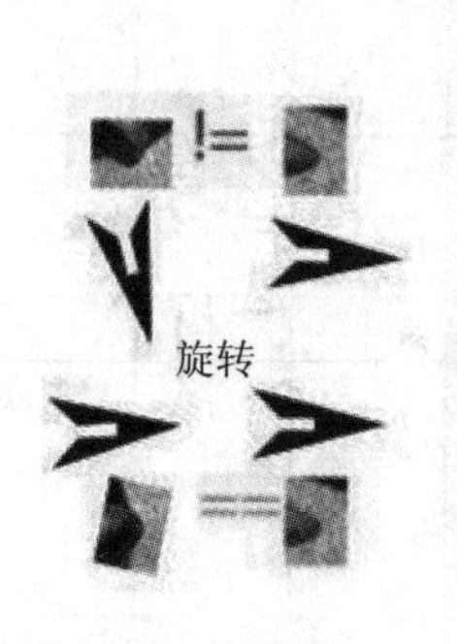

(a) 图像A

(b) 图像B

图 4-14　特征匹配案例

如图 4-14 所示为 SIFT 特征匹配的实例，可以看出，两幅图中，猫耳的方向是不同的，采用 SIFT 特征可成功匹配。由此可见，SIFT 特征具有旋转不变性。

4.3　哈希(Hash)特征

在工程领域中，Hash 算法是度量两张图像相似度最常用的算法之一。Hash 算法通过获取图像的 Hash 值，比较两张图像 Hash 值的汉明距离(Hamming Distance)来度量图像是否相似。两张图像越相似，其 Hash 值的汉明距离越小。

Hash 算法可分为三种，分别是平均哈希算法(aHash)、感知哈希算法(pHash)和差异哈希算法(dHash)。下面对这三种算法进行详细介绍。

4.3.1　平均哈希算法

平均哈希算法(aHash)是三种 Hash 算法中最简单的一种，它通过下面几个步骤来获得图像的 Hash 值。

(1) 缩放图像：将输入图像大小统一缩放为 8×8，共 64 个像素点。

(2) 图像灰度化：输入图像可能是单通道灰度图，也可能是多通道彩色图。后者需进行灰度化。RGB 三通道彩色图灰度化算法有以下几种：

① 权重法：$\text{Gray} = 0.3R + 0.59G + 0.11B$；或 $\text{Gray} = 0.072R + 0.715G + 0.213B$；

② 平均值法：$\text{Gray} = (R + G + B) / 3$；

③ 分量法：$\text{Gray} = R$，或 $\text{Gray} = G$，或 $\text{Gray} = B$；

④ 最大值法：$\text{Gray} = \max(R,G,B)$。

(3) 计算像素均值：通过上一步可得一个 8×8 的灰度图 G，计算这个灰度图中所有像素的平均值 a。

(4) 计算 aHash 值：遍历灰度图 G，如果 G 的第 i 行第 j 列元素 $G(i,j) \geqslant a$，则 $G(i,j)$ 为 1，否则 $G(i,j)$ 置为 0。这样可得一个 8×8 的二值图，将其进行向量化可得到长度为 64 的二进制向量，记为图像的 aHash 值，也称为图像的指纹。

实例分析：计算图 4-15(a)所示图像的 aHash 值。其中，图 4-15(a)为原图，图 4-15(b)

所示为对图像进行缩放和灰度化后的灰度图，表 4-1 所示为图 4-15(b)的灰度图对应的像素值，表 4-2 所示为二值化之后的像素值。

(a) 原图

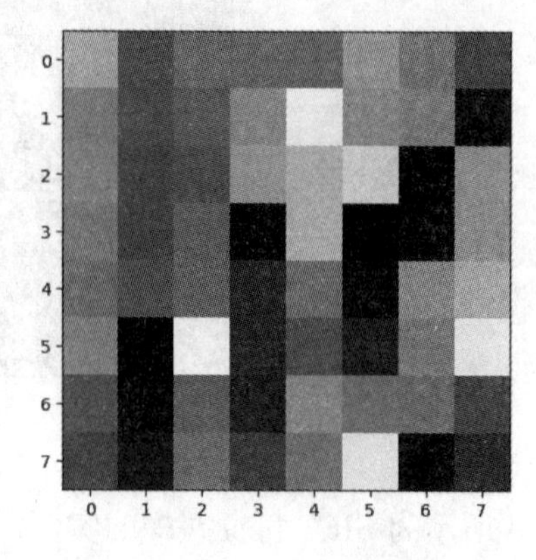

(b) 8 × 8 灰度图

图 4-15　图像的缩放和灰度化

表 4-1　图 4-15(b)的灰度图对应的像素值

171	104	131	126	126	160	139	99
147	105	119	153	208	153	147	57
151	99	107	162	175	194	40	159
144	101	124	53	176	43	55	159
136	112	127	79	137	56	156	175
150	41	213	77	108	73	145	207
106	47	116	69	152	134	132	97
92	58	129	89	136	204	48	77

计算灰度图所有像素的均值 $a = 121.33$，将上述矩阵中大于或等于 a 的元素置为 1，小于 a 的元素置为 0，可得表 4-2。

表 4-2　二值化后的像素值

1	0	1	1	1	1	1	0
1	0	0	1	1	1	1	0
1	0	0	1	1	1	0	1
1	0	1	0	1	0	0	1
1	0	1	0	1	0	1	1
1	0	1	0	0	0	1	1
0	0	0	0	1	1	1	0
0	0	1	0	1	1	0	0

将表 4-2 所示矩阵向量化，可得图 4-15(a)的 aHash 值为：

1011111010011110100111011010100110101011101000110000111000101100。

(5) 计算汉明距离：得到 aHash 值后，就可以比较两张图像的 aHash 值之间的汉明距离，通常认为汉明距离小于 10 的一组图像为相似图像。

汉明距离是以 Richard Wesley Hamming(理查德 · 卫斯里 · 汉明)的名字命名的，经常用在数据传输差错控制编码里面，它表示两个等长字符串之间对应位置的不同字符的个数。以 $d(a,b)$表示两个字符串 a,b 之间的汉明距离，对两个字符串进行异或运算 a XOR b，并统计结果为 1 的个数。例如，1011101 与 1001001 之间的汉明距离是 2，“toned”与“roses”之间的汉明距离是 3。

为了测试 aHash 算法的效果，用 Lena 图、加入噪声的 Lena 图和 Barbara 图作图像相似度对比实验，如图 4-16 所示。

(a) Lena 原图

(b) 加入噪声的 Lena 图

(c) Barbara 图

图 4-16　aHash 算法测试图

首先，计算三幅图像的 aHash 值，然后，计算 Lena 原图和带噪声的 Lena 图、Lena 原图和 Barbara 图之间的汉明距离，结果如下：

```
Lena 原图的 aHash 值：
1011111010011110100111011010100110101011101000110000111000101100

Lena 噪声图的 aHash 值：
1011111000011110100111011010100110101011101000110000111000101100

Barbara 图的 aHash 值：
1010010100101001011110010111111010100110001100000110010100000110

Lena 原图和噪声图 aHash 值之间的汉明距离：
1

Lena 原图和 Barbara 图 aHash 值之间的汉明距离：
35
```

由上述对比实验可知，aHash 算法能够有效区分相似图像和差异较大的图像。

4.3.2 感知哈希算法

感知哈希算法(pHash)是三种 Hash 算法中较为复杂的一种，它是基于 DCT(离散余弦变换)得到图像的 Hash 值，其计算方法由以下几个步骤组成。

(1) 缩放图像：将图像大小统一缩放为 32 × 32，共 1024 个像素点。

(2) 图像灰度化：将缩放后的标准图像转为灰度图像。

(3) DCT 变换：对灰度图像作离散余弦变换，得到对应的 32 × 32 数据矩阵。

(4) 缩小 DCT：取上一步 32 × 32 数据矩阵左上角的 8 × 8 子区域 G 来替代整幅图像，这部分呈现了图片中的最低频率域。

(5) 计算像素均值：对 8 × 8 矩阵 G，计算其所有元素的平均值，假设其值为 a。

(6) 计算 pHash 值：遍历 G 中的每个像素，如果第 i 行第 j 列元素 $G(i, j) \geqslant a$，则置 $G(i, j)$为 1，否则，置 $G(i, j)$为 0。最后将二值图像 G 中的数字从左到右、从上到下串联，得到该图像的 pHash 值。

实例分析：通过比较两幅图像 pHash 值的汉明距离，来判断其相似程度，通常认为汉明距离小于 10 的两张图像为相似图像。仍用 Lena 图像来说明，图 4-17 所示为原图像通过缩放和灰度化后得到的 32 × 32 的灰度图，图 4-18 所示为图像经过 DCT 变换后的结果，表 4-3 所示为 32 × 32 的 DCT 矩阵左上角的 8 × 8 子区域矩阵像素值。

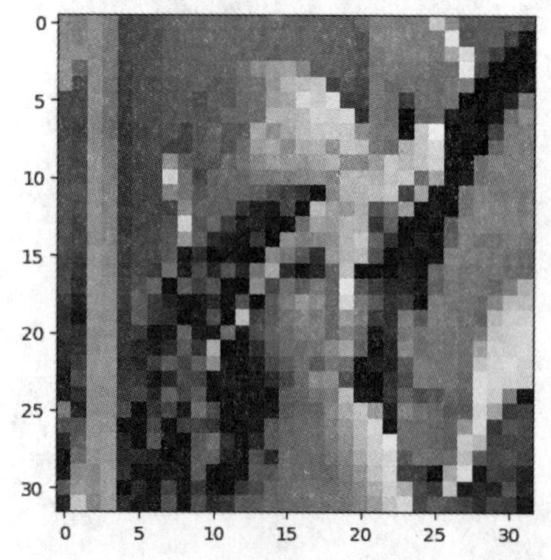

图 4-17　转为灰度 32 × 32 尺寸的 Lena 图

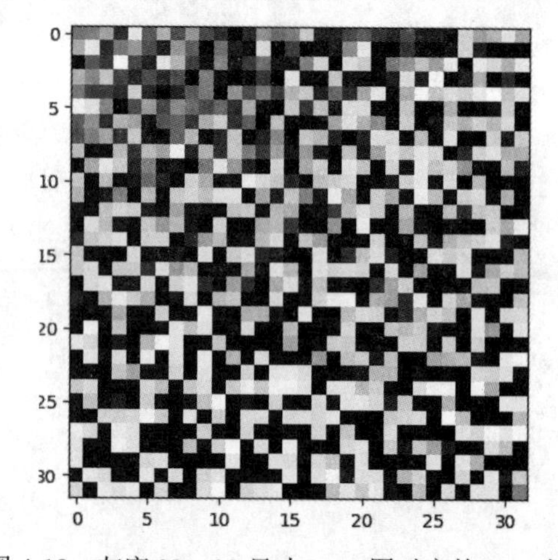

图 4-18　灰度 32 × 32 尺寸 Lena 图对应的 DCT 矩阵

表 4-3　图 4-18 左上角 8 × 8 矩阵对应的像素值

3986.47	−352.86	−60.88	322.99	252.51	−137.13	−46.15	98.56
199.56	246.97	−201.16	−96.91	−67.84	100.6	45.87	−70.21
16.61	112.02	−184.25	255.63	−166.83	306.29	−7.56	−43.01
−51.16	−80.41	227.87	−167.71	49.93	102.74	−200.51	103.2
−100.87	85.79	81.36	63.94	−20.69	54.38	2.19	51.77
−3.67	−11.41	173.81	6.96	−151	−60.17	94.61	182.74
120.74	−75.71	59.83	−42.14	−55.9	32.69	121.23	−111.63
101.36	−87.32	−55.25	72.51	−23.09	35.05	27.51	−112.26

计算表 4-3 矩阵中所有元素的均值，可得 $a = 77.35$，将矩阵中大于或等于 a 的元素置为 1，小于 a 的元素置为 0，结果如表 4-4 所示。

表 4-4　8×8 区域的二值化像素值

1	0	0	1	1	0	0	1
1	1	0	0	0	1	0	0
0	1	0	1	0	1	0	0
0	0	1	0	0	1	0	1
0	1	1	0	0	0	0	0
0	0	1	0	0	0	1	1
1	0	0	0	0	0	1	0
1	0	0	0	0	0	0	0

将表 4-4 所示矩阵向量化，可得 Lena 图的 pHash 值为：

1001100111000100010101000010010101100000001000111000001010000000

为了测试 pHash 算法的效果，同样用 Lena 图、带噪声的 Lena 图像和 Barbara 图作相似度对比实验。首先计算三幅图像的 pHash 值，然后计算 Lena 原图和带噪声的 Lena 图、Lena 原图和 Barbara 图之间的汉明距离，结果如下：

```
Lena 原图的 pHash 值：
1001100111000100010101000010010101100000001000111000001010000000

Lena 噪声图的 pHash 值：
1001100000100010001010010100101000100010010001100000001000000000

Barbara 图的 pHash 值：
110011011100000010000000100110100011100001100000000100110010100010

Lena 原图和噪声图的 pHash 值之间的汉明距离：
9

Lena 原图和 Barbara 图 pHash 值之间的汉明距离：
24
```

由上述比较结果可知，pHash 算法能够有效区别相似图像和差异较大的图像。

4.3.3　差异哈希算法

相比 pHash，差异哈希算法(dHash)的速度要快得多，相比 aHash，dHash 在效率几乎相同的情况下效果更好，它是基于渐变实现的。dHash 算法可分为以下几个步骤实现。

(1) 缩放图像：将图像大小尺寸统一缩放为 9×8，共 72 个像素点。

(2) 图像灰度化：将上一步缩放后的图像转换为灰度图。

(3) 计算差异值：对灰度图像，从第二行开始到第九行进行遍历，采用当前行像素值减去前一行像素值，从而得到一个 8 × 8 的差分矩阵 G。

(4) 计算 dHash 值：遍历 G 中的每一个元素，如果第 i 行第 j 列元素 $G(i,j) \geqslant 0$，则置 $G(i,j)$为 1，否则，置 $G(i,j)$为 0。将得到的二值矩阵的值从左到右、从上到下串联在一起，就可得到 dHash 值。

实例分析：通过比较两幅图像 dHash 值的汉明距离，来判断其相似性，通常认为汉明距离小于 10 的两张图像为相似图。仍用 Lena 图来说明，图 4-19 所示为经过缩放和灰度化处理后的 9 × 8 尺寸的 Lena 图像，表 4-5 所示为对应的像素值。

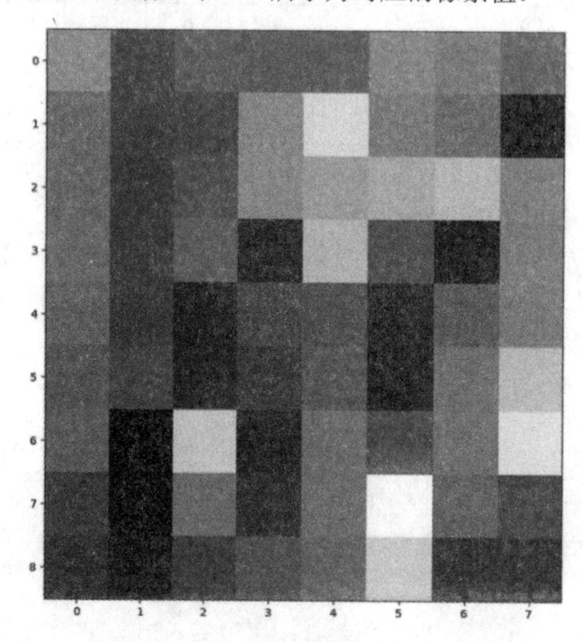

图 4-19　转为灰度 9 × 8 尺寸的 Lena 图像

表 4-5　图 4-19 对应的像素值

167	103	130	126	124	161	153	134
147	104	110	165	206	154	141	45
146	96	118	168	176	184	192	161
148	96	133	76	189	111	50	159
143	98	72	110	117	66	129	156
129	107	72	93	125	52	150	193
138	49	201	70	149	105	151	212
101	43	147	83	148	220	136	100
87	62	92	117	139	101	75	76

对表 4-5，从第二行开始，进行用当前行减去前一行的操作，可得一个 8 × 8 的差分矩阵，如表 4-6 所示。

表 4-6　表 4-5 的差分矩阵

-20	1	-20	39	82	-7	-12	-89
-1	-8	8	3	-30	30	51	116
2	0	15	-92	13	-73	-142	-2
-5	2	-61	34	-72	-45	79	-3
-14	9	0	-17	8	-14	21	37
9	-58	129	-23	24	53	1	19
-37	-6	-54	13	-1	115	-15	-112
-14	19	-55	34	-9	-119	-61	-24

将表 4-6 中大于或等于 0 的元素置为 1，小于 0 的元素置为 0，结果如表 4-7 所示。

表 4-7　二值化像素值

0	1	0	1	1	0	0	0
0	0	1	1	0	1	1	1
1	1	1	0	1	0	0	0
0	1	0	1	0	0	1	0
0	1	1	0	1	0	1	1
1	0	1	0	1	1	1	1
0	0	0	1	0	1	0	0
0	1	0	1	0	0	0	0

将表 4-7 所示矩阵向量化，可得 Lena 图的 dHash 值为：

0101100000110111111010000101001001101011101011110001010001010000

为了测试 dHash 算法的效果，同样用 Lena 图、带噪的声 Lena 图和 Barbara 图作相似度对比实验。首先计算三幅图像的 dHash 值，然后计算 Lena 原图和带噪声的 Lena 图、Lena 原图和 Barbara 图之间的汉明距离，结果如下：

```
Lena 原图的 dHash 值：
0101100000110111111010000101001001101011101011110001010001010000

Lena 噪声图的 dHash 值：
0101100010010111111010000101001001101011101011110001010001010000

Barbara 图的 dHash 值：
0001100011111011010011001000011100110101000000000100110100010010
Lena 原图和噪声图的 dHash 值之间的汉明距离：
2

Lena 原图和 Barbara 图的 dHash 值之间的汉明距离：
30
```

由上述实验结果可见，dHash 算法能够有效区分相似图像和差异较大的图像。

本章小结

不同类别的图像有着不同的特征属性。本章主要介绍经典的 HOG、SIFT 和 Hash 特征及其计算原理，这些特征可以用于图像的分类或者相似性度量。

课后习题

1. 在计算 pHash 值时，图像通过离散余弦变换后，为什么只需要取左上角的 8×8 区域作为特征提取区域呢？

2. 简述图像特征提取算法除了 HOG、SIFT 和 Hash 外还有哪些方法。

第5章 图像分类

图像分类是计算机视觉的核心任务之一，其目的是根据图像信息中所反映的不同特征，把不同类别的图像区分开来，从已知的类别标签集合中为给定的输入图像选定一个类别标签。

图像分类的难点在于如何跨越“语义鸿沟”建立像素到语义的映射。人类看到猫的图片就知道这是猫，看到狗的图片就知道这是狗。但是，在计算机中图像以矩阵的形式存储，矩阵元素代表了图像的像素值。因此，在人类看来很直观的图片，对计算机来说只是矩阵，如图 5-1 所示。所以，如何让计算机从这些像素中理解它们所表示的含义，对计算机来说是个很难的问题。同时，从像素到语义，还存在许多其他问题。如图 5-2 所示的各个图像存在光照不足、形变、遮挡、背景杂波、组内异变等。上述情景对于人类理解这些图像所代表的含义可能没有任何问题，但是对计算机来讲，图像在计算机中所对应的矩阵可能就完全不一样了。这就给计算机理解图像带来了巨大的挑战。

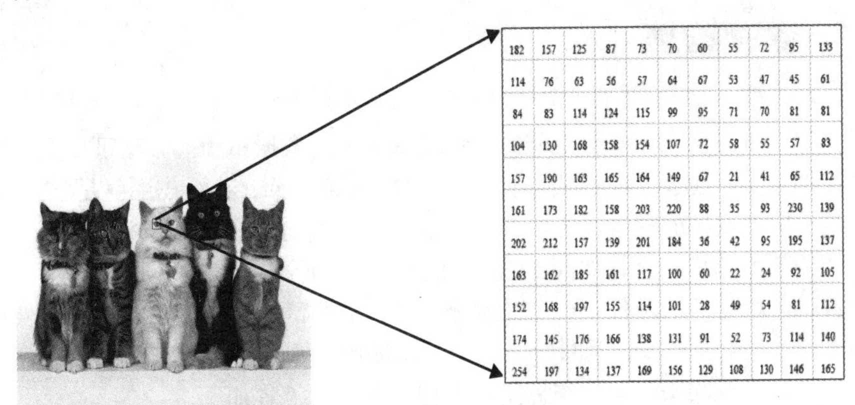

182	157	125	87	73	70	60	55	72	95	133
114	76	63	56	57	64	67	53	47	45	61
84	83	114	124	115	99	95	71	70	81	81
104	130	168	158	154	107	72	58	55	57	83
157	190	163	165	164	149	67	21	41	65	112
161	173	182	158	203	220	88	35	93	230	139
202	212	157	139	201	184	36	42	95	195	137
163	162	185	161	117	100	60	22	24	92	105
152	168	197	155	114	101	28	49	54	81	112
174	145	176	166	138	131	91	52	73	114	140
254	197	134	137	169	156	129	108	130	146	165

图 5-1 图像在计算机中的矩阵表示

(a) 光照不足

(b) 形变

(c) 遮挡

(d) 背景杂波

(e) 组内异变

图 5-2　不同情形下的同类图像

传统的图像分类通过特征描述和检测来完成，比如识别一只猫，就是提取猫的轮廓，尖尖的就是两个耳朵，长的是尾巴，四肢和毛发等都有对应的特征，如图 5-3 所示。这样做能够识别一些猫的图像，但是，如果出现了遮挡、变形、光照等的变化，那么这些识别猫的规则可能就不起作用了。

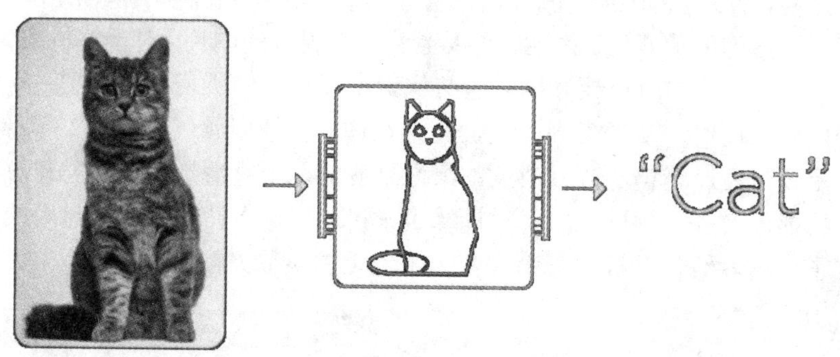

图 5-3　图像的特征描述和检测分类

为了克服传统方法在图像分类问题上的弊端，采用数据驱动的方法可以更好地让计算机理解图像的内容，也就是不使用具体的特征(如尖尖耳朵、花纹皮毛就是猫)来对图像进行分类，而是用大量猫的图像训练出一个可以自动分类的函数，给这个训练好的函数输入未知的图像，然后输出一个标签(也就是图像的分类是什么，是猫还是狗)。但实际上应该是两个函数，一个是训练函数，一个是预测函数。训练函数负责接收图像和图像所属的分类(也就是标签)，经过训练后返回一个模型；预测函数则负责接收训练好的模型和待分类的图像，经过运算返回预测的分类标签。图像分类设计流程如下：

(1) 输入：输入是包含 N 个图像的集合，每个图像的标签是 K 种分类标签中的一种，这个集合称为训练集。

(2) 学习：这一步的任务是使用训练集来学习每个类的特征是什么，该步骤也称为训练分类器或者学习一个模型。

(3) 评价：让分类器来预测它未曾见过的图像的分类标签，把分类器预测的标签和图像真实的分类标签对比，并以此来评价分类器的质量。

分类就是在已有数据的基础上学会一个分类函数或构造出一个分类模型(即通常所说的分类器(Classifier))，该函数或模型能够把数据库中的数据纪录映射到给定类别中的某一个，从而可以应用于数据预测。分类器是对样本进行分类的方法的统称，常用的图像分类器包含 k-最近邻((K-Nearest Neighbor，K-NN)、支持向量机(Support Vector Machine，SVM)、朴素贝叶斯(Naive Bayes)、卷积神经网络(Convolutional Neural Network，CNN)等算法。本章主要介绍三种传统方法，即 k-最近邻、朴素贝叶斯和 SVM 分类法，CNN 算法将在第 7 章详细介绍。

5.1　k-最近邻分类器

最近邻(Nearest Neighbor，NN)分类思想是将测试图像和训练集中每一幅图像作比较，然后将它认为最相似的那个训练集图像的标签赋给测试图像。两幅图像的相似度计算方法有两种，即 L1 距离和 L2 距离。距离越远，代表图像之间的相似度越低；距离越近，代表两幅图像越相似。L1 和 L2 定义如下：

L1 距离也是曼哈顿(Manhattan)距离，是对两幅图像在对应坐标下的像素值作差，取绝对值，然后求和，即

$$d_{L1}(I_1, I_2) = \sum_p |I_1^p - I_2^p| \tag{5-1}$$

其中，p 表示坐标位置，I_i^p 表示第 i 幅图像在坐标 p 下的像素值。

L2 距离也叫欧氏(Euclidean)距离，就是在对像素作差之后再平方，将累加后的结果再开方，即

$$d_{L2}(I_1, I_2) = \sqrt{\sum_p (I_1^p - I_2^p)^2} \tag{5-2}$$

如图 5-4 所示，先计算两幅图像对应位置的像素间差异值，然后就可以计算出 L1 距离为 456，L2 距离为 162.11。

测试图像

56	32	10	18
90	23	128	133
24	26	178	200
2	0	255	220

−

训练图像

10	20	24	17
8	10	89	100
12	16	178	170
4	32	233	112

=

对应像素差的绝对值

46	12	14	1
82	13	39	33
12	10	0	30
2	32	22	108

图 5-4　两幅图像的像素差异值

k-最近邻的分类思想是计算图像 A 与训练集中所有图像之间的距离，取出与该图像距离最近的 k 幅图像，然后统计这 k 幅图像中所属比例最大的分类，则图像 A 属于该分类。通俗地讲，如果与图像 A 距离最近的几幅图像都是狗，那么图像 A 的类别标签也是狗。k-最近邻图像分类算法流程如下(对测试集中的每一幅图像作以下操作)：

(1) 计算当前测试图像与训练集中所有图像之间的距离；

(2) 按照距离递增次序排序；

(3) 选取与当前测试图像距离最近的 k 幅图像；

(4) 统计前 k 幅图的分类，即计算这 k 幅图像所在类别的出现频率；

(5) 将前 k 幅图像中出现频率最高的类别作为当前测试图像的预测分类。

超参数指的是在模型训练之前设定好的参数，k-最近邻中需要设置的超参数就是 k 值和距离 d 值。通过选择合适的 k 和 d，可以使分类效果更好。参数该如何选择，比如 k 选取多少较为合适，计算距离是使用 L1 距离还是 L2 距离，都是试出来的。例如，在 k-最近邻中选择超参数 k 时，可以把训练集按照 70%～90%的比例作为训练集，剩余的 30%～10%作为验证集，在训练集上使用不同的超参数来训练模型，并在验证集上进行评估，选择一组在验证集上表现最好的超参数。最后，用这个 k 值对测试集中的图像进行预测，得到测试图像的类别标签。

当训练集数量较少而导致验证集的数量更少的时候，通常使用交叉验证的方法，但这种方法会耗费较多的计算资源。例如，将训练集平均分成 4 份 A、B、C、D，其中 3 份用来训练，1 份用来验证。通过循环取其中 3 份来训练、1 份来验证，这样就有 4 种组合：A、B 和 C 训练，D 验证；A、B 和 D 训练，C 验证；A、C 和 D 训练，B 验证；B、C 和 D 训练，A 验证。最后将 4 次验证结果的平均值作为超参数优劣的验证结果。

在超参数调优的过程中决不能使用测试集来进行调优，因为这样会使模型对测试集过拟合，降低模型的泛化能力。所以测试数据集只能使用一次，即在训练完成后评价最终模型时使用。

k-最近邻分类器的优点：精度高、对异常值不敏感、无数据输入假定；算法的训练不需要花时间，因为其训练过程只是将训练集数据存储起来。

k-最近邻分类器的缺点：测试需要花费大量时间，因为每个测试图像需要和所有存储的训练图像进行比较；在样本不平衡的时候，对稀有类别的预测准确率低。

5.2 朴素贝叶斯分类器

贝叶斯分类器是一类分类算法的总称，这类算法均以贝叶斯定理为基础，故统称为贝叶斯分类器。朴素贝叶斯分类器是贝叶斯分类器中最简单也是最常见的一种分类方法。该算法是有监督的学习算法，其优点在于简单易懂，学习效率高，在某些领域的分类问题中能够与决策树、神经网络相媲美。

在学习贝叶斯算法之前，需要先了解先验概率、后验概率和条件概率的概念。

(1) 先验概率：根据历史的资料或主观判断所确定的各种事件发生的概率，该概率没有经过实验证实，属于检验前的概率。

(2) 后验概率：一般是指通过贝叶斯公式，结合调查等方式获取了新的附加信息，对先验概率修正后得到的更符合实际的概率。

(3) 条件概率：当条件确定时，某事件发生的概率。

1. 条件概率公式

设(Ω,F,P)是一个概率空间，$B\in F$，若$P(B)>0$，则对任意的$A\in F$，称

$$P(A|B)=\frac{P(AB)}{P(B)} \tag{5-3}$$

为在已知事件 B 已经发生的前提下，事件 A 发生的概率。

由

$$P(AB)=P(BA)=P(A|B)P(B)=P(B|A)P(A) \tag{5-4}$$

可以得到

$$P(A|B)=\frac{P(B|A)P(A)}{P(B)} \tag{5-5}$$

以买西瓜为例，通常根据西瓜的纹理是否清晰来挑选。那么随机挑选到纹理清晰的西瓜的概率为 P(纹理清晰)。已知在纹理清晰的情况下好瓜的概率为 P(好瓜|纹理清晰)，那么随机挑一个西瓜，得到的西瓜既纹理清晰又是好瓜的概率是多少？应为 P(好瓜，纹理清晰) = P(好瓜|纹理清晰) • P(纹理清晰)。

2. 全概率公式

设 Ω 为试验 E 的样本空间，$B_1,B_2,\cdots,B_n$ 为 E 的一组事件，若满足以下两个条件：

(1) $B_1,B_2,\cdots,B_n$ 两两互斥，即 $B_i \cap B_j=\varnothing$，$i \neq j$，$i,j=1,2,\cdots,n$，且 $P(B_i)>0$，$i=1,2,\cdots,n$；

(2) $B_1 \cup B_2 \cup \cdots \cup B_n=\Omega$；

则称事件组 $B_1,B_2,\cdots,B_n$ 为样本空间 Ω 的一个划分。

由上述可知，若 $B_1,B_2,\cdots,B_n$ 为样本空间的一个划分，则对每一次试验，事件 $B_1,B_2,\cdots,B_n$ 必有一个且仅有一个发生。

设 A 为 E 的事件，则公式

$$P(A)=\sum_{i=1}^{n} P(B_i)P(A|B_i) \tag{5-6}$$

称为全概率公式。

全概率公式的意义在于：事件 A 的发生是由各种可能的原因 $B_i(i=1,2,\cdots,n)$导致的，当直接计算 $P(A)$ 较为困难，而计算 $P(B_i)$ 和 $P(A|B_i)$ 较为简单时，可以利用全概率公式计算 $P(A)$。

在上面买西瓜的案例中，若要计算 P(好瓜，纹理清晰)联合概率，需要知道 P(纹理清晰)的概率。那么，如何计算纹理清晰的概率呢？可以分为两种情况：一种是好瓜状态下纹理清晰的概率，另一类是坏瓜状态下纹理清晰的概率。纹理清晰的概率就是这两种情况之和。因此，可以推导出全概率公式：

P(纹理清晰) = P(纹理清晰|好瓜) • P(好瓜)+P(纹理清晰|坏瓜) • P(坏瓜)

3. 贝叶斯公式

设 Ω 为试验 E 的样本空间，A 为 E 的事件，$B_1,B_2,\cdots,B_n$ 是样本空间 Ω 的一个划分，且 $P(B_i)>0$，$i=1,2,\cdots,n$，则贝叶斯公式为

$$P(B_i|A)=\frac{P(A|B_i)P(B_i)}{P(A)}=\frac{P(A|B_i)P(B_i)}{\sum_{j=1}^{n} P(B_j)P(A|B_j)} \tag{5-7}$$

与全概率公式解决的问题相反，贝叶斯公式解决的是在已知事件发生的条件下寻找导致该事件发生的原因，即导致事件 A 发生的各种原因 B_i 的概率。

5.2.1 朴素贝叶斯分类法

朴素贝叶斯分类法是一种十分简单的分类算法，称为朴素贝叶斯分类法的原因是这种方法的思想很朴素，即对于给出的待分类项，求在此项出现的条件下各个类别出现的概率，哪个最大，就认为此待分类项属于哪个类别。例如，在街上看到一个黑色皮肤的人，大家十有八九认为他来自非洲。为什么呢？因为黑色皮肤的人中非洲人的比率最高，当然他也可能是美洲人或亚洲人，但在没有其他可用信息的情况下，我们会选择条件概率最大的类别，这就是朴素贝叶斯分类法的思想基础。

朴素贝叶斯分类法的定义如下：

(1) 设 $x=\{a_1,a_2,\cdots,a_m\}$ 为一个待分类项，而每个 a_i 为 x 的一个特征属性。

(2) 有类别集合 $C=\{y_1,y_2,\cdots,y_n\}$。

(3) 计算 $P(y_1|x),P(y_2|x),\cdots,P(y_n|x)$。

(4) 如果 $P(y_k|x)=\max\{P(y_1|x),P(y_2|x),\cdots,P(y_n|x)\}$，则 $x\in y_k$。

因此，现在的关键就是如何计算第(3)步中的各个条件概率，可以由以下方法计算：

① 找到一个已知分类的待分类项集合，这个集合叫做训练样本集。

② 统计得到在各类别下各个特征属性的条件概率估计，即 $P(a_1|y_1),P(a_2|y_1),\cdots,P(a_m|y_1)$，$P(a_1|y_2),P(a_2|y_2),\cdots,P(a_m|y_2)$，…，$P(a_1|y_n),P(a_2|y_n),\cdots,P(a_m|y_n)$。

③ 如果各个特征属性是条件独立的，则根据贝叶斯定理有如下推导：

$$P(y_i|x)=\frac{P(x|y_i)P(y_i)}{P(x)} \tag{5-8}$$

因为分母对于所有类别为常数，因此只要将分子最大化即可。又因为各特征属性是条件独立的，所以有

$$\begin{aligned}P(x|y_i)P(y_i)&=P(a_1|y_i)P(a_2|y_i)\cdots P(a_m|y_i)P(y_i)\\&=P(y_i)\prod_{j=1}^{m}P(a_j|y_i)\end{aligned} \tag{5-9}$$

根据上述分析，朴素贝叶斯分类的流程如图 5-5 表示(暂时不考虑验证)。

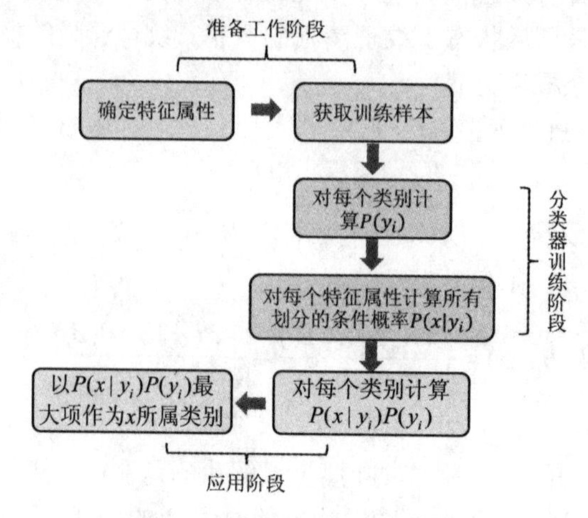

图 5-5　朴素贝叶斯分类法流程

由图 5-5 可以看出，朴素贝叶斯分类法流程分为三个阶段：

(1) 准备工作阶段：根据具体情况确定特征属性，并根据不同样本特征属性的取值确定其所属类别，形成训练样本集合。例如，要将苹果和香蕉进行分类，所选特征属性可包括颜色、形状等，如果一个样本 A = {红色，圆形}，则认为其类别标签为苹果，另一个样本 B = {黄色，长条状}，则认为其类别标签为香蕉。这一阶段是整个朴素贝叶斯分类中唯一需要人工完成的阶段，其质量对整个过程将有重要影响，分类器的质量很大程度上是由样本特征属性选择、特征属性取值及样本标签的质量决定的。

(2) 分类器训练阶段：该阶段的任务是生成分类器，其输入是特征属性和训练样本，输出是分类器。其主要工作是计算每个类别在训练样本中的出现频率及每个特征属性值在每个类别下的条件概率估计。例如，有 1000 个训练样本，其中苹果 300 个，香蕉 700 根，则 P(苹果) = 0.3，P(香蕉) = 0.7。在 300 个苹果中，颜色为红色的苹果个数为 270，则红色在苹果这个类别下的条件概率 P(红色|苹果) = 0.9。

(3) 应用阶段：该阶段的任务是使用分类器对待分类样本进行分类，其输入是分类器和待分类样本，输出是待分类样本属于每一个类别的概率。

5.2.2　朴素贝叶斯分类法实例

本小节讨论一个使用朴素贝叶斯分类法解决实际问题的例子，为了简单起见，对例子中的数据作了适当的简化。

对于 SNS 社交平台来说，不真实账号(使用虚假身份或用户的小号)是普遍存在的，作为 SNS 的运营商，希望可以检测出这些不真实账号，从而在一些运营分析报告中避免这些账号的干扰，亦可以加强对 SNS 社区的监管。如果通过人工进行检测，需要耗费大量的人力，效率也十分低下；如能引入自动检测机制，必将大大提升工作效率。这其实是一个分类问题，就是要将社区中所有账号分为真实账号和不真实账号两类，实现过程如下：

首先设 $C = 0$ 表示真实账号，$C = 1$ 表示不真实账号。

1) 确定特征属性及划分

找出区分真实账号与不真实账号的特征属性，在实际应用中，特征属性的数量很多，划分也比较细致，为了简单起见，可以采用少量的特征属性以及较粗的划分，并对数据进行修改。

选择三个特征属性：a_1 为日志数量/注册天数，a_2 为好友数量/注册天数，a_3 为是否使用真实头像。在 SNS 社区中这三项都是可以直接从数据库里得到或计算出来的。

属性划分：设 $a_1:\{x \leqslant 0.05, 0.05 < x < 0.2, x \geqslant 0.2\}$，$a_2:\{x \leqslant 0.1, 0.1 < x < 0.8, x \geqslant 0.8\}$，$a_3:\{x = 0(\text{非真实头像}),\ x = 1(\text{真实头像})\}$。

2) 获取训练样本

这里使用运维人员曾经人工检测过的 1 万个账号作为训练样本。

3) 计算训练样本中每个类别的频率

用训练样本中真实账号和不真实账号数量分别除以 1 万，得到

$$P(C = 0) = \frac{8900}{10000} = 0.89$$

$$P(C=1)=\frac{1100}{10000}=0.11$$

4) 计算

每个类别条件下各个特征属性划分的频率为

$$\begin{cases}P(a_1\leqslant 0.05\mid C=0)=0.3\\P(0.05<a_1<0.2\mid C=0)=0.5\\P(a_1\geqslant 0.2\mid C=0)=0.2\end{cases}$$

$$\begin{cases}P(a_1\leqslant 0.05\mid C=1)=0.8\\P(0.05<a_1<0.2\mid C=1)=0.1\\P(a_1\geqslant 0.2\mid C=1)=0.1\end{cases}$$

$$\begin{cases}P(a_2\leqslant 0.1\mid C=0)=0.1\\P(0.1<a_2<0.8\mid C=0)=0.7\\P(a_2\geqslant 0.8\mid C=0)=0.2\end{cases}$$

$$\begin{cases}P(a_2\leqslant 0.1\mid C=1)=0.7\\P(0.1<a_2<0.8\mid C=1)=0.2\\P(a_2\geqslant 0.8\mid C=1)=0.1\end{cases}$$

$$\begin{cases}P(a_3=0\mid C=0)=0.2\\P(a_3=1\mid C=0)=0.8\end{cases}$$

$$\begin{cases}P(a_3=0\mid C=1)=0.9\\P(a_3=1\mid C=1)=0.1\end{cases}$$

5) 使用分类器进行鉴别

使用上面训练得到的分类器鉴别一个账号，这个账号使用非真实头像，日志数量与注册天数的比率为 0.1，好友数与注册天数的比率为 0.2。因此有 $a_1=0.1$，$a_2=0.2$，$a_3=0$。

根据式(5-9)有

$$\begin{aligned}&P(x\mid C=0)P(C=0)\\&\quad=P(0.05<a_1<0.2\mid C=0)P(0.1<a_2<0.8\mid C=0)P(a_3=0\mid C=0)P(C=0)\\&\quad=0.5\times 0.7\times 0.2\times 0.89=0.0623\end{aligned}$$

$$\begin{aligned}&P(x\mid C=1)P(C=1)\\&\quad=P(0.05<a_1<0.2\mid C=1)P(0.1<a_2<0.8\mid C=1)P(a_3=0\mid C=1)P(C=1)\\&\quad=0.1\times 0.2\times 0.9\times 0.11=0.00198\end{aligned}$$

可以看出，虽然这个用户没有使用真实头像，但是通过分类器的鉴别，更倾向于将此账号归入真实账号类别。这个例子也展示了当特征属性充分多时，朴素贝叶斯分类法对个别属性的抗干扰性较强。

5.3　SVM 分类器

SVM 分类器是基于模式识别方法和统计学理论的一种分类技术，于 1963 年由 ATE-T Bell 实验室 Vapnik 等人首次提出。这种方法是从样本集中选择一组样本，对整个样本集的划分可以等同于对这组样本子集的划分，这组样本子集就被称为支持向量(SV)。在当时，SVM 在数学上不能明晰地表示，因此 SVM 的研究没有得到进一步的发展。1971 年，Kimeldorf 提出了使用线性不等式约束重新构造 SV 的核空间，使一部分线性不可分的问题得到了解决。到 20 世纪 90 年代，一个比较完善的理论体系——统计学习理论(Statistical Learning Theory，SLT)形成。与此同时，一些新兴的机器学习方法(如神经网络的研究)遇到了一些困难，比如欠学习与过学习问题，如何确定网络结构的问题，局部极小点问题等。这两方面的因素使得 SVM 迅速发展和完善。SVM 分类法在解决小样本、非线性及高维度的模式识别问题中表现出特有的优势，在诸多领域(如文本分类、图像识别、生物信息学等)中得到了成功的应用。

5.3.1　SVM 算法原理

引子　假设有一堆苹果，需要将苹果分成两部分，一部分又大又好看，卖得贵一点；另一部分又小又不好看，卖得便宜点。对于卖家来说，需要将两部分尽可能地分开，因为如果不好看的掺杂在好看的苹果中，会影响口碑，好看的掺杂在不好看的中间，会影响收入。现在根据苹果的颜色和大小，可得到一个数据集，如图 5-6 所示，实心圆表示又小又不好看的苹果，空心圆表示又大又好看的苹果。

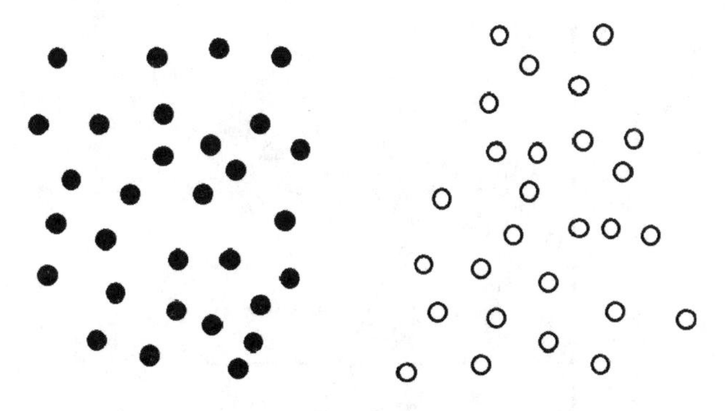

图 5-6　苹果分类

从图 5-6 可以看出，两类苹果中间有个明显的分界，SVM 分类法研究的是求一个能够将上面两部分完全正确分开的分类界线(对多维数据来说就是分类超平面)。

对于人类而言，这两部分苹果之间的分界是显而易见的；但对于计算机而言，怎么确定这两部分苹果的分类界线，或者说计算机通过什么标准来确定划分的直线。如图 5-7 中的三条分类界线，哪一条是最优的呢？

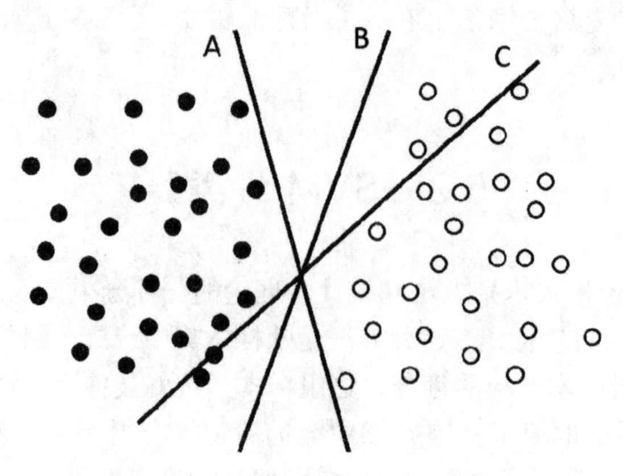

图 5-7　苹果分类的三条分类界线

直观上，可以看出分类界线 A 和 B 将数据集完全分开了，C 分割后还存在误分类点。对于 SVM 分类法，需要找到一个最优的分类界线。SVM 分类法将误分类的点数作为评判标准，误分类点数越多，分类界线性能越差；误分类点数为零，就是一条好的分类直线。在图 5-7 中，A 和 B 两条分类界线都没有误分类点，那么，哪一条线是最优分类界线呢？下面介绍如何寻找最优分类界线。

1. 线性 SVM 在样本可分情况下的计算

为了便于理解，以二维数据为例进行说明，假设有如下多个二维向量：

$$\boldsymbol{X}_1=[x_1^1 \quad x_2^1]^{\mathrm{T}}，\boldsymbol{X}_2=[x_1^2 \quad x_2^2]^{\mathrm{T}}，\boldsymbol{X}_3=[x_1^3 \quad x_2^3]^{\mathrm{T}}，\cdots$$

每个二维向量在 x_1-x_2 平面坐标系中表现为一个点，如图 5-8 所示，分类的目标是使用一条直线把这些点分成两类，两类中距离最近的点分别为 $\boldsymbol{X}_i$ 和 $\boldsymbol{X}_j$，因此要寻找的分割直线在 $\boldsymbol{X}_i$ 和 $\boldsymbol{X}_j$ 的中间，即 $\boldsymbol{X}_i$ 和 $\boldsymbol{X}_j$ 到直线的距离都为 d，当 d 取得最大值的时候，这条直线就是要找的分类界线。

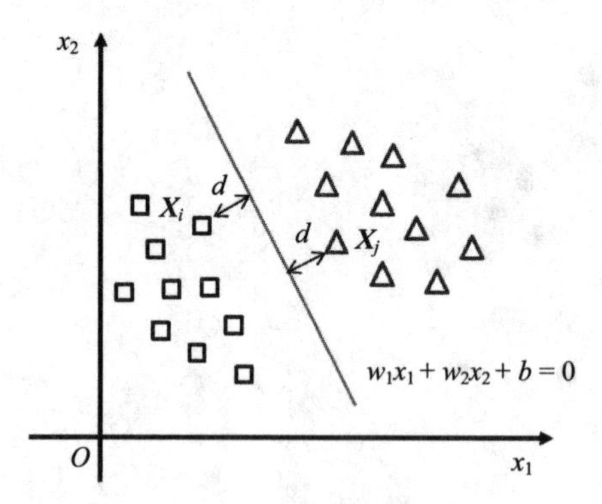

图 5-8　分类界线

在 x_1-x_2 坐标系中，直线的一般表达式为 $w_1x_1+w_2x_2+b=0$，写成向量形式为

$$\begin{cases}\boldsymbol{W}=[w_1 \ w_2]^{\mathrm{T}}\\ \boldsymbol{X}=[x_1 \ x_2]^{\mathrm{T}}\\ \boldsymbol{W}^{\mathrm{T}}\boldsymbol{X}+\boldsymbol{b}=0\end{cases} \tag{5-10}$$

根据点到直线的距离公式，点 $\boldsymbol{X}_i$ 和 $\boldsymbol{X}_j$ 到分类界线的距离 d 为

$$d=\frac{|\boldsymbol{W}^{\mathrm{T}}\boldsymbol{X}_i+\boldsymbol{b}|}{\|\boldsymbol{W}\|}=\frac{|\boldsymbol{W}^{\mathrm{T}}\boldsymbol{X}_j+\boldsymbol{b}|}{\|\boldsymbol{W}\|} \tag{5-11}$$

其中，$\|\boldsymbol{W}\|=\sqrt{|\boldsymbol{w}_1|^2+|\boldsymbol{w}_2|^2}$，由于 d 是最短距离，对于所有点均满足：

$$\frac{|\boldsymbol{W}^{\mathrm{T}}\boldsymbol{X}+\boldsymbol{b}|}{\|\boldsymbol{W}\|}\geqslant d \tag{5-12}$$

当向量点落在分类界线的上侧时，有 $\boldsymbol{W}^{\mathrm{T}}\boldsymbol{X}+\boldsymbol{b}>0$，落在分类界线的下侧时，有 $\boldsymbol{W}^{\mathrm{T}}\boldsymbol{X}+\boldsymbol{b}<0$，即

$$\begin{cases}\dfrac{\boldsymbol{W}^{\mathrm{T}}\boldsymbol{X}+\boldsymbol{b}}{\|\boldsymbol{W}\|}\geqslant d, & \boldsymbol{W}^{\mathrm{T}}\boldsymbol{X}+\boldsymbol{b}>0\\ \dfrac{\boldsymbol{W}^{\mathrm{T}}\boldsymbol{X}+\boldsymbol{b}}{\|\boldsymbol{W}\|}\leqslant -d, & \boldsymbol{W}^{\mathrm{T}}\boldsymbol{X}+\boldsymbol{b}<0\end{cases} \tag{5-13}$$

在式(5-13)中，不等号两边都除以 d，则有

$$\begin{cases}\dfrac{\boldsymbol{W}^{\mathrm{T}}\boldsymbol{X}+\boldsymbol{b}}{d\|\boldsymbol{W}\|}\geqslant 1, & \boldsymbol{W}^{\mathrm{T}}\boldsymbol{X}+\boldsymbol{b}>0\\ \dfrac{\boldsymbol{W}^{\mathrm{T}}\boldsymbol{X}+\boldsymbol{b}}{d\|\boldsymbol{W}\|}\leqslant -1, & \boldsymbol{W}^{\mathrm{T}}\boldsymbol{X}+\boldsymbol{b}<0\end{cases} \tag{5-14}$$

记 $W_d=\dfrac{\boldsymbol{W}^{\mathrm{T}}}{d\|\boldsymbol{W}\|}$，$b_d=\dfrac{\boldsymbol{b}}{d\|\boldsymbol{W}\|}$，则有

$$\begin{cases}W_d\boldsymbol{X}+b_d\geqslant 1, & \boldsymbol{W}^{\mathrm{T}}\boldsymbol{X}+\boldsymbol{b}>0\\ W_d\boldsymbol{X}+b_d\leqslant -1, & \boldsymbol{W}^{\mathrm{T}}\boldsymbol{X}+\boldsymbol{b}<0\end{cases} \tag{5-15}$$

为了方便分类，通常给每个点(二维向量)赋予一个标签 y，在图 5-8 中有：

(1) 当 $\boldsymbol{W}^{\mathrm{T}}\boldsymbol{X}+\boldsymbol{b}>0$ 时，点位于分类界线上方，属于三角形类型，此时 $y=1$；

(2) 当 $\boldsymbol{W}^{\mathrm{T}}\boldsymbol{X}+\boldsymbol{b}<0$ 时，点位于分类界线下方，属于正方形类型，此时 $y=-1$。

所以，式(5-15)又可以转换为

$$\begin{cases}W_d\boldsymbol{X}+b_d\geqslant 1, & y=1, & \text{当}\boldsymbol{X}=\boldsymbol{X}_j\text{时，}W_d\boldsymbol{X}+b_d=1\\ W_d\boldsymbol{X}+b_d\leqslant -1, & y=-1, & \text{当}\boldsymbol{X}=\boldsymbol{X}_i\text{时，}W_d\boldsymbol{X}+b_d=-1\end{cases} \tag{5-16}$$

y 的绝对值为 1，因此 y 相当于正负号的作用，式(5-16)可以合并为

$$y(W_d\boldsymbol{X}+b_d)\geqslant 1 \tag{5-17}$$

在 x_1-x_2 坐标系中，$d\|\boldsymbol{W}\|$ 是一个大于零的实数，因此，式(5-10)与下式表示的是同一条直线：

$$\frac{\boldsymbol{W}^{\mathrm{T}}\boldsymbol{X}+\boldsymbol{b}}{d\|\boldsymbol{W}\|}=W_d\boldsymbol{X}+b_d=0 \tag{5-18}$$

因此，式(5-11)中点到直线的距离公式可转换为

$$d=\frac{|W_d\boldsymbol{X}_i+b_d|}{\|W_d\|}=\frac{|W_d\boldsymbol{X}_j+b_d|}{\|W_d\|} \tag{5-19}$$

那么，寻找最优分类界线的问题就可等效转换为求解式(5-18)成立时 d 的最大值，如图 5-9 所示。

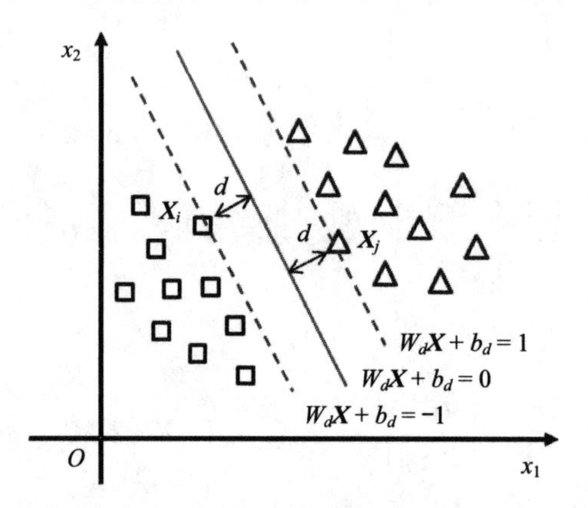

图 5-9　支持向量与间隔

又由式(5-16)中等号成立时的条件可得

$$\left|W_d\boldsymbol{X}_i+b_d\right|=\left|W_d\boldsymbol{X}_j+b_d\right|=1$$

将其代入式(5-19)中可得

$$d=\frac{1}{\|W_d\|} \tag{5-20}$$

这时，d 在最大化情况下的分类界线就是最优分类界线，由式(5-20)可知，当 $\|\boldsymbol{W}_d\|$ 取最小值时，d 取最大值。结合式(5-17)，在可分情况下的线性 SVM 学习任务可以形式化地描述为带约束条件的优化问题，即

$$\begin{cases}\min\left(\frac{1}{2}\|W_d\|^2\right)\\ \text{s.t.}\quad y_k(W_d\boldsymbol{X}_k+b_d)\geqslant 1,\ \ k=1,2,\cdots,N\end{cases} \tag{5-21}$$

这里，之所以最小化 $\frac{1}{2}\|W_d\|^2$，是为了方便后续通过求导来求得最优解。

这是一个凸二次优化问题，可以通过构造拉格朗日函数来求解，如下式：

$$L(W_d,b_d,\lambda)=\frac{\|W_d\|^2}{2}+\sum_{k=1}^{N}\lambda_k(1-y_k(W_d\boldsymbol{X}_k+b_d)) \tag{5-22}$$

式中，λ_k 为拉格朗日乘子，当样本在图 5-9 所示的虚线上时，有 $y_k(W_d\boldsymbol{X}_k+b_d)-1=0$，此

时 $\lambda_k>0$，否则 $\lambda_k=0$。

则原不等式约束优化问题 $\min\left(\frac{1}{2}\|W_d\|^2\right)$ 可等价于

$$\min_{W_d,b_d}\max_{\lambda} L(W_d,b_d,\lambda) \tag{5-23}$$

其对偶(Dual)问题就是

$$\max_{\lambda}\min_{W_d,b_d} L(W_d,b_d,\lambda) \tag{5-24}$$

为了求解 $\min_{W_d,b_d} L(W_d,b_d,\lambda)$，可对式(5-22)中的 L 求偏导 $\frac{\partial L}{\partial W_d}$ 和 $\frac{\partial L}{\partial b_d}$，并令其为 0，可得

$$\frac{\partial L}{\partial W_d}=0 \Rightarrow W_d=\sum_{k=1}^{N}\lambda_k y_k X_k \tag{5-25}$$

$$\frac{\partial L}{\partial b_d}=0 \Rightarrow \sum_{k=1}^{N}\lambda_k y_k=0 \tag{5-26}$$

将上面偏导结果代入式(5-22)中，化简得

$$L(\lambda)=\frac{1}{2}\sum_{i=1}^{N}\lambda_i y_i \boldsymbol{X}_i\sum_{j=1}^{N}\lambda_j y_j \boldsymbol{X}_j+\sum_{i=1}^{N}\lambda_i-\sum_{i=1}^{N}\lambda_i y_i\left(\left(\sum_{j=1}^{N}\lambda_j y_j \boldsymbol{X}_j\right)\boldsymbol{X}_i+b_d\right)$$

$$=\frac{1}{2}\sum_{i=1}^{N}\lambda_i y_i \boldsymbol{X}_i\sum_{j=1}^{N}\lambda_j y_j \boldsymbol{X}_j+\sum_{i=1}^{N}\lambda_i-\sum_{i=1}^{N}\lambda_i y_i \boldsymbol{X}_i\sum_{j=1}^{N}\lambda_j y_j \boldsymbol{X}_j-b_d\sum_{i=1}^{N}\lambda_i y_i$$

$$=\sum_{i=1}^{N}\lambda_i-\frac{1}{2}\sum_{i=1}^{N}\sum_{j=1}^{N}\lambda_i\lambda_j y_i y_j \boldsymbol{X}_i^{\mathrm{T}}\boldsymbol{X}_j \tag{5-27}$$

此时，式(5-24)的优化问题即为

$$\begin{cases}\max L(\lambda)=\sum_{i=1}^{N}\lambda_i-\frac{1}{2}\sum_{i=1}^{N}\sum_{j=1}^{N}\lambda_i\lambda_j y_i y_j \boldsymbol{X}_i^{\mathrm{T}}\boldsymbol{X}_j \\ \text{s.t.}\quad \sum_{i=1}^{N}\lambda_i y_i=0,\quad \lambda_i\geqslant 0,\quad i=1,2,\cdots,N\end{cases} \tag{5-28}$$

这仍然是一个二次规划问题，一般采用更高效的 SMO 算法求解，这里不作过多介绍。从对偶问题解出 λ_i 后，再求出 W_d 与 b_d，进而算出 $\boldsymbol{W}$ 和 $\boldsymbol{b}$，即可得到分类模型 $f(\boldsymbol{X})=\boldsymbol{W}^{\mathrm{T}}\boldsymbol{X}+\boldsymbol{b}$。

对于一个未知类别的样本点 $\boldsymbol{X}$ 进行分类，通过把 $\boldsymbol{X}$ 带入 $f(\boldsymbol{X})=\boldsymbol{W}^{\mathrm{T}}\boldsymbol{X}+\boldsymbol{b}$ 中算出结果，然后根据其正负号来进行类别划分，决策函数如下：

$$D(\boldsymbol{X})=\mathrm{sign}(f(\boldsymbol{X})) \tag{5-29}$$

上述的分类模型为硬间隔(Hard Margin)SVM，如图 5-10 所示，SVM 需要寻找一个最

优的决策边界，也叫分类超平面，使之距离两个类别中最近的样本最远。图 5-10 中有 3 个点到决策边界的距离相同，这 3 个点叫做支持向量(Support Vector，SV)。平行于决策边界的两条直线之间的距离(2d)称为间隔(margin)，SVM 的目的是将间隔最大化。

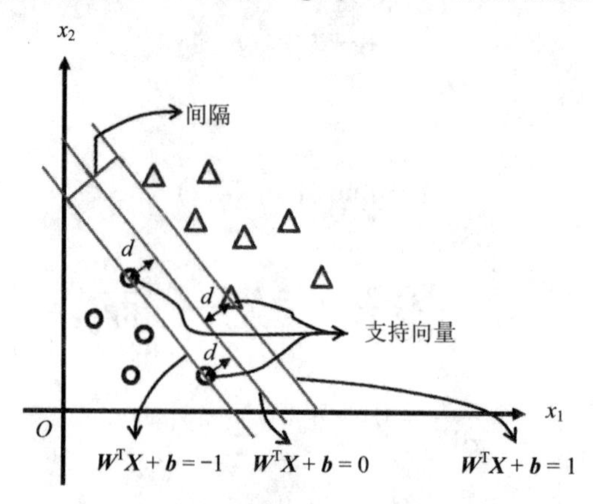

图 5-10　分类超平面、支持向量以及间隔

2. 线性 SVM 在样本不可分情况下的计算

在实际应用中，很多样本数据不能够被一个超平面完全分开。比如数据集中存在噪声点，那么在寻找超平面的时候就会出现这样的问题，如图 5-11 所示，有一个正方形样本偏差太大，如果把它作为支持向量，所求出来的间隔就会比不算入它时要小得多。但是在实际应用中，如果有一类的一个点出现在另一类点的附近，即两类相对较为接近，但整体差异明显，这个点可以看作一个特殊点或者错误的奇点。如果将直线 l_2 作为分类边界，会导致最终的间隔太小，此时模型的泛化能力就很差，因为间隔变小表明分类模型的容错率变小。正常来说应该像直线 l_1 一样忽略那个极度特殊的点，以保证大多数的数据到直线的距离最远，这才是最好的分类边界，也就是泛化能力更高。这也能间接地说明，如果模型的准确率过高，可能会导致模型的过拟合。

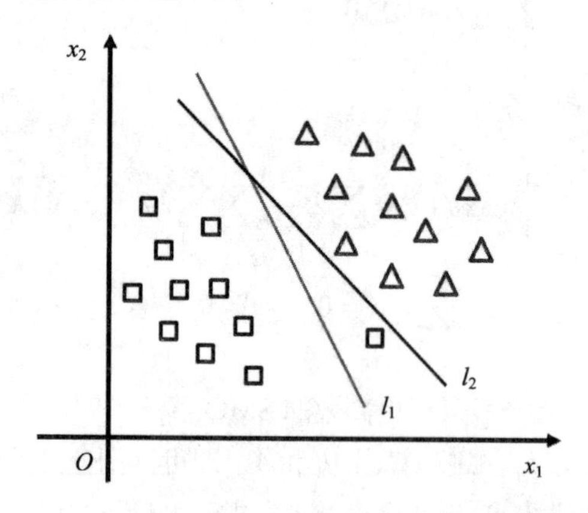

图 5-11　噪声点对分类模型的影响

另一种情况如图 5-12 所示，正方形样本落在了三角形样本中间，这就导致了数据集本身就是线性不可分的情况，找不出一条直线能够将这两类样本分开，在这种情况下硬间隔就不再是泛化能力强弱的问题，而是不存在一条直线将其分开的问题。

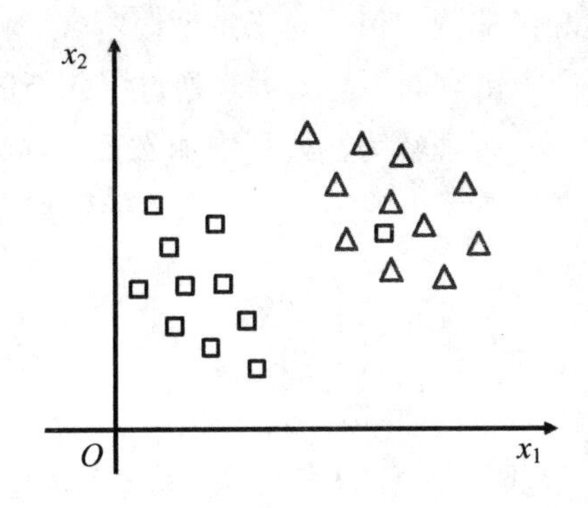

图 5-12　样本点出现混淆的情况

对以上两种情况，不管从哪个角度出发，都应该考虑给予 SVM 模型容错能力。线性不可分意味着某些样本点不满足约束条件，如图 5-13 所示，大多数样本在决策边界两侧，但是也有少数样本越过决策边界落在间隔内部，甚至个别样本落在间隔外部，混在另一类中。为了让每个样本到决策边界的距离都满足大于等于 d，对每个样本引入一个松弛变量 ξ 且 $\xi \geqslant 0$。引入松弛变量 ξ 的目的是让一些处于分隔边界错误一侧的数据可以转换到正确的分类中。

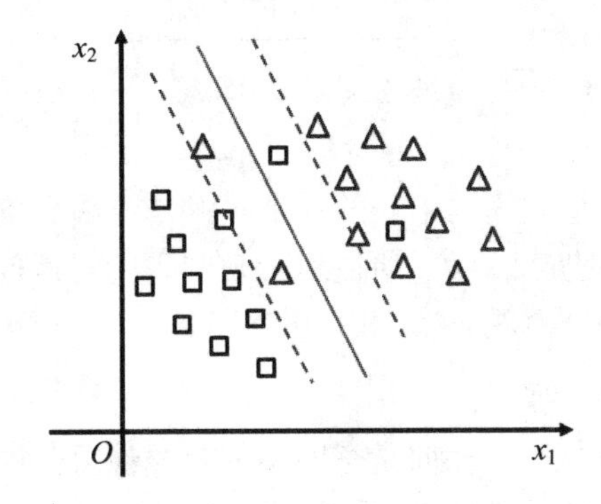

图 5-13　样本交错的情况

为每个样本引入一个松弛变量 $\xi \geqslant 0$ 之后，公式(5-16)变为

$$\begin{cases} W_d X_k + b_d + \xi_k \geqslant 1, & \text{当 } y_k = 1 \text{ 时} \\ W_d X_k + b_d - \xi_k \leqslant -1, & \text{当 } y_k = -1 \text{ 时} \end{cases} \tag{5-30}$$

整理得

$$y_k(W_d X_k + b_d) + \xi_k \geqslant 1 \tag{5-31}$$

因此，超平面的求解可转换为以下优化问题：

$$\begin{cases} \min\left(\dfrac{1}{2}\| W_d \|^2\right) \\ \text{s.t.}\quad y_k(W_d X_k + b_d) \geqslant 1 - \xi_k,\ \xi_k > 0,\ k = 1, 2, \cdots, N \end{cases} \tag{5-32}$$

这就是软间隔(Soft Margin)SVM，相比于硬间隔(Hard Margin)SVM，软间隔 SVM 相当

于把条件放得更宽松一些。ξ_k 并非固定值，对于每个样本 X_k 都有一个 ξ_k，所以需要对 ξ_k 进行一定的限制，也就是这个容错空间不能太大。通过引入新的超参数 $C>0$(称为惩罚参数)来权衡容错能力和目标函数，可理解为在模型中加入正则项，避免模型向一个极端方向发展，使得模型对于极端数据集不那么敏感，对于未知的数据有更好的泛化能力。分类模型可表示为以下约束问题求解：

$$\begin{cases}\min\limits_{W_d,b_d}\left(\dfrac{\|W_d\|^2}{2}+C\sum\limits_{k=1}^{N}\xi_k\right)\\ \text{s.t.}\quad y_k(W_dX_k+b_d)\geqslant 1-\xi_k,\ \xi_k>0,\ k=1,2,\cdots,N\end{cases}\tag{5-33}$$

松弛变量 ξ_k 由应用问题决定，$C\sum\limits_{k=1}^{N}\xi_k$ 用于防止找到的决策边界间隔很宽但误分类样本很多的情况的出现。

上面带不等式约束条件的优化问题可通过构造拉格朗日函数、求解其对偶问题而最终转化为

$$\begin{cases}\max L(\lambda)=\sum\limits_{i=1}^{N}\lambda_i-\dfrac{1}{2}\sum\limits_{i=1}^{N}\sum\limits_{j=1}^{N}\lambda_i\lambda_j y_i y_j \boldsymbol{X}_i^{\mathrm{T}}\boldsymbol{X}_j\\ \text{s.t.}\quad \sum\limits_{i=1}^{N}\lambda_i y_i=0,\ 0\leqslant\lambda_i\leqslant C,\ i=1,2,\cdots,N\end{cases}\tag{5-34}$$

到这里会发现，软间隔与硬间隔唯一的差别，就是对偶变量在约束条件上的区别，软间隔是 $0\leqslant\lambda\leqslant C$，硬间隔则是 $\lambda\geqslant 0$，所以对于软间隔的对偶问题，可以与硬间隔一样求解(二次规划问题，采用 SMO 算法)，这里不再赘述。

3. 非线性 SVM

分类问题最理想的状态是样本在向量空间中都是线性可分的，这样可以清晰无误地把它们分隔成不同的类别——采用线性可分硬间隔 SVM。当存在噪声点的时候，可以容忍少数不能被正确划分的样本，只要大多数线性可分即可——采用线性软间隔 SVM。可是，如果面对的分类问题本身就是非线性的，该如何划分呢？如图 5-14 所示，三角形和正方形样本是线性不可分的，其决策边界是一个圆。

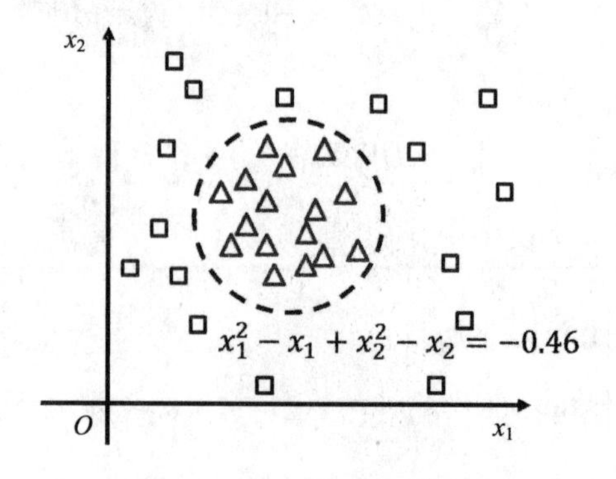

图 5-14　线性不可分样本

解决线性不可分样本分类问题的基本思想是将低维空间的数据通过映射转换到一个新的高维空间，然后在高维空间中求解分类超平面。如图 5-15 所示，将二维空间的样本数据转换到三维空间，这样样本就线性可分了。可以直观地看到，盒子中的小球(实心球和空心球)，从盒子上面看，无法用一个平面分割；但是从盒子的侧面看，就可以用一个平面将两种小球分开了。这种思想就是将样本转换到另外一个空间(可能与原空间的维度相同或者升维)，从而将线性不可分问题转变为线性可分问题。

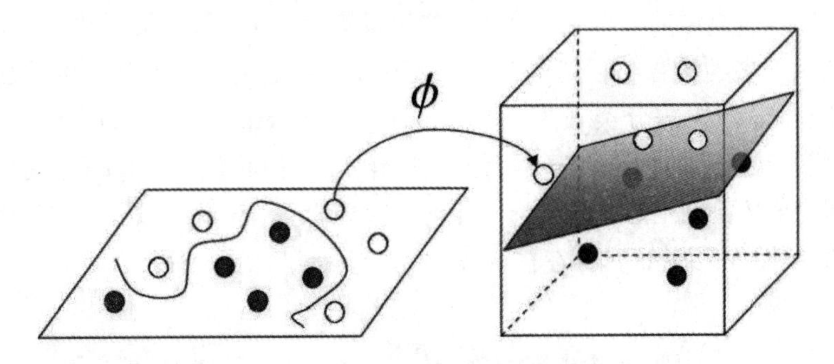

图 5-15 线性不可分样本经过升维转换为高维空间的线性可分样本

在特征空间提升维度的时候，需要明确的维度转换函数。如图 5-16 所示，将低维特征空间通过函数 $\phi(\square)$ 映射到一个高维空间(希尔伯特空间(Hilbert))中，数据就变得线性可分了，然后在高维空间中用线性分类算法寻找分类超平面。如果原始空间是有限维，且特征数量有限，那么一定存在一个高维特征空间使得样本线性可分。

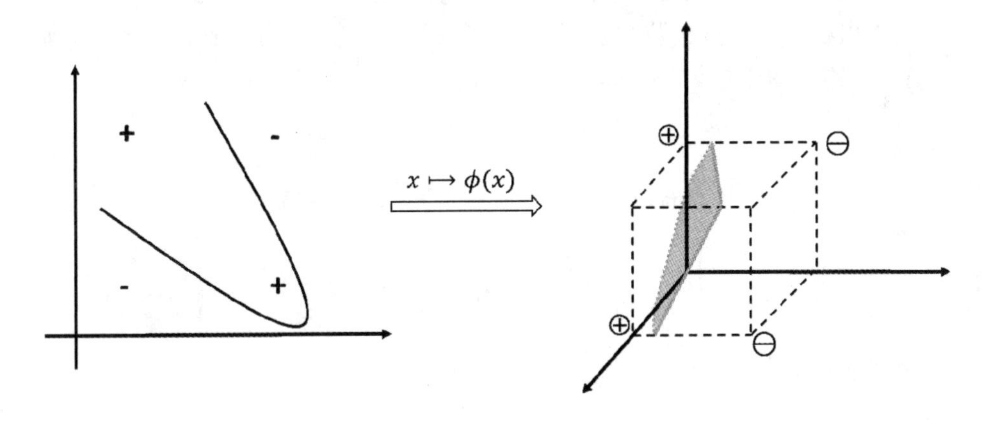

图 5-16 异域问题与非线性映射

这时，分类模型可以表示为

$$f(\boldsymbol{X}) = \boldsymbol{W}^{\mathrm{T}}\phi(\boldsymbol{X}) + \boldsymbol{b} \tag{5-35}$$

式中，$\phi(\boldsymbol{X})$ 是 $\boldsymbol{X}$ 映射后的特征向量，$\boldsymbol{W}$ 和 $\boldsymbol{b}$ 是模型参数。

那么，超平面的求解问题就转换为

$$\begin{cases} \min\left(\dfrac{1}{2}\|\boldsymbol{W}\|^2\right) \\ \text{s.t.} \quad y_i(\boldsymbol{W}^{\mathrm{T}}\phi(\boldsymbol{X}_i) + \boldsymbol{b}) \geqslant 1, \quad i = 1, 2, \cdots, N \end{cases} \tag{5-36}$$

通过构造拉格朗日函数并求解其对偶问题可得

$$\begin{cases} \max L(\lambda) = \sum_{i=1}^{N} \lambda_i - \frac{1}{2}\sum_{i=1}^{N}\sum_{j=1}^{N} \lambda_i \lambda_j y_i y_j \phi(\boldsymbol{X}_i)^{\mathrm{T}} \phi(\boldsymbol{X}_j) \\ \text{s.t.} \quad \sum_{i=1}^{N} \lambda_i y_i = 0, \quad \lambda_i \geqslant 0, \quad i = 1,2,\cdots,N \end{cases} \tag{5-37}$$

特征空间一般是高维的甚至无穷维的，如果直接计算在高维特征空间中的$\phi(\boldsymbol{X}_i)^{\mathrm{T}}\phi(\boldsymbol{X}_j)$内积，往往需要更多的计算与存储资源，很大程度上会遇到维度灾难。为了避免高维度数据计算，又能获得同样的分类效果，提出了核技巧(Kernel Trick)的概念，即用核函数$\kappa(\boldsymbol{X}_i,\boldsymbol{X}_j)$来代替映射后的内积计算，而无须将样本映射到高维空间计算内积。

假设二维空间中的两个点$v_1=(x_1,y_1)$和$v_2=(x_2,y_2)$，$\phi(x,y)=(x^2,\sqrt{2}xy,y^2)$为二维空间到三维空间的映射，可以验证，存在核函数$\kappa(v_1,v_2)=\langle v_1,v_2\rangle^2$，使得$\kappa(v_1,v_2)=\langle\phi(v_1),\phi(v_2)\rangle$。证明如下：

$$\begin{aligned} \langle\phi(v_1),\phi(v_2)\rangle &= \langle(x_1^2,\sqrt{2}x_1y_1,y_1^2),\ (x_2^2,\sqrt{2}x_2y_2,y_2^2)\rangle \\ &= x_1^2x_2^2 + 2x_1x_2y_1y_2 + y_1^2y_2^2 \\ &= (x_1x_2 + y_1y_2)^2 \\ &= \langle v_1,v_2\rangle^2 = \kappa(v_1,v_2) \end{aligned}$$

由此可见，核函数的作用是接收两个低维空间的向量，计算出经过某种变换后在高维空间里的向量内积。使用核函数$\kappa(\boldsymbol{X}_i,\boldsymbol{X}_j)$替代$\phi(\boldsymbol{X}_i)^{\mathrm{T}}\phi(\boldsymbol{X}_j)$，可以省去显式计算每一个$\phi(\boldsymbol{X}_i)$，甚至不需要知道$\phi(\cdot)$的定义，就可直接求出$\phi(\boldsymbol{X}_i)^{\mathrm{T}}\phi(\boldsymbol{X}_j)$的值。

因此，式(5-37)优化问题可等价于

$$\begin{cases} \max L(\lambda) = \sum_{i=1}^{N} \lambda_i - \frac{1}{2}\sum_{i=1}^{N}\sum_{j=1}^{N} \lambda_i \lambda_j y_i y_j \kappa(\boldsymbol{X}_i,\boldsymbol{X}_j) \\ \text{s.t.} \quad \sum_{i=1}^{N} \lambda_i y_i = 0, \quad \lambda_i \geqslant 0, \quad i = 1,2,\cdots,N \end{cases} \tag{5-38}$$

高维空间下的线性模型可表示为

$$\begin{aligned} f(X) &= \boldsymbol{W}^{\mathrm{T}}\phi(\boldsymbol{X}) + \boldsymbol{b} \\ &= \sum_{i=1}^{N} \lambda_i y_i \phi(\boldsymbol{X}_i)^{\mathrm{T}} \phi(\boldsymbol{X}_j) + \boldsymbol{b} \\ &= \sum_{i=1}^{N} \lambda_i y_i \kappa(\boldsymbol{X}_i,\boldsymbol{X}_j) + \boldsymbol{b} \end{aligned} \tag{5-39}$$

根据 Mercer 定理(任何半正定的函数都可以作为核函数)，只要函数满足 Mercer 定理的条件，那么这个函数就可以作为支持向量机的核函数。常用的核函数如表 5-1 所示。核函数的选择往往根据经验来确定，比如文本数据分类通常采用线性核，对于情况不明的样本可以使用高斯核测试。在现实任务中，往往很难确定合适的核函数使得训练样本在特征空间中线性可分，即使找到了某个核函数，也不能确认这个结果是不是由过拟合造成的。

表 5-1 常用核函数

名称	表达式	参数
线性核	$\kappa(\boldsymbol{X}_i,\boldsymbol{X}_j)=\boldsymbol{x}_i^{\mathrm{T}}\boldsymbol{x}_j$	
多项式核	$\kappa(\boldsymbol{X}_i,\boldsymbol{X}_j)=(\boldsymbol{x}_i^{\mathrm{T}}\boldsymbol{x}_j)^d$	$d\geqslant 1$ 为多项式的次数
高斯核	$\kappa(\boldsymbol{X}_i,\boldsymbol{X}_j)=\exp\left(-\frac{\Vert\boldsymbol{x}_i-\boldsymbol{x}_j\Vert^2}{2\sigma^2}\right)$	$\sigma>0$ 为高斯核的带宽(Width)
拉普拉斯核	$\kappa(\boldsymbol{X}_i,\boldsymbol{X}_j)=\exp\left(-\frac{\Vert\boldsymbol{x}_i-\boldsymbol{x}_j\Vert}{\sigma}\right)$	$\sigma>0$
sigmoid 核	$\kappa(\boldsymbol{X}_i,\boldsymbol{X}_j)=\tanh(\beta\boldsymbol{x}_i^{\mathrm{T}}\boldsymbol{x}_j+\theta)$	tanh 为双曲正切函数，$\beta>0$，$\theta<0$

通常 SVM 用于小样本的二分类问题，对于大样本非线性可分问题，可使用神经网络进行分类。神经网络内容将在后续章节介绍，下面介绍多类线性可分问题。

5.3.2 多类 SVM 损失函数

前面介绍的线性 SVM 分类器用于二分类问题，对于如图 5-17 所示的多分类问题，需要用三个线性模型来分类，每一个类别需要一个分类器，对应了一组权重 $\boldsymbol{W}$ 和偏置 $\boldsymbol{b}$。这三个分类器就组成一个多分类模型，也称为评分函数，其表达式如下：

$$\boldsymbol{f}(\boldsymbol{X})=\boldsymbol{W}^{\mathrm{T}}\boldsymbol{X}+\boldsymbol{b} \tag{5-40}$$

其中，$\boldsymbol{X}$ 为输入图像的特征向量，$\boldsymbol{W}=[\boldsymbol{w}_1,\boldsymbol{w}_2,\cdots,\boldsymbol{w}_C]$ 为权重矩阵，$\boldsymbol{w}_i=[w_{i1},w_{i2},\cdots,w_{id}]^{\mathrm{T}}$，$\boldsymbol{b}=[b_1,b_2,\cdots,b_C]^{\mathrm{T}}$ 为偏置向量。C 是类别数量，d 为特征空间维度。输出 $\boldsymbol{f}=[f_1,f_2,\cdots,f_C]^{\mathrm{T}}$ 为得分向量。

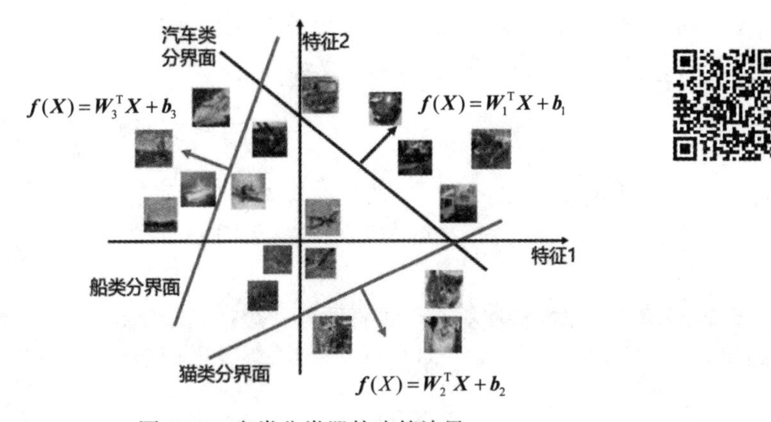

图 5-17 多类分类器的决策边界

如图 5-18 所示为多类分类器的案例，为简便起见，假设输入的灰度图仅有 4 个像素，待分类别有 3 个(猫、船、汽车)，那么分类器就有三个分类模型。将待分类图像输入到三个模型中，计算出其在每个类别上的得分，将得分最高的类别作为分类结果。

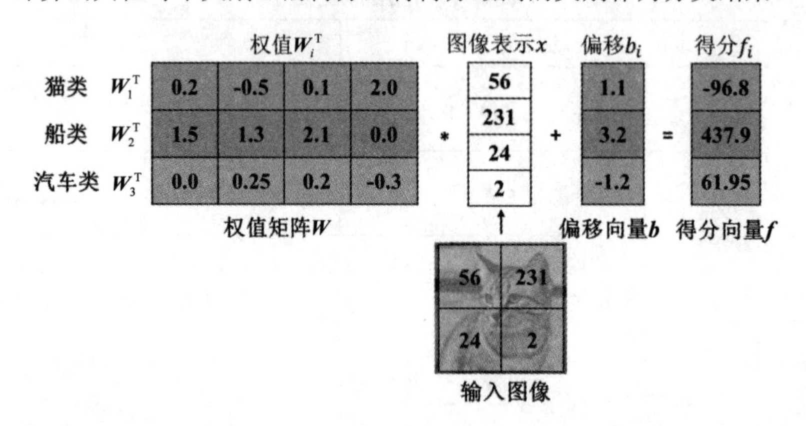

图 5-18　图像在三个类别上的得分

如果输入的是“猫”图像，但是，输出是“猫”类的得分却最小(−96.8)，这就说明“猫”分类器中参数 $\boldsymbol{W}$ 和 $\boldsymbol{b}$ 初始值设置不合理，应该进行调整。那么如何判断分类模型性能的优劣呢？这里需要引入损失函数(Loss)来定量评估，并且根据损失函数的大小来调整权重值。

损失函数可度量给定分类器的预测值与真实值的不一致程度，其输出通常是一个非负实值。预测值与真实标签之间的差异越大，损失函数值就越大，反之则越小。损失函数的输出可以作为反馈信息对分类器参数进行调整，进而优化模型，提升分类器的分类效果。可以说，损失函数搭建起了模型性能与模型参数之间的桥梁。

损失函数的一般定义为

$$L=\frac{1}{N}\sum_{i=1}^{N}L_i(f(x_i,\boldsymbol{W}),y_i) \tag{5-41}$$

式中，x_i 表示样本中第 i 张图像，N 为样本个数，$f(x_i,\boldsymbol{W})$为分类器对 x_i 的类别预测值，y_i 为样本 x_i 的真实类别标签，$y_i\in\{1,2,\cdots,C\}$，L_i 为 x_i 的损失，L 为数据集的损失。

第 i 个样本的折页损失(Hinge Loss)定义如下：

$$\begin{aligned}L_i&=\sum_{j\neq y_i}\begin{cases}0 & S_{y_i}\geqslant S_{ij}+\varDelta\\ S_{ij}-S_{y_i}+\varDelta & S_{y_i}<S_{ij}+\varDelta\end{cases}\\&=\sum_{j\neq y_i}\max(0,S_{ij}-S_{y_i}+\varDelta)\end{aligned} \tag{5-42}$$

式中，S_{ij} 表示第 i 个样本 x_i 在第 j 类别的预测分数；S_{y_i} 表示第 i 个样本的真实类别预测分数，则有

$$S_{ij}=f(x_i,w_j,b_j)=\boldsymbol{w}_j^{\mathrm{T}}x_i+b_j \tag{5-43}$$

式中，$j \in \{1,2,\cdots,C\}$ 表示类别标签；w_j 和 b_j 表示第 j 个类别分类器的参数。

函数 $\max(0, S_{ij} - S_{y_i} + \Delta)$ 中的 Δ 表示 SVM 在正确分类上的得分始终比不正确分类上的得分高出一个边界值 Δ(代表间隔)，如图 5-19 所示，通常 $\Delta=1$，意思是如果正确类别的得分比不正确类别的得分高出 1 分，就没有损失；否则，就会产生损失。

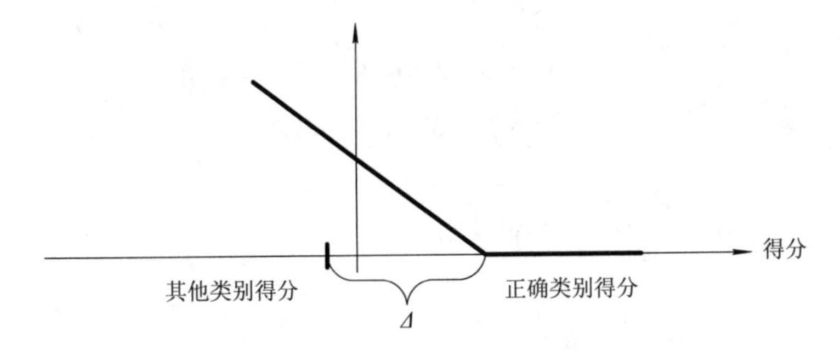

图 5-19　折页损失

三个类别各有一个训练样本，采用式(5-40)的多类分类器对 3 个样本的打分如图 5-20 所示。

	猫	船	汽车	损失
	3.2	5.1	-1.7	2.9
	1.3	**4.9**	2.0	0
	2.2	2.5	**-3.1**	12.9

图 5-20　线性分类器的分类损失计算

当前分类器对于“猫”图像的分类损失为

$$
\begin{aligned}
L_i &= \sum_{j \neq y_i} \max(0, S_{ij} - S_{y_i} + 1) \\
&= \max(0, 5.1 - 3.2 + 1) + \max(0, -1.7 - 3.2 + 1) \\
&= \max(0, 2.9) + \max(0, -3.9) \\
&= 2.9 + 0 = 2.9
\end{aligned}
$$

当前分类器对于“船”图像的分类损失为

$$
\begin{aligned}
L_i &= \sum_{j \neq y_i} \max(0, S_{ij} - S_{y_i} + 1) \\
&= \max(0, 1.3 - 4.9 + 1) + \max(0, 2.0 - 4.9 + 1)
\end{aligned}
$$

$$= \max(0, -2.6) + \max(0, -1.9)$$
$$= 0 + 0 = 0$$

当前分类器对于“汽车”图像的分类损失为

$$L_i = \sum_{j \neq y_i} \max(0, S_{ij} - S_{y_i} + 1)$$
$$= \max(0, 2.2 - (-3.1) + 1) + \max(0, 2.5 - (-3.1) + 1)$$
$$= \max(0, 6.3) + \max(0, 6.6)$$
$$= 6.3 + 6.6 = 12.9$$

那么，支持向量机对于数据集的损失为

$$L = \frac{1}{N} \sum_{i=1}^{N} L_i = \frac{2.9 + 0 + 12.9}{3} = 5.27$$

如图 5-21 所示，假设两个线性分类器 $f_1(\boldsymbol{X}, \boldsymbol{W}_1) = \boldsymbol{W}_1^{\mathrm{T}} \boldsymbol{X}$ 和 $f_2(\boldsymbol{X}, \boldsymbol{W}_2) = \boldsymbol{W}_2^{\mathrm{T}} \boldsymbol{X}$，其中 $\boldsymbol{W}_2 = 2\boldsymbol{W}_1$。已知分类器 1 和分类器 2 的打分结果，计算两个分类器对当前样本的分类损失。

分类器	猫	船	汽车	损失
f_1	3.1	-2.6	**4.3**	0
f_2	6.2	-5.2	**8.6**	0

图 5-21　多个线性分类器的分类损失计算

分类器 1 的损失为

$$\max(0, 3.1 - 4.3 + 1) + \max(0, -2.6 - 4.3 + 1)$$
$$= \max(0, -0.2) + \max(0, -5.9)$$
$$= 0 + 0 = 0$$

分类器 2 的损失为

$$\max(0, 6.2 - 8.6 + 1) + \max(0, -5.2 - 8.6 + 1)$$
$$= \max(0, -1.4) + \max(0, -12.8)$$
$$= 0 + 0 = 0$$

由此可知，如果 $\boldsymbol{W}$ 能够正确分类所有样本，那么会有很多相似的 $\boldsymbol{W}$(比如 $\lambda\boldsymbol{W}$)都能正确分类样本，因此 $\boldsymbol{W}$ 不是唯一的。为了减轻模型的复杂度，引入正则化惩罚项(Regularization Penalty) $R(\boldsymbol{W})$，目的是通过向特定的权重添加偏好，对其他的不添加，来消除模糊性，还可以防止过拟合。最常见的正则化方法就是软性地限制参数的大小。常用的正则化惩罚项有 L_1 和 L_2 范数。设 L 是要最小化的目标函数，如果在目标函数上加上参数向量 $\boldsymbol{W}$ 的 L_1 范数 $\sum_k \sum_l |W_{k,l}|$，就是 L_1 正则化；如果在目标函数上加上参数向量 $\boldsymbol{W}$ 的 L_2 范数的一半 $\frac{1}{2} \sum_k \sum_l W_{k,l}^2$，就是 L_2 正则化。L_1 正则化的优点是优化后的参数向量往往比较稀疏，L_2 正

则化的优点是其正则化项处处可导。

多类 SVM 的损失函数由两部分组成：数据损失项，用于控制模型预测值与样本真实值尽可能地保持一致；正则化损失项，用于防止模型在训练集上学习得“太好”，也就是过拟合。带有正则化项的损失函数如下：

$$L=\frac{1}{N}\sum_{i=1}^{N}L_i(f(x_i,\boldsymbol{W}),y_i)+\lambda R(\boldsymbol{W}) \tag{5-44}$$

将其展开：

$$\begin{aligned}L&=\frac{1}{N}\sum_{i=1}^{N}\sum_{j\neq y_i}\max(0,S_{ij}-S_{y_i}+\varDelta)+\lambda\sum_k\sum_l W_{k,l}^2\\&=\frac{1}{N}\sum_{i=1}^{N}\sum_{j\neq y_i}\max(0,\boldsymbol{w}_j^{\mathrm{T}}x_i+b_j-(\boldsymbol{w}_{y_i}^{\mathrm{T}}x_i+b_{y_i})+\varDelta)+\lambda\sum_k\sum_l W_{k,l}^2\end{aligned} \tag{5-45}$$

式中，λ 为超参数，用来控制正则化的强度。因此，要想使得损失函数 L 的值最小，就要使得惩罚项 $R(\boldsymbol{W})$ 的值最小。该问题的最优化求解不再赘述。

引入正则化可以对大数值权重进行惩罚，提升其泛化能力，这就意味着没有哪个维度能够独自对于整体分值有过大的影响。假设输入向量 $\boldsymbol{x}=[1,1,1,1]$，两个权重向量 $\boldsymbol{w}_1=[1,0,0,0]$和 $\boldsymbol{w}_2=[0.25,0.25,0.25,0.25]$。那么 $\boldsymbol{w}_1^{\mathrm{T}}x=\boldsymbol{w}_2^{\mathrm{T}}x=1$，两个权重向量都得到同样的内积，但是 $\boldsymbol{w}_1$ 的 L_2 惩罚是 1.0，而 $\boldsymbol{w}_2$ 的 L_2 惩罚是 0.25。因此，根据 L_2 惩罚来看，$\boldsymbol{w}_2$ 更好，因为它的正则化损失更小。从直观上来看，这是因为 $\boldsymbol{w}_2$ 的权重值更小且更分散。既然 L2 惩罚趋向于更小更分散的权重向量，这就会鼓励分类器最终将所有维度上的特征都用起来，而不是强烈依赖于其中少数几个维度。在本书后面的内容中可以看到，这一效果将会提升分类器的泛化能力，避免过拟合。需要注意的是，和权重不同，偏差没有这样的效果，因为它们并不控制输入维度上的影响强度。因此，通常只对权重 $\boldsymbol{W}$ 进行正则化，而对偏差 b 不进行正则化。

5.3.3 Softmax 分类器

Softmax 分类器又被称为逻辑回归分类器(Logistic Regression)，与 SVM 分类器相比，Softmax 分类器的输出(归一化的分类概率)更加直观，可以解释为样本属于某个类别的概率。Softmax 函数定义如下：

$$P(Y=k\mid X=x_i)=\frac{\mathrm{e}^{s_{ik}}}{\sum_{j=1}^{C}\mathrm{e}^{s_{ij}}} \tag{5-46}$$

式(5-46)表示样本 x_i 属于某个类别 k 的概率，$k\in\{1,2,\cdots,C\}$，s_{ij} 表示样本 x_i 在第 j 个类别下的得分。如图 5-22 所示，输入图像猫的多类支持向量得分为$[3.2, 5.1, -1.7]^{\mathrm{T}}$，通过 Softmax 函数转化为归一化的分类概率为$[0.13, 0.87, 0.00]^{\mathrm{T}}$。

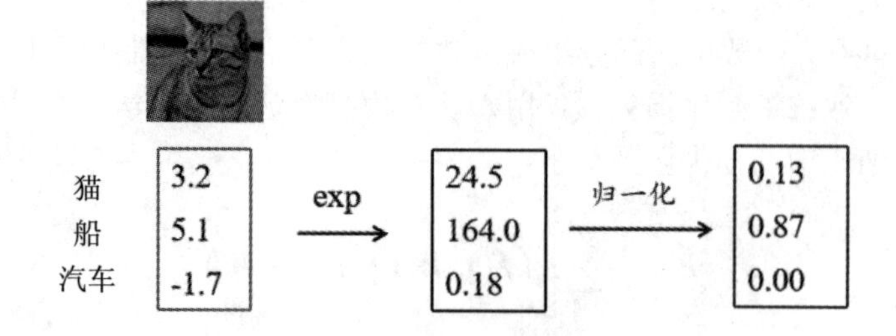

图 5-22　Softmax 计算过程

样本 x_i 的交叉熵损失如下：

$$L_i = -\log P(Y = y_i \mid X = x_i) = -\log\left(\frac{e^{s_{y_i}}}{\sum_j e^{s_{ij}}}\right) = -s_{y_i} + \log\left(\sum_j e^{s_{ij}}\right) \tag{5-47}$$

式中，y_i 表示样本 x_i 的真实标签，s_{y_i} 表示样本 x_i 的真实类别得分。

在图 5-22 中，图像猫的交叉熵损失为 $L_i = -\log(0.13) = 2.04$。

将损失函数作为优化目标，使训练样本集的损失函数最小，此时的 $\boldsymbol{W}$ 即为所求的权重值。

$$\min L(W) = \sum_{i=1}^{N} L_i = -\sum_{i=1}^{N} \log P(Y = y_i \mid X = x_i) \tag{5-48}$$

该最优化问题可以用梯度下降法来求解，这里不再赘述。

5.4　分类器预测结果评估

分类模型建立之后，就可以用来对未知类别的数据进行分类，也称为类别预测，预测结果会有以下几种情况：

A：TN = True Negative，真负，将负类预测为负类的数量；

B：FP = False Positive，假正，将负类预测为正类的数量，可以称为误报率；

C：FN = False Negative，假负，将正类预测为负类的数量，可以称为漏报率；

D：TP = True Positve，真正，将正类预测为正类的数量。

其中，A+B：Actual Negative，实际的负类数量；

C+D：Actual Positive，实际的正类数量；

A+C：Predicted Negative，预测的负类数量；

B+D：Predicted Positive，预测的正类数量。

对于预测结果的优劣评估，可以用以下几种方法来衡量：

(1) 准确率：

$$\text{accuracy} = \frac{\text{TP} + \text{TN}}{\text{TP} + \text{TN} + \text{FP} + \text{FN}}$$

(2) 错误率：

$$\text{errorrate} = 1 - \text{accuracy}$$

(3) 精确率：

$$\text{precision} = \frac{\text{TP}}{\text{TP} + \text{FP}}$$

(4) 查全率/召回率：

$$\text{recall} = \frac{\text{TP}}{\text{TP} + \text{FN}}$$

(5) F-score：

$$\text{F-score} = \frac{2\text{TP}}{2\text{TP} + \text{FP} + \text{FN}}$$

本章小结

本章介绍了传统的分类方法，包括 k-最近邻、朴素贝叶斯和 SVM 分类法。k-最近邻分类法通过不同特征之间的距离进行分类，分类结果很大程度上取决于 k 的选择。朴素贝叶斯模型发源于古典数学理论，算法简单，分类准确度高、速度快。SVM 分类法的基本思想是寻找两类样本的最优分类超平面，通过引入松弛变量(惩罚变量)和核函数，使得对线性不可分情况的处理成为可能。

课后习题

1. 分析 k-最近邻算法的计算复杂度。
2. 在多分类支持向量机中，样本 x_i 的损失 L_i 的最大值和最小值分别可取多少？
3. SVM 分类器的分类超平面取决于训练样本中的哪些样本？

第6章　神经网络基础

6.1　神经网络基本概念

神经网络既可指生物神经网络，也可指人工神经网络(Artificial Neural Networks，ANNs)，前者是生物的大脑神经元、细胞、突触所组成的网络，后者是一种模仿动物神经网络行为特征进行复杂并行信息处理的数学模型。如无特殊说明，书中所述神经网络均指人工神经网络。

一般用图6-1表示神经网络，一个简单的神经网络包括输入层、隐藏层和输出层。图6-1中的网络共由3层神经元组成，但实际上只有两层神经元(输入层和隐藏层)具有权重。在本书中，我们以实际具有权重的层数来表示神经网络的名称，如图6-1所示为2层神经网络。

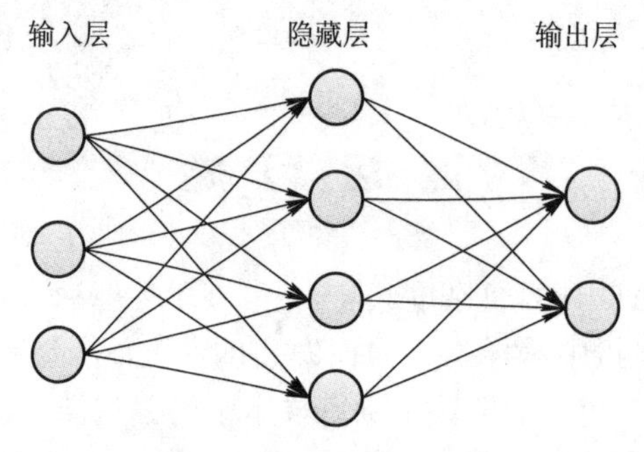

图6-1　神经网络示意图

我们知道，人工神经网络是从生物学中获得的灵感，尤其是生物的大脑神经元。每个神经元有很多树突用来接收脉冲信号，然后通过细胞体处理这些信号，接着通过轴突将处理后的信号输出。人工神经网络的结构和流程与上述过程类似，神经网络中信号的传递可用图6-2表示。

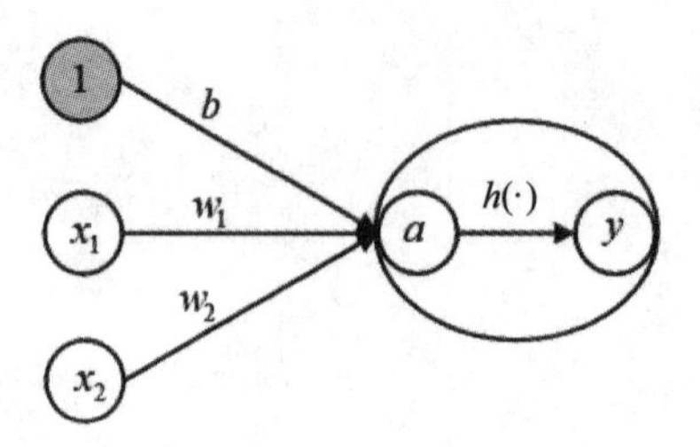

图6-2　神经网络中信号传递示意图

在图 6-2 中，神经元的输入信号为 x_1 和 x_2，输出为 y，信号的传递可用如下公式表示：

$$\begin{cases} a = b + w_1x_1 + w_2x_2 \\ y = h(a) = \begin{cases} 0 & a \leqslant \theta \\ 1 & a > \theta \end{cases} \end{cases} \tag{6-1}$$

式中，b 是偏置参数，用于控制神经元被激活的容易程度，w_1 和 w_2 分别是信号 x_1 和 x_2 的权重，用来表示各个信号的重要性。

式(6-1)表明，神经元 a 只有在输入信号的总和超过某个界限值时才被激活，输出为 1；否则不被激活，输出为 0。这个界限值称为阈值，式中用 θ 表示。函数 $h(\cdot)$用于将输入信号的总和转换为输出信号，一般称为激活函数。

6.2 激活函数

激活函数(activation function)的目的在于如何激活输入信号的总和，一般可选择阶跃函数、sigmoid 函数或 ReLU 函数等作为激活函数。

1. 阶跃函数

式(6-1)所示的激活函数以阈值为界，一旦输入信号的总和超过阈值就切换输出，这样的函数称为“阶跃函数”。为了更好地理解阶跃函数，下面给出其 Python 实现代码和相应地函数图形显示。

【代码 6-1】

```
#阶跃函数实现代码 1
def step_function(x):
if x>0:
    return 1
 else:
    return 0
```

【代码 6-2】

```
#阶跃函数实现代码 2
import numpy as np
def step_function(x):
    return np.array(x>0, dtype = np.int)
```

上面给出了两种实现阶跃函数的方法。代码 6-1 是严格按照阶跃函数的定义编写的，简单易懂，易于实现。其不足之处在于，输入 x 只能是单个整数或浮点数，不能以数组作为输入。如果要处理输入为数组的情况，如 $x = [3.0,-2.0,1.0,-0.8]$，则需循环遍历数组中的每个元素，这并不是一种聪明的编程方法。代码 6-2 采用了 Python 中的数组，输入 x 为数组。return np.array(x>0, dtype = np.int)表示 x 中大于 0 的元素将转换为 True，小于 0 的元素将转换为 False，其类型为 bool 型，np.int 将其转换为整数型，这样也可以实现阶跃函数的定义。阶跃函数的形状如图 6-3 所示，函数值在 $x = 0$ 处跃变。

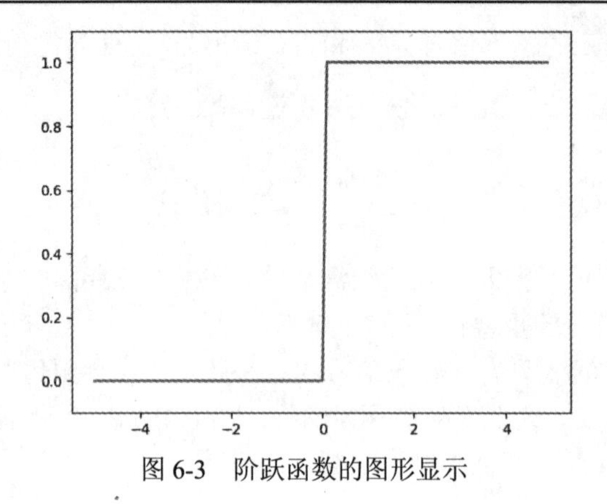

图 6-3　阶跃函数的图形显示

2. sigmoid 函数

神经网络中经常使用的一个激活函数是 sigmoid 函数，其函数表达式为

$$h(x)=\frac{1}{1+\exp(-x)} \tag{6-2}$$

sigmoid 函数形式略显复杂，其输入和输出之间的转换关系不像阶跃函数那样直观。sigmoid 函数的 Python 实现程序如代码 6-3 所示，其图形显示如图 6-4 所示。

【代码 6-3】

```
#sigmoid 函数的实现代码
import numpy as np
import matplotlib.pylab as plt
def sigmoid_function(x):
    return 1/(1+np.exp(-x))
x = np.arange(-6.0,6.0,0.1)
y = sigmoid_function(x)
plt.plot(x,y)
plt.ylim(-0.1,1.1)
plt.show()
```

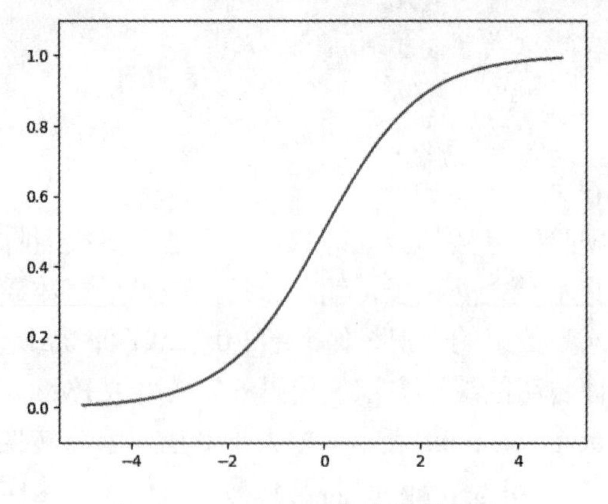

图 6-4　sigmoid 函数的图形显示

sigmoid 函数和阶跃函数的不同之处：sigmoid 函数是一条平滑的曲线，输出随着输入发生连续性的变换，而阶跃函数则在 $x=0$ 处发生跃变。也就是说，阶跃函数的输出只有 0 和 1 两个状态，用来决定输入信号是否被传输，sigmoid 函数则将输入信号的大小转换为相应的输出量。sigmoid 函数的平滑性对于神经网络具有重要意义。

虽然二者的平滑性有差别，但其总体形状具有相似性，也就是其变化趋势大致相同。当输入信号较小时，其输出值较小，当输入信号增大时，其输出值也随之增大，且二者输出均在 0 和 1 之间。

阶跃函数和 sigmoid 函数的另一共同点是均为非线性函数。神经网络的激活函数必须是非线性函数，这是因为如果使用线性函数作为激活函数，无论设置多少层隐藏层，其最终效果都是线性函数的叠加，这就使得加深神经网络的层数没有任何意义。

举个简单的例子，如果把线性函数 $h(x)=kx$ 作为激活函数构建 3 层神经网络，表示为 $y(x)=h(h(h(x)))$，这个运算相当于 $y(x)=k\times k\times k\times x$，我们可以用 $y(x)=ax$，$a=k\times k\times k$ 来替代。也就是说，采用线性函数作为激活函数的神经网络无论叠加多少层都只能解决线性问题，无法解决非线性问题，不能发挥多层网络带来的优势。

3. ReLU 函数

sigmoid 函数很早就开始应用于神经网络中，而最近较为流行的激活函数是 ReLU (Rectified Linear Unit)函数。ReLU 函数同样属于非线性函数，其在输入大于 0 时，直接输出该值；在输入小于 0 时，输出 0，可用公式表示为

$$h(x)=\begin{cases}x, & x>0\\0, & x\leqslant 0\end{cases} \tag{6-3}$$

ReLU 函数比较简单，其 Python 实现程序如代码 6-4 所示。

【代码 6-4】

```
#ReLU 函数实现代码
def relu_function(x):
    return np.maximum(0,x)
```

ReLU 函数的图形显示如图 6-5 所示。

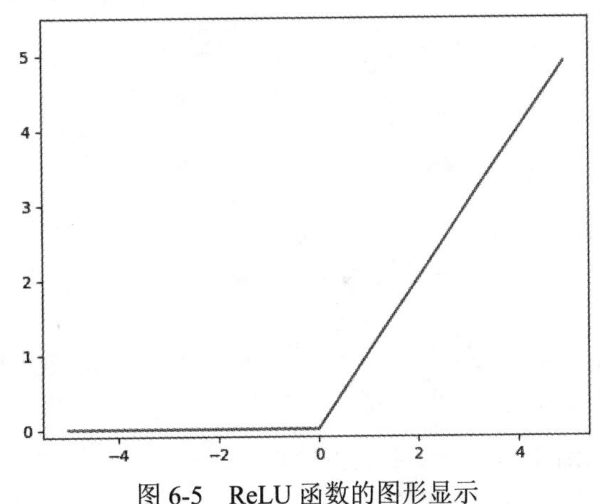

图 6-5 ReLU 函数的图形显示

6.3　神经网络设计

1. 隐藏层设计

以图 6-6 所示的 3 层神经网络为例，分析其输入到输出的前向传播过程。

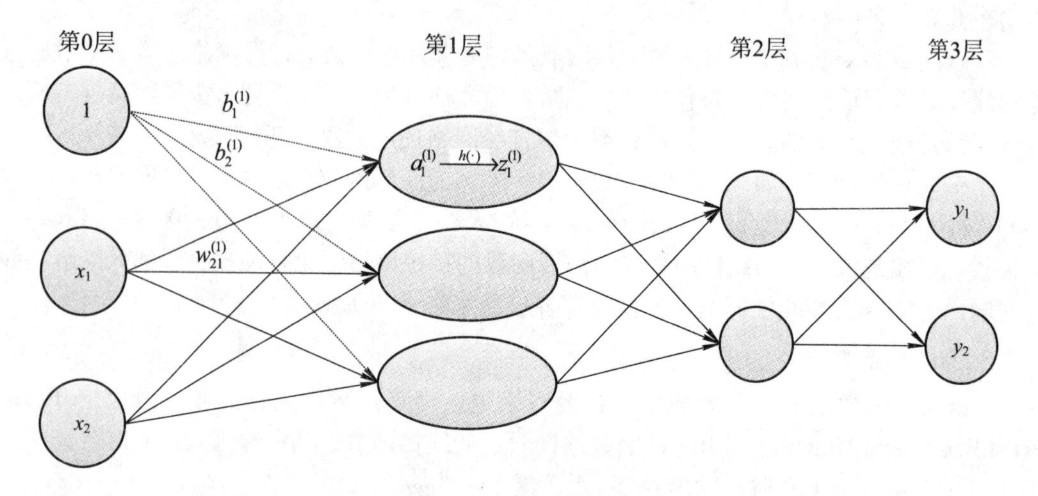

图 6-6　3 层神经网络

将输入层称为第 0 层，第一个隐藏层为第 1 层，第二个隐藏层为第 2 层，输出层为第 3 层。下面引入神经网络中的符号定义。

该神经网络中的参数为 $(W,b)=(W^{(1)},b^{(1)},W^{(2)},b^{(2)},W^{(3)},b^{(3)})$，分别表示第 1、2、3 层的权重和偏置。具体地，我们用 $w_{ij}^{(l)}$ 表示第 $l-1$ 层的第 j 个神经元与第 l 层第 i 个神经元之间的权重参数，用 $b_i^{(l)}$ 表示第 l 层第 i 个神经元的偏置项。例如，$w_{21}^{(1)}$ 表示第 0 层的第 1 个神经元与第 1 层第 2 个神经元之间的权重，$b_2^{(1)}$ 表示第 1 层第 2 个神经元的偏置项，如图 6-6 所示，读者可以尝试在图中添加其他权重。

第 1 层的 3 个神经元分为记为 $a_1^{(1)}$，$a_2^{(1)}$，$a_3^{(1)}$，可由下式获得：

$$\begin{cases} a_1^{(1)} = w_{11}^{(1)}x_1 + w_{12}^{(1)}x_2 + b_1^{(1)} \\ a_2^{(1)} = w_{21}^{(1)}x_1 + w_{22}^{(1)}x_2 + b_2^{(1)} \\ a_3^{(1)} = w_{31}^{(1)}x_1 + w_{32}^{(1)}x_2 + b_3^{(1)} \end{cases} \tag{6-4}$$

用矩阵的形式表示如下：

$$\boldsymbol{A}^{(1)} = \boldsymbol{W}^{(1)}\boldsymbol{X} + \boldsymbol{B}^{(1)} \tag{6-5}$$

其中 $\boldsymbol{A}^{(1)}=[a_1^{(1)},a_2^{(1)},a_3^{(1)}]^{\mathrm{T}}$，$\boldsymbol{W}^{(1)}=\begin{bmatrix} w_{11}^{(1)} & w_{21}^{(1)} & w_{31}^{(1)} \\ w_{12}^{(1)} & w_{22}^{(1)} & w_{32}^{(1)} \end{bmatrix}^{\mathrm{T}}$，$\boldsymbol{B}^{(1)}=[b_1^{(1)},b_2^{(1)},b_3^{(1)}]^{\mathrm{T}}$。

得到 $a_1^{(1)}$ 后，通过激活函数 $h(\cdot)$可以获得转换后的信号 $z_1^{(1)}$，也是该神经元的输出信号，在神经网络中一般采用 sigmoid 激活函数。

2. 输出层设计

从第 1 层到第 2 层的前向传播与以上过程相同，接下来重点分析从第 2 层到输出层(第 3 层)的设计。输出层的设计与之前各层传播的最大不同在于激活函数不同，在输出层一般采用恒等函数(对输入信号不加改动地输出)或 softmax 函数，具体采用什么激活函数取决于不同的任务。一般而言，分类问题(如手写字体识别、人脸识别等)采用 softmax 激活函数，而回归问题(如预测学生成绩、股票走势等)采用恒等函数。在计算机视觉任务中，多数是分类问题，因此，读者会发现在神经网络的输出层中多使用 softmax 激活函数。为了和隐藏层的激活函数区分，将输出层的激活函数记为$\sigma(\,)$。

softmax 函数将输入映射为 0～1 的实数，可作为多分类的类别概率，并且通过归一化保证输出之和为 1，多分类的概率之和也刚好为 1。softmax 函数可表示为

$$y_i = \frac{\mathrm{e}^{a_i}}{\sum_{j=1}^{n} \mathrm{e}^{a_j}} \tag{6-6}$$

式中，a_i 表示神经网络第 i 个神经元的输出，y_i 为 a_i 经过 softmax 函数之后的归一化概率值。n 为输出层神经元的个数，对应分类问题中输出类别数，如在数字的手写字体识别中，$n=10$，表示有 0～9 十种类别标记。

下面通过一个例子更好地理解 softmax 函数的特征。

【代码 6-5】

```
#softmax 函数实现代码
import numpy as np
a = np.array([0.4,3.1,6.0])
exp_a = np.exp(a)
sum_exp_a = np.sum(exp_a)
y = exp_a/sum_exp_a
print(y)
```

代码 6-5 的运行结果为[0.00866821　0.12898067　0.86235112]，可理解为 y_1 的概率约为 0.009，y_2 的概率约为 0.129，y_3 的概率约为 0.862。可以看出，第 3 个神经元的输出概率最高，因此，输出类别为 3。比较 a 和 y 的值，我们发现，其元素的大小关系并未改变，如在 a 中 a_3 最大，在 y 中 y_3 的概率最大，这是因为指数函数是单调递增的。

为什么要引入 softmax 函数呢？我们知道机器学习可以分为学习和推理(也称为训练和测试)两个阶段，在学习阶段根据训练数据学习分类模型，在测试阶段利用学习到的模型对测试样本进行分类。softmax 函数与神经网络的学习有关，在测试阶段一般省略输出层的 softmax 函数，不会影响测试结果。

6.4 损失函数

神经网络的学习主要是利用训练数据自动获取神经网络中的最优权重参数。为此我们引入损失函数(Loss function)的概念，损失函数可用来衡量预测值与目标值之间的差距，通

过最小化损失函数来优化权重设置。损失函数有多种，在神经网络中常用的是均方误差(Mean Squared Error)和交叉熵误差(Cross Entropy Error)两种。

1. 均方误差

以分类问题为例，均方误差可定义如下：

$$\mathrm{MSE}=\frac{1}{2n}\sum_{i=1}^{n}(y_i-g_i)^2 \tag{6-7}$$

式中，n 表示数据的维度，分类问题中也可理解为类别数量。如在手写字体识别中，针对数字的分类，有 0～9 共 10 类，则 $n=10$；针对英文字母的分类，有 a～z 共 26 种，则 $n=26$。i 表示第 i 维数据，y_i 表示神经网络输出的第 i 维数据的预测值，g_i 表示第 i 维数据的真实值。MSE 表示了预测值 y 和真实值 g 之间的差异。如在数字的手写字体识别中，样本的真实值 $g=(0,0,0,1,0,0,0,0,0,0)$，只有正确类别的标签为 1，其余类别的标签均为 0，也称为 one-hot 编码，上述真实值表示该样本为 3。

下面以两个预测值 y 和 y'为例，说明损失函数的含义。预测值 $y=(0.02,0,0,0.86,0,0,0,0,0.11,0)$，表示神经网络预测该样本属于 3 的概率最大，为 0.86，即神经网络模型正确地预测了该样本的类别。预测值 $y'=(0,0,0,0.36,0,0,0,0,0.6,0.04)$，样本属于 8 的概率最大，为 0.6，说明样本被错误地预测为 8。利用式(6-7)计算 y 和 y' 的 MSE 分别为 0.0016 和 0.0386，可见 y 的损失值更小，更接近真实值。

2. 交叉熵误差

交叉熵误差定义如下：

$$E=-\sum_{i=1}^{n}g_i\log y_i \tag{6-8}$$

式中，n、g_i 和 y_i 的含义与公式(6-7)相同，log 表示以 e 为底的自然对数。以均方误差中的数据为例，$g=(0,0,0,1,0,0,0,0,0,0)$是真实类别标签。容易看出，在交叉熵误差中只输出正确标签对应的预测值的自然对数，错误标签对应的自然对数将被抑制。如预测值 $y=(0.02,0,0,0.86,0,0,0,0,0.11,0)$，$y'=(0,0,0,0.36,0,0,0,0,0.6,0.04)$，其对应的交叉熵误差分别为 0.1508 和 1.0217。

6.5 梯度下降

1. 梯度下降的基本思想

在通过最小化损失函数求解神经网络的参数值时，由于参数数量较大，很难获得解析解，一般采用梯度下降法迭代求解，可得到最小化的损失函数值和最优的模型参数值。在机器学习中，基于基本的梯度下降法演化出了两种梯度下降方法，分别为随机梯度下降法和批量梯度下降法。

为了说明梯度下降的基本原理，以模型 $f(x)=ax+b$ 为例，采用最小化均方误差作为损失函数，通过梯度下降法迭代求取 a, b 的最优解。这是一个学习的过程，需要一些训练样本，即已知样本 x 及其对应的类别标签 y。损失函数可表示为

$$L(a,b)=\frac{1}{2m}\sum_{i=1}^{m}(y_i-f(x_i))^2 \tag{6-9}$$

式中，m 为样本数量，$f(x)$ 为模型预测值，y 为样本真值，$L(a,b)$表示模型参数取值为 a 和 b 时，预测值和真值之间的损失函数。学习的目标是通过更新 a 和 b 的值最小化损失函数 $L(a,b)$。给定一组训练数据，可以画出 $L(a,b)$的函数图，如图 6-7(a)所示，在三维空间中存在一个使得 $L(a,b)$最小的点。

为方便分析，可画出图 6-7(a)的俯视图，也称为等高线图，如图 6-7(b)所示，在同一等高线上的点具有相同的 $L(a,b)$值。那么，如何才能获得 $L(a,b)$的最小值呢？

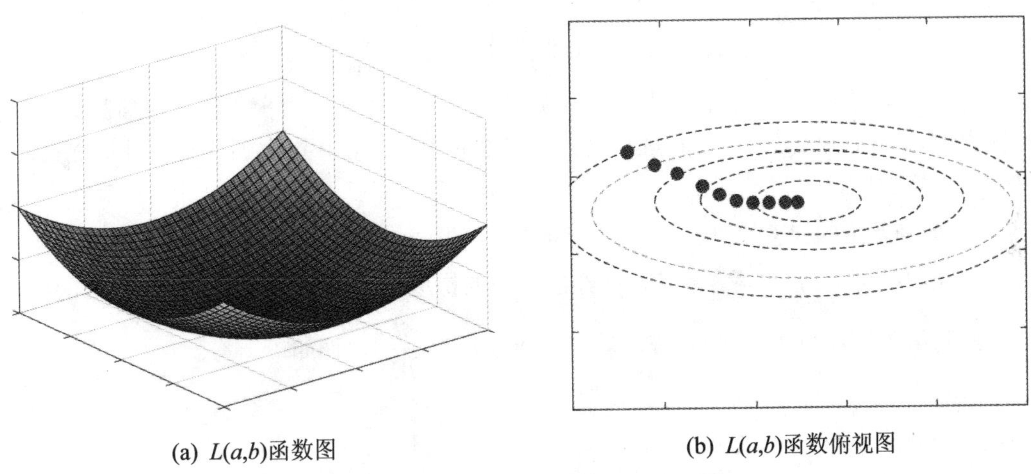

(a) $L(a,b)$函数图　　(b) $L(a,b)$函数俯视图

图 6-7　损失函数 $L(a,b)$函数图及俯视图

梯度下降是一种用来求函数最小值的算法，可使用梯度下降法求出损失函数 $L(a,b)$的最小值。梯度下降的思想是，随机选择一个参数的组合(a,b)，计算其对应的损失函数，如图 6-7(b)中等高线最外层黑点位置，然后寻找一个能让损失函数下降最多的参数组合，持续更新(a,b)的值，直到损失函数收敛于最优点，即图 6-7(b)中等高线的最里层。

需要说明的是，在复杂的情况下，损失函数可能存在多个局部最优解，如图 6-8 所示。想象你站在山的顶点上，在梯度下降法中，我们要做的是旋转 360 度，看看周围在哪个方向上下山最快，梯度定义为损失函数 $L(a,b)$对参数 a,b 的偏导数，我们知道沿梯度负方向函数值下降最快，因此沿梯度负方向前进一小步；然后再一次想想，应该从什么方向下山，再迈出一小步；重复上面的步骤，直到接近局部最优点。梯度下降可用伪码描述如下：

Repeat until convergence{

$$a=a-\alpha\frac{\partial}{\partial a}L(a,b)$$

$$b=b-\alpha\frac{\partial}{\partial b}L(a,b)$$

}

注意：这里的等号表示赋值，即将沿梯度方向下降之后的 a 值再赋给 a。

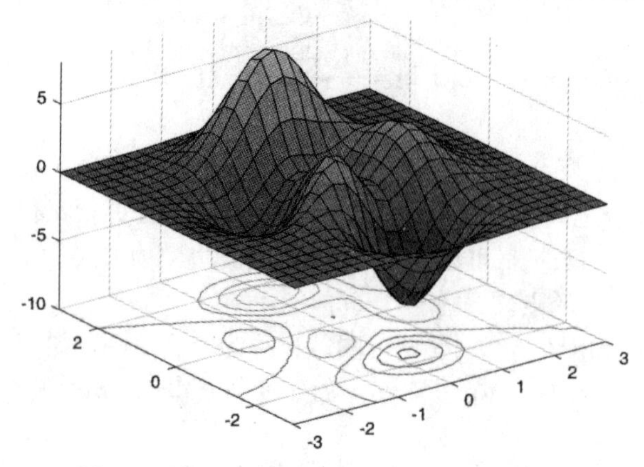

图 6-8　损失函数存在多个局部最优解的情况

另一个问题是，以多大的步长下山，每次走一小步还是一大步，这个由参数α控制，α称为学习率(learning rate)。α过小会导致算法收敛过慢，α过大则容易错过最优点，得到一个发散的值。

2. 神经网络的梯度

神经网络可记为$f = \boldsymbol{WX} + \boldsymbol{B}$，神经网络中的梯度是指损失函数关于权重参数的梯度。设神经网络的权重为 2 × 3 的矩阵，其梯度可表示为$\dfrac{\partial L}{\partial \boldsymbol{W}}$，形如：

$$
\begin{cases}
\boldsymbol{W} = \begin{bmatrix} w_{11} & w_{12} & w_{13} \\ w_{21} & w_{22} & w_{23} \end{bmatrix} \\
\dfrac{\partial L}{\partial \boldsymbol{W}} = \begin{bmatrix} \dfrac{\partial L}{\partial w_{11}} & \dfrac{\partial L}{\partial w_{12}} & \dfrac{\partial L}{\partial w_{13}} \\ \dfrac{\partial L}{\partial w_{21}} & \dfrac{\partial L}{\partial w_{22}} & \dfrac{\partial L}{\partial w_{23}} \end{bmatrix}
\end{cases}
\tag{6-10}
$$

可见，$\dfrac{\partial L}{\partial \boldsymbol{W}}$和$\boldsymbol{W}$具有相同的维度，$\dfrac{\partial L}{\partial w_{11}}$表示$w_{11}$变化时，损失函数$L$发生的变化。求出神经网络的梯度后，接下来根据梯度下降法更新权重参数即可。

3. 算法学习步骤

前面已经介绍了神经网络的基础知识，包括激活函数、损失函数、梯度下降等，接下来进一步明确神经网络学习的步骤。这里所说的“学习”是指调整权重和偏置以便拟合训练数据的过程，分为以下 4 个步骤：

(1) 从训练数据中随机选出一部分数据，这部分数据称为 mini-batch；

(2) 计算 mini-batch 的损失函数，学习的目标是最小化该损失函数；

(3) 计算梯度，求出各个权重参数的梯度；

(4) 沿梯度方向更新参数；

(5) 重复步骤(2)、(3)、(4)，直到收敛。

在上述步骤(1)中，采用 mini-batch 的原因在于，在整个数据集上针对全部数据样本进行损失函数求和是不现实的，因此每次迭代可从训练集中随机获取固定数量的样本，即 mini-batch，在 mini-batch 上进行损失函数求和、梯度计算和参数更新是可行的。

6.6 神经网络反向传播

在 6.5 节中介绍了梯度下降算法，知道了损失函数沿梯度负方向下降最快，利用梯度下降算法可以使损失函数尽快地收敛到局部最优解。在理论上是可以求出损失函数 L 关于权重参数 $\boldsymbol{W}$ 的偏导数 $\frac{\partial L}{\partial \boldsymbol{W}}$ 的，然而，由于直接进行导数运算的计算量较大，在特征向量维数超过 1000 维的情况下，一般不直接使用解析方式求偏导数，而是采用反向传播算法快速求解偏导数。下面通过一个例子说明反向传播算法是如何计算偏导数的。

6.6.1 链式法则和反向传播

先从一个简单的例子说起，假设有函数 $f(x,y,z)=(x+y)\times z$，给定 x、y、z 的值，计算函数值 f。这是一个非常简单的问题，但是为了说明链式法则和反向传播，我们通过如图 6-9 所示的计算图方式进行求解。

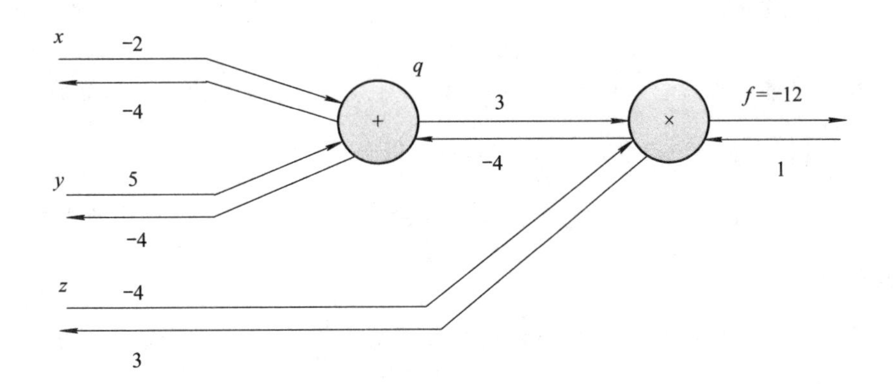

图 6-9 链式法则示意图

根据计算图的正向传播，很容易计算出 $f=-12$。接下来，如果想知道 x 值的变化在多大程度上影响最终的函数值，即求“函数 f 关于 x 的导数”，应该如何做呢？将这个问题对应到神经网络的学习中，可以理解为权重参数 $\boldsymbol{W}$ 的变化在多大程度上影响损失函数的值，即求偏导数 $\frac{\partial L}{\partial \boldsymbol{W}}$。

为方便求解，将加法节点记为 q，即

$$q=x+y$$
$$f=q\times z$$

由导数计算公式可知，$\frac{\partial q}{\partial x}=1$，$\frac{\partial q}{\partial y}=1$，$\frac{\partial f}{\partial q}=z=-4$，$\frac{\partial f}{\partial z}=q=3$，即已知 $\frac{\partial f}{\partial q}$ 和 $\frac{\partial q}{\partial x}$，

求 $\frac{\partial f}{\partial x}$。用链式法则求解如下：

$$\frac{\partial f}{\partial x}=\frac{\partial f}{\partial q}\frac{\partial q}{\partial x}=-4\times 1=-4$$

这表示 x 的值每增加 1，函数值 f 减少 4。同样，可求函数 f 关于 y 的导数 $\frac{\partial f}{\partial y}$。需要说明的是，反向传播的初始梯度为 $\frac{\partial f}{\partial f}=1$，为了方便我们经常省略这一步骤。所有节点的梯度均标注在如图 6-9 所示的反向传播连接线的下方。

接下来，我们分析一下 sigmoid 函数的反向传播过程，sigmoid 函数形式如下：

$$y=\frac{1}{1+\exp(-x)} \tag{6-11}$$

因此，正向传播中输入 $x=1$，输出 $y=0.73$。

如图 6-10 所示，sigmoid 函数反向传播过程如下：

① 反向传播的初始梯度为 1，反向传播中第一个节点 $f(x)=1/x$ 的导数为 $\frac{\partial f}{\partial x}=-\frac{1}{x^2}$，故经过该节点后，梯度为 $1\times\left(-\frac{1}{1.37^2}\right)=-0.53$；

② 反向传播中第二个节点 $f(x)=1+x$，其导数为 $\frac{\partial f}{\partial x}=1$，该导数为常数，其值与 x 无关，故经过该节点后，梯度为 $-0.53\times 1=-0.53$；

③ 反向传播中第三个节点 $f(x)=\mathrm{e}^x$，其导数为 $\frac{\partial f}{\partial x}=\mathrm{e}^x$，经过该节点后，梯度为 $-0.53\times\mathrm{e}^{-1}=-0.2$；

④ 反向传播中第四个节点 $f(x)=-x$，其导数为 $\frac{\partial f}{\partial x}=-1$，该导数为常数，其值与 x 无关，故经过该节点后，梯度为 $-0.2\times(-1)=0.2$。

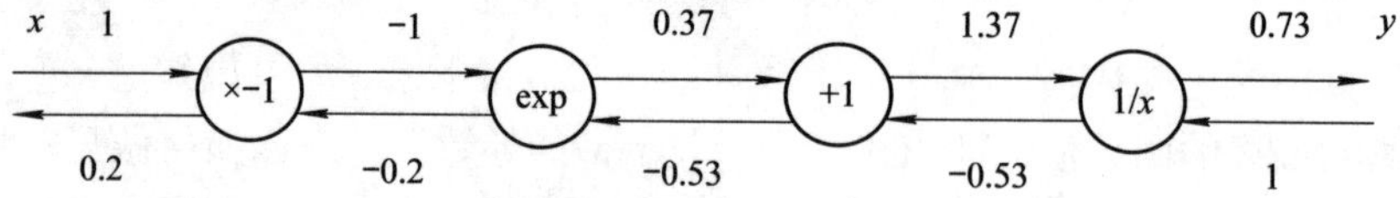

图 6-10　sigmoid 函数反向传播示例

对上述过程进一步抽象，可得出 sigmoid 函数梯度反向传播的一般形式，如图 6-11 所示。

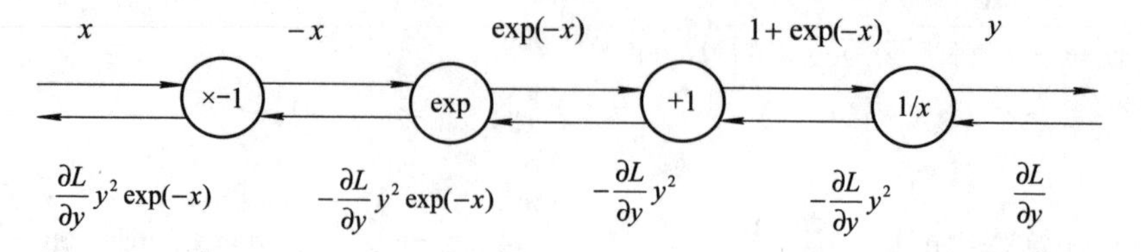

图 6-11　sigmoid 函数反向传播的一般形式

这里，反向传播的初始梯度为$\dfrac{\partial L}{\partial y}$，可以理解为 y 的变化在多大程度上影响损失函数 L。通过反向传播，进而得出 x 的变化如何影响 L。初始梯度经过节点 $1/x$ 后的梯度为 $\dfrac{\partial L}{\partial y}\dfrac{\partial y}{\partial x}=\dfrac{\partial L}{\partial y}\dfrac{\partial\left(\dfrac{1}{x}\right)}{\partial x}=-\dfrac{\partial L}{\partial y}\dfrac{1}{x^2}=-\dfrac{\partial L}{\partial y}y^2$。注意，在该节点 $y=1/x$。其余节点的反向传播与此类似，读者可自行推导。

由图 6-11 可知，sigmoid 函数反向传播的输出为 $\dfrac{\partial L}{\partial y}y^2\exp(-x)$，也就是说，根据正向传播的输入和输出即可计算出反向传播的结果，可将上式进一步整理为

$$
\begin{aligned}
\frac{\partial L}{\partial y}y^2\exp(-x)&=\frac{\partial L}{\partial y}\frac{1}{(1+\exp(-x))^2}\exp(-x)\\
&=\frac{\partial L}{\partial y}\frac{1}{1+\exp(-x)}\frac{\exp(-x)}{1+\exp(-x)}\\
&=\frac{\partial L}{\partial y}y(1-y)
\end{aligned}
\tag{6-12}
$$

在实现 sigmoid 层反向传播的时候，可以省略图 6-11 中的细节，直接用式(6-12)计算。

6.6.2　信号前向传播和误差反向传播

以图像分类的任务为例，神经网络中的前向传播是指输入信号(图像)到输出类别(预测类别)的传播过程，反向传播则是以预测类别和真实类别之间的误差为起点，反向计算各层误差，进而快速计算出损失函数对各层权重的偏导，达到用梯度下降法更新权重的目的。反向传播和前向传播的流程类似，只是方向不同，为了更好地理解反向传播，这里把前向传播和反向传播一起来讲。

如图 6-12 所示，这是一个节点数为 2，2，2，1 的 3 层神经网络(只有 3 层有权重)，除输出层外，每层还有一个偏置节点。以 $a_1^{(2)}$ 为例，其值为前一层 3 个节点的加权和，即为

$$a_1^{(2)}=w_{10}^{(2)}+w_{11}^{(2)}a_1^{(1)}+w_{12}^{(2)}a_2^{(1)} \tag{6-13}$$

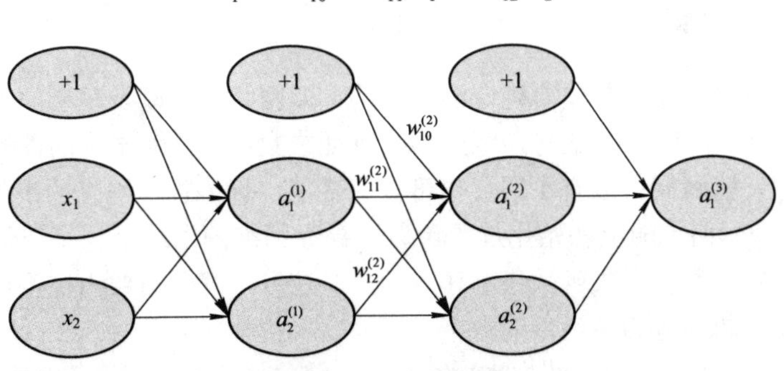

图 6-12　前向传播

顾名思义，反向传播是指从输出层开始计算误差，然后返回前一层计算第 2 隐藏层的误差，然后是第 1 隐藏层。需要说明的是，输入层的误差不需要计算，因为输入层以训练

集中的数据为输入，不存在误差。

设 $\delta_j^{(l)}$ 表示第 l 层第 j 个节点的误差，则对于输出层(第 3 层)，$\delta_j^{(3)} = a_j^{(3)} - y_j$，如果用向量的方式表示输出层的误差，可表示为 $\delta^{(3)} = a^{(3)} - y$。其中，$a^{(3)}$ 表示神经网络输出值，y 表示训练样本真值，$\delta^{(3)}$ 表示预测值和真值之间的误差。需要说明的是，这里为了简化问题采用了真值和预测值之差这种简单的误差计算方式，实际计算中可以采用之前介绍的均方误差或交叉熵损失函数。如图 6-13 所示，按照误差反向传播理念，输出层的误差为 $\delta_1^{(3)}$，第二层节点 $a_2^{(2)}$ 的输出误差 $\delta_2^{(2)}$ 和第一层节点 $a_2^{(1)}$ 的输出误差 $\delta_2^{(1)}$ 可由反向传播给出：

$$\begin{cases} \delta_2^{(2)} = w_{12}^{(3)} \cdot \delta_1^{(3)} \\ \delta_2^{(1)} = w_{12}^{(2)} \cdot \delta_1^{(2)} + w_{22}^{(2)} \cdot \delta_2^{(2)} \end{cases} \tag{6-14}$$

可见，反向传播与前向传播过程类似，只是方向不同，其权重也与前向传播中的权重相同。

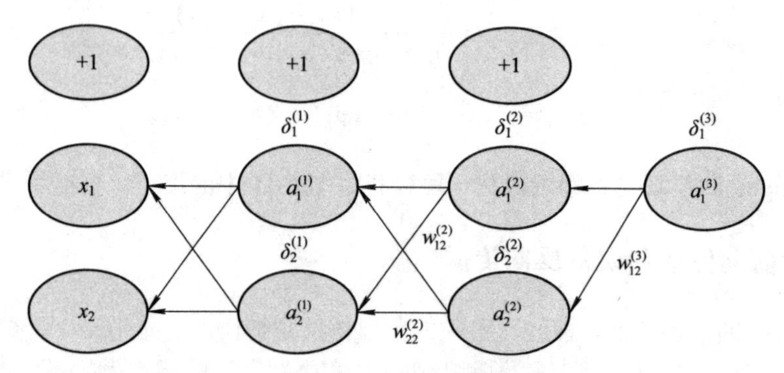

图 6-13　误差反向传播

至此，我们已经通过反向传播计算出每层各个节点的误差。可证明：

$$\frac{\partial}{\partial w_{ij}^{(l)}} L(\boldsymbol{W}) = a_j^{(l)} \delta_i^{(l+1)} \tag{6-15}$$

其中，$a_j^{(l)}$ 可由前向传播获得，$\delta_i^{(l+1)}$ 由反向传播获得，这样就可以快速计算偏导数。

6.6.3　神经网络训练

要训练一个神经网络，首先要确定网络结构，即网络层数以及每层的神经元个数。一般情况下，输入层的神经元个数与训练数据的特征维数相同，输出层的神经元个数由要区分的类别数确定，隐藏层可以有 1 层，也可以有多层。训练神经网络的步骤如下：

(1) 构建神经网络，随机初始化权重参数。神经网络的训练是一个迭代求精的过程，通过不断优化权重参数使损失函数最小化。因此，在算法开始需要为权重设置初始值，一般情况下初始值随机设置为接近零的数字。

(2) 前向传播，对于每个训练样本(x,y)，通过前向传播计算每层的激励值 a 和最终输出 $f(x)$。

(3) 根据神经网络预测值 $f(x)$和样本真实值 y 计算损失函数 $L(\boldsymbol{W})$。

(4) 反向传播，计算偏导数 $\frac{\partial}{\partial w_{ij}^{(l)}}L(\boldsymbol{W})$。

(5) 利用梯度下降法，最小化损失函数 $L(\boldsymbol{W})$，此时的权重参数 $\boldsymbol{W}$ 即为训练所得的神经网络模型。

以上为神经网络训练的一般步骤，还有两点需要说明。一是很多时候在步骤(4)之后会执行梯度检查，测试利用反向传播计算的偏导数是否与数值方法计算的偏导数基本接近。通过梯度检查确保反向传播得到的结果是正确的。梯度检查完成后，要把该部分代码禁用，因为采用数值方式计算偏导数非常耗时。二是一般情况下损失函数 $L(W)$为非凸函数，也就是梯度下降算法很可能收敛于局部最小值，而非全局最小值，但这不影响神经网络在实际应用中的表现。

本 章 小 结

本章重点介绍了神经网络基础以及关键技术点，如激活函数、网络设计、损失函数、梯度下降、反向传播等。该章内容是卷积神经网络的基础，其中很多的设计思想和技术在卷积神经网络中同样适用。

课 后 习 题

1. 书中式(6-7)给出了多维度样本(维度为 n)的均方误差计算公式，未考虑样本数量；式(6-9)给出了多样本(样本数量为 m)均方误差计算公式，未考虑样本维度。试给出多维多样本数据集的均方误差计算公式，设样本数量为 m，每个样本维度为 n。

2. 习题图 1 中的运算流图包括加法、乘法和取最大值，在方块中填入数字，完成反向传播。

注：为了简便，图中只给出了正向传播的箭头，省略了反向传播箭头，线条上面的数字为正向传播的数值，线条下方的数字或方框为反向传播数值。

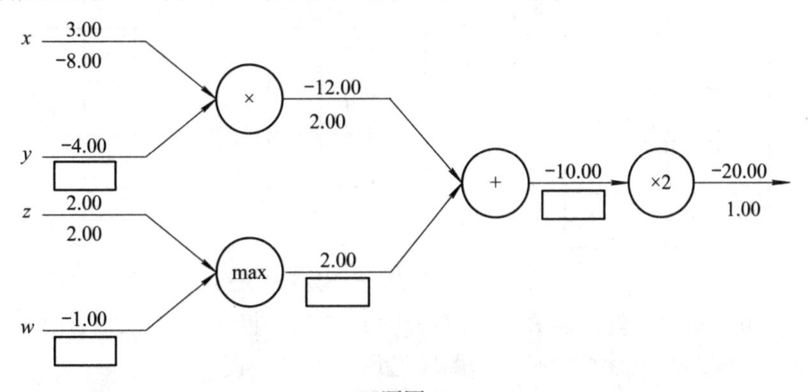

习题图 1

3. 神经网络输出层采用什么激活函数要根据求解问题的性质决定，那么，求解回归问题、二元分类问题、多元分类问题分别宜采用什么样的激活函数？

第 7 章　卷积神经网络的基本概念

20 世纪 60 年代，Hubel 和 Wiesel 在研究猫脑皮层中用于局部敏感和方向选择的神经元时，发现其独特的网络结构可以有效地降低反馈神经网络的复杂性，进而提出了卷积神经网络(Convolutional Neural Networks，CNN)的概念。卷积神经网络可以模仿人脑神经元对外界事物的认知过程，对神经网络模型进行连续训练，使神经网络模型可以像人脑一样识别特定的事物。卷积神经网络模型通常建立在前馈神经网络模型基础上，只是将隐藏层换成了卷积层、池化层和全连接层。

7.1　卷　积　层

卷积层是卷积神经网络的核心之一，其主要作用是从原始数据中提取出特征。对图像的每一个像素点，计算它的邻域像素和卷积核的对应元素的乘积，然后加起来，即为该像素位置的值。单通道图像的卷积运算过程如图 7-1 所示，用一个 3×3 的卷积核在大小为 5×5 的图像上以步长为 1 进行滑动，重复相同的点积计算操作，得到 3×3 的结果，该结果称为卷积特征(Convolved Feature)。如何计算卷积特征呢？设输入图像大小为 $n\times n$，卷积核大小为 $f\times f$，卷积核滑动步长为 1，那么输出的特征图大小为$(n-f+1)\times(n-f+1)$。一般情况下，卷积核的大小 f 取奇数。卷积核是一个核矩阵 $\boldsymbol{W}$，$\boldsymbol{W}$ 中各个元素的值正是进行模型训练时要训练的参数，即卷积神经网络的主要任务就是学习出卷积核。

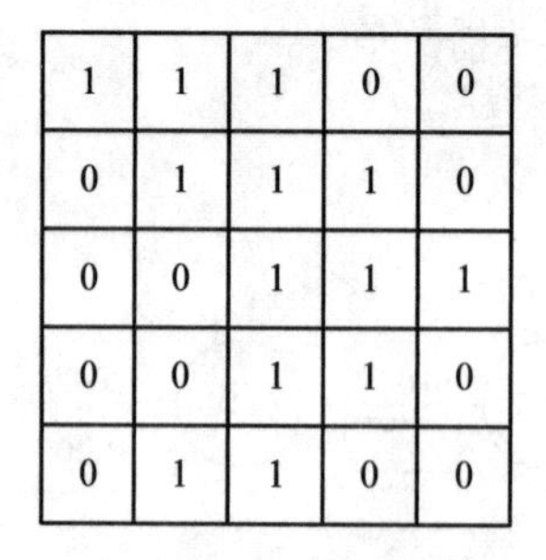

1	1	1	0	0
0	1	1	1	0
0	0	1	1	1
0	0	1	1	0
0	1	1	0	0

*

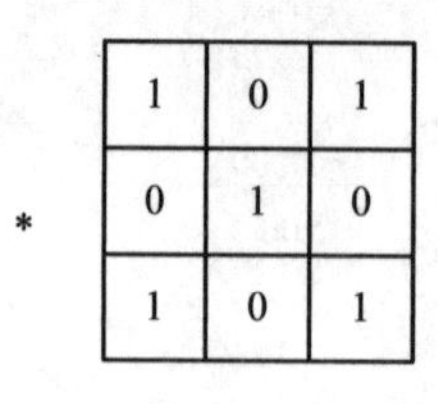

1	0	1
0	1	0
1	0	1

=

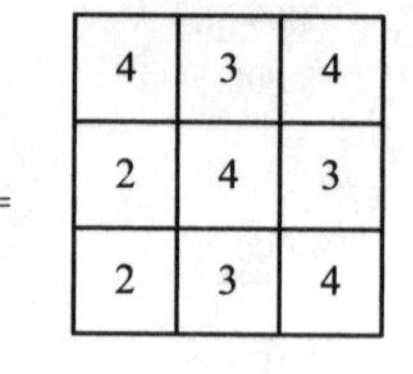

4	3	4
2	4	3
2	3	4

图 7-1　单通道图像卷积运算过程

如果输入为 RGB 图像(包含 R、G、B 三个通道)，则对应的卷积核也要变成三通道，也就是说，卷积核的通道数必须时刻与图像通道数保持一致。

RGB 图像的卷积运算过程如图 7-2 所示(为计算方便，设图像各通道值相同，卷积核各通道值也相同)，假设输入图像是 $4\times4\times3$ 的矩阵，与 $2\times2\times3$ 的卷积核进行卷积运算，步长为 1，从矩阵的左上角的第一个元素开始，截取与卷积核相同大小的 $2\times2\times3$ 的矩阵，然后将截取的矩阵与卷积核中对应位置的参数一一相乘，再相加，得到 1 × 1 × 3 的输出数据，不断重复上述步骤，每次向后移动一个单位，得到 3 × 3 × 3 的特征图，最后的输出为三通道特征图对应位置元素相加的和。

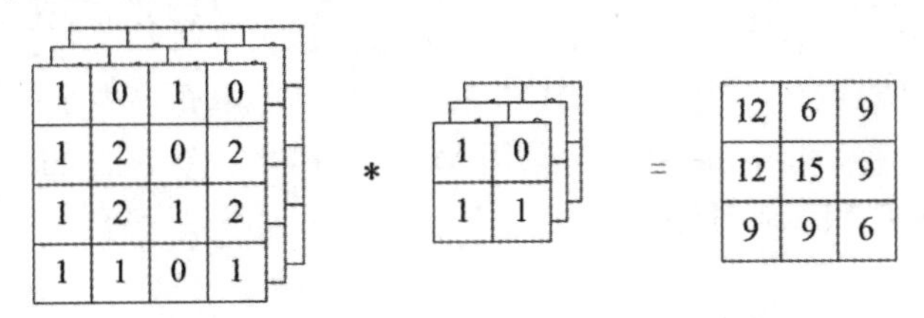

图 7-2　RGB 图像卷积运算过程

在卷积神经网络中通常会使用多层卷积层来得到更深层次的特征图，浅层卷积层易于提取到物体的细节信息，如纹理、边缘等，深层卷积层则提取物体的抽象特征，如轮廓、形状、位置等。一个具体的例子如图 7-3 所示，采用 VGG 19 网络提取图像特征，在图 7-3 中，最左边为原图，向右依次为第 1 卷积层到第 5 卷积层输出的特征图。可见，浅层网络的输出包含更多的细节特征，层数越深，提取的特征越抽象，也越具代表性。

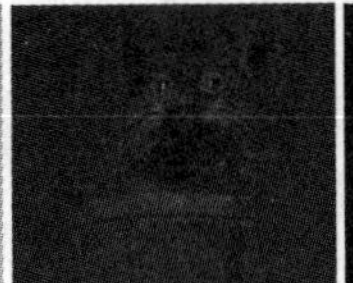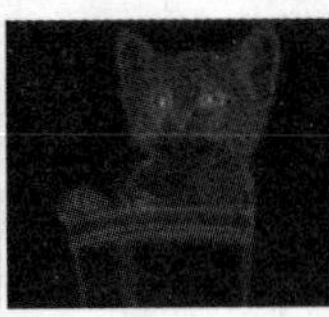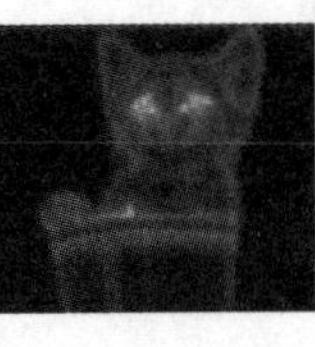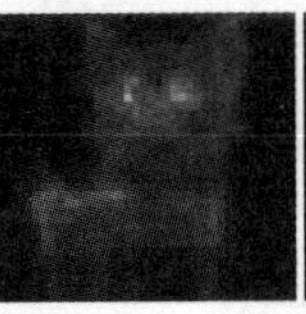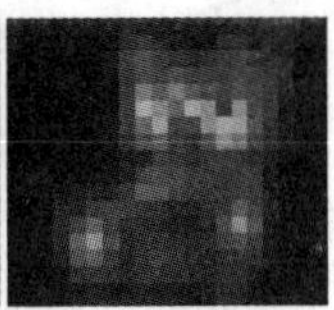

图 7-3　不同卷积层输出的特征图

1. 填充

由上面的卷积运算可知，卷积运算会带来以下两个问题：

(1) 每次卷积运算之后图像都会缩小，多次卷积后图像可能会变得很小，这会导致当网络模型深度过深时，出现卷积神经网络无法训练的情况。

(2) 会丢掉边缘像素的重要信息。处在边缘处的像素点，只会被卷积核覆盖一次，参与卷积一次，而处在中间位置的像素点却被卷积核覆盖多次，进行了多次卷积运算。因此位于边缘的像素点在整个过程中被采用的机会相对较少，易导致边缘像素信息的丢失。

为了解决这些问题，可以在卷积操作之前填充输入的图像，即在原图像边缘上进行行列填充，一般也叫作补零(因为大多数时候添加的元素都是 0)，如图 7-4 所示。这样就可以使得卷积运算之后图像的大小不会发生改变，这种在边缘增加像素点的操作就叫做填充(padding)。

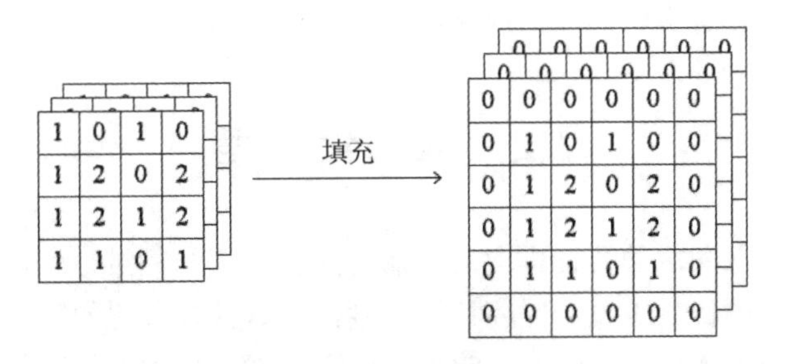

图 7-4　在图像边缘处进行行列填充

在图 7-4 中，$p = 1$，也就是在图像周围都填充了一个 0，图像大小由原来的 4×4 变成 6×6。如果采用 3×3 的卷积核，以步长为 1 对原图像进行卷积操作，则卷积之后的特征图大小为 2×2。将同样的卷积操作应用于填充之后的图像，所得卷积特征图大小为 4×4。也就是说，经过填充之后，卷积特征图变小、边缘信息丢失等缺陷得到了改善。

填充值 p 可以任意取值，也可以选择填充 2 个。对于填充多少个像素值，通常有两种选择，分别为 Valid 卷积和 Same 卷积，采用 Valid 卷积意味着 No padding，也就是一般的卷积。若采用 Same 卷积，则卷积之后输出大小与输入大小是一样的。

2. 卷积步长

以上运算都是基于步长为 1 的情况，下面考虑步长为 2 的情况，如图 7-5 所示。

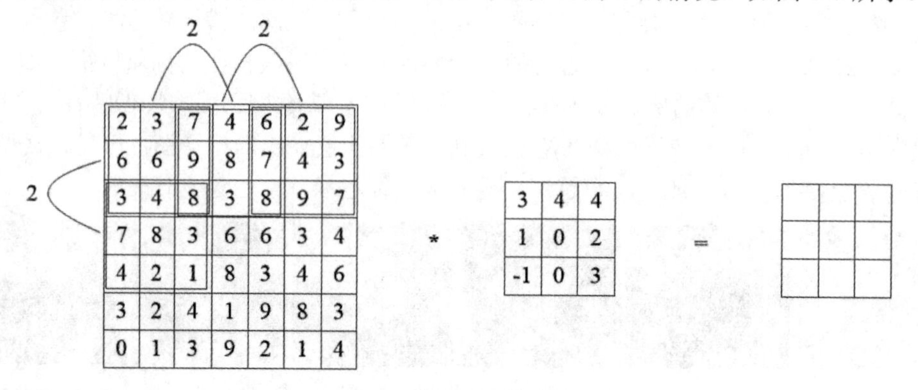

图 7-5　步长为 2 的卷积运算过程

卷积运算后得到的特征图的尺寸可用下式计算：

$$\begin{cases} f_{\mathrm{h}} = \dfrac{\mathrm{input}_{\mathrm{h}} + 2\times p - k_{\mathrm{h}}}{s} + 1 \\ f_{\mathrm{w}} = \dfrac{\mathrm{input}_{\mathrm{w}} + 2\times p - k_{\mathrm{w}}}{s} + 1 \end{cases} \tag{7-1}$$

式中，f_{h}、f_{w} 分别表示输出特征图的高和宽，$\mathrm{input}_{\mathrm{h}}$、$\mathrm{input}_{\mathrm{w}}$ 分别表示输入图像的高和宽，k_{h}、k_{w} 分别表示卷积核的高和宽，p 表示填充大小，s 表示步长。在图 7-5 中，$\mathrm{input}_{\mathrm{h}} = 7$，$p = 0$，$k_{\mathrm{h}} = 3$，$s = 2$，可得 $f_{\mathrm{h}} = 3$，f_{w} 的计算与此类似。

从上面的卷积运算过程可以看出，卷积操作是一种局部操作，即通过一定大小的卷积核感知图像中的一些局部区域，获取局部区域的特征。这些卷积核都包含在卷积神经网络模型的卷积层中，可以随着训练而不断进行优化，在训练过程中不断优化权重参数，使得特征提取朝着有利于分辨事物的方向前进。

7.2　池　化　层

在卷积层完成输入图像的特征提取后，输出的特征图像的维数仍然很高，这时，可以使用池化层降低输出图像的维度，提高计算速度，同时提高所提取特征的鲁棒性。池化层主要是通过降采样的方式进行，降维后的图像数据依然能保留原始特征信息。池化层的池化处理通常分为两种类型，即最大池化和平均池化，下面以如图 7-6 所示数据来说明这两种池化处理方法。

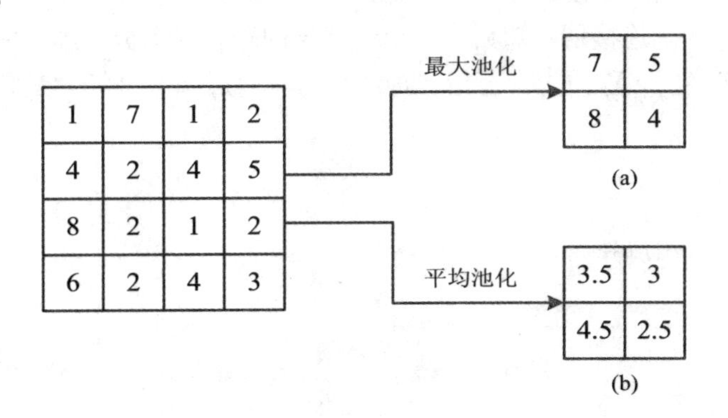

图 7-6　池化原理

假设输入数据为 4×4 大小的图像，池化窗口大小 $f=2$，池化步长 $s=2$，将输入图像划分为 4 个子图像，最大池化就是将每个子图像中的最大值提取出来，形成一个新的图像，如图 7-6(a)所示；平均池化就是取每个子图像中的所有元素的平均值，形成一个新的图像，如图 7-6(b)所示。

池化的参数包括池化窗口大小 f 和步长 s，常用的参数值为 $f=2$，$s=2$，其效果相当于把特征图的高度和宽度缩减一半，在池化过程中，没有需要学习的参数，只是计算神经网络某一层的静态属性。

池化层的作用是对输入图像进行降维和抽象处理，而且池化层具有特征不变性，某些局部特征对于卷积神经网络并不重要，可以忍受这些特征的细小偏移，这样可以使模型在训练时具有更好的鲁棒性。由于池化的降采样作用，可以对输入的数据进行降维处理，从而减少整个网络模型的参数。

7.3　激　活　层

卷积神经网络中的激活层可采用 tanh、ReLu、LeakyReLu 等激活函数来实现。激活函数又称非线性映射函数，它能将数据输入前的线性关系转化为输入输出之间的非线性函数映射关系，使卷积神经网络不仅能拟合线性关系，还能用于比较复杂的非线性问题，这使得卷积神经网络的多重网络结构更加实用。

激活层是卷积神经网络必不可少的组成部分。如果在一个卷积神经网络模型中没有激活层，而只有卷积层和池化层，会导致多层网络结构就是几个线性层的简单叠加，只能起到线性映射的作用，而不能进行复杂关系的映射，这会使得多层网络的结果毫无意义。

7.4　全 连 接 层

经过多个卷积层和池化层后，图像的分辨率和特征维数降低到一个合适的水平，全连接层是将先前提取的特征映射到样本的标签空间。对于二维图像，最后一个池化层输出的是多个二维特征图，在全连接之前将其转化为一维向量，这个过程称为展平(flatten)。将展平后的一维向量输入全连接层，然后再将全连接层的输出输入分类器，完成图像分类，如图 7-7 所示。全连接层名称源于全连接层神经元与其前后层的神经元是完全连接的。

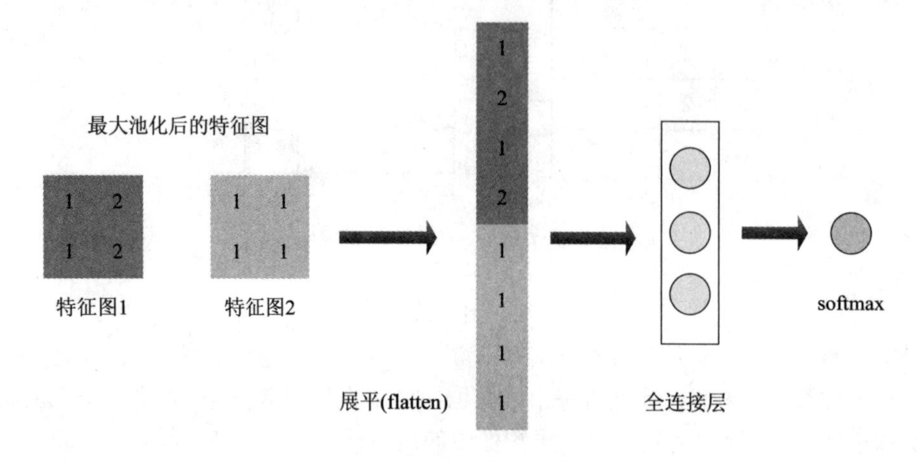

图 7-7　全连接层过程图

7.5　卷积神经网络示例

1. 问题描述

在一幅 32 × 32 × 3 的 RGB 图像中含有某个数字(比如 5)，完成手写体数字识别，即识别它是 0～9 中的哪一个数字。构建一个如图 7-8 所示的卷积神经网络来实现以上功能。

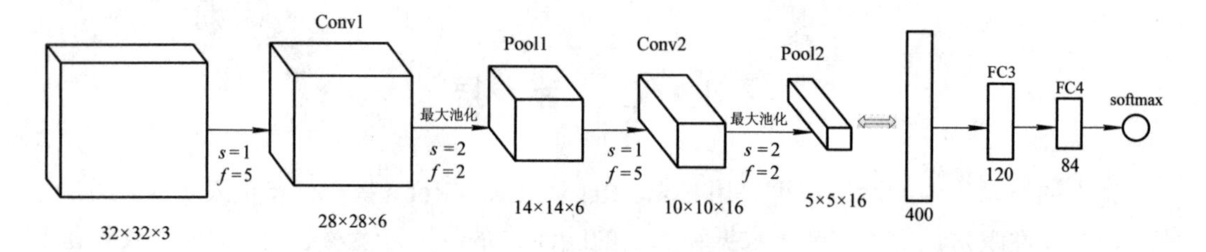

图 7-8　卷积神经网络示例

2. 神经网络构建过程

(1) 构建第一层卷积层和池化层，称作 layer1。

如图 7-8 所示，第一层卷积层使用的卷积核大小为 5 × 5，步长为 1，$p = 0$，卷积核通道个数为 6，那么输出特征图的大小为 28 × 28 × 6，将这层标记为 Conv1。采用 ReLu 非线性函数作为激活函数。

接下来构建池化层，采用最大池化，这里 $f = 2$，$s = 2$，池化后的特征图高度和宽度都会减少一半。因此，由 28 × 28 变成了 14 × 14，通道数量不变，最终输出结果为 14 × 14 × 6，将该输出标记为 Pool1。

(2) 构建第二层卷积层和池化层，称作 layer2。

第二层卷积层使用的卷积核大小为 5 × 5，步长为 1，卷积核通道个数为 16，则输出特征图的大小为 10 × 10 × 16，把这层标记为 Conv2。

接下来构建最大池化层，这里 $f = 2$，$s = 2$，池化后的特征图高度和宽度都会再减少一半，最后输出结果的大小为 5 × 5 × 16，将该输出标记为 Pool2。

(3) 构建全连接层。

首先，将最大池化层 Pool2 的输出展平长度为 400(5 × 5 × 16)的一维向量，可以将这个一维向量想象成 400 个神经元的集合；然后，构建全连接层 FC3，包含 120 个神经元；在 FC3 之后再添加一个全连接层，记为 FC4，包含 84 个神经元；最后，把 1 × 84 的一维向量输入 softmax 分类函数，在手写数字识别中需识别 0～9 这 10 个数字，这时 softmax 分类函数就会有 10 个输出。

3. 参数

上面构建的卷积神经网络中各层的输入、输出大小以及参数数量各是多少呢？

在图 7-8 中，输入为 32 × 32 × 3 的图像，共 3072 维。使用 5 × 5 × 6 的卷积核进行卷积后，输出特征图大小为 28 × 28 × 6，共 4704 维，在此过程中，参数量为 5 × 5 × 6，再加上 6 个偏差参数，共计 156 个。经过步长为 2 的池化层后，输出特征图大小为 14 × 14 × 6，共 1176 维。网络中其他层的输入、输出大小以及参数数量可按以上方法计算，最后采用 softmax 分类函数进行分类，具体参数如表 7-1 所示。

表 7-1　卷积神经网络参数表

	特征图形状	特征图维度	参数数量
Input	(32,32,3)	3072	0
Conv1($f = 5, s = 1$)	(28,28,6)	4704	156
Pool1	(14,14,6)	1176	0
Conv2($f = 5, s = 1$)	(10,10,16)	1600	416
Pool2	(5,5,16)	400	0
FC3	(120,1)	120	48 001
FC4	(84,1)	84	10 081
softmax	(10,1)	10	841

从表 7-1 可以看出，池化层没有参数，卷积层的参数相对较少，大量参数都在神经网络的全连接层。随着卷积神经网络层的加深，输出特征图应逐渐变小，如果特征图维度下降太快，会影响网络性能，本例中第一次卷积之后的特征图是 4704 维，然后减少到 1600 维，慢慢减少到 84 维。

7.6　卷积的有效性

感受野(Receptive Field)是卷积神经网络的基础，可认为它是对生物视觉中“局部感受野”的模拟。CNN 感受野是指卷积神经网络每一层输出的特征图上的像素点在输入图像上映射的区域大小，可简单的理解为输出特征图上的一点在输入图像上对应的区域。如图7-9(a)所示，输入图像大小为 5 × 5，卷积核大小为 5 × 5，所得 1 × 1 的特征图对应的感受野即为 5 × 5 的输入图像。如图 7-9(b)所示采用了两层连续的 3 × 3 卷积，其得到的 1 × 1 特征图对应的感受野仍为 5 × 5 的输入图像。可见，二者在输入图像上的感受野是一样的。但是，图 7-9(b)中所用两层 3 × 3 卷积的参数要少于图 7-9(a)中一层 5 × 5 卷积的参数。

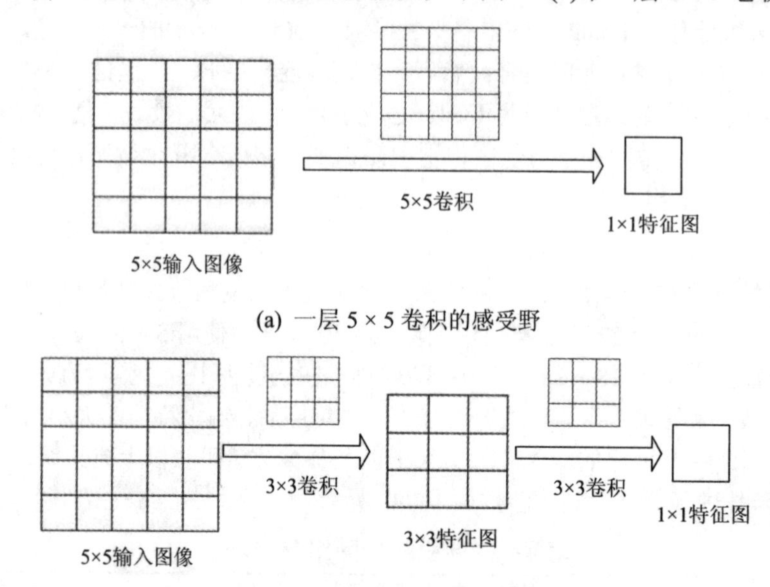

图 7-9　卷积神经网络中的感受野

在全连接神经网络中，每相邻两层之间的每个神经元之间都有边相连。当输入层的特征维度很高时，全连接网络需要训练的参数会增加很多，计算速度会变得很慢，例如，对于一幅 26 × 26 的手写数字灰度图像，其输入的神经元就有 676 个，如图 7-10 所示。

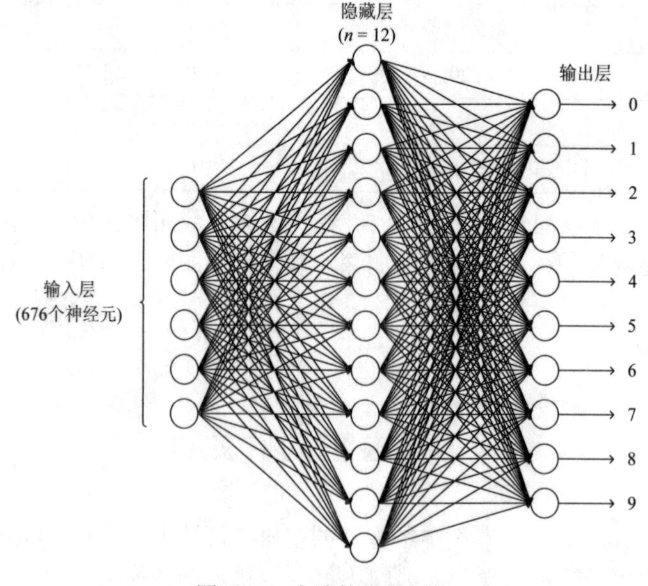

图 7-10　全连接神经网络

若在中间只使用一层包含 12 个神经元的隐藏层，参数 $\boldsymbol{w}$ 就有 $26 \times 26 \times 12 = 8112$ 维；若输入为 26 × 26 的彩色 RGB 图像，输入神经元就有 $26 \times 26 \times 3 = 2028$ 个，参数 $\boldsymbol{w}$ 就有 $26 \times 26 \times 3 \times 12 = 24\,336$ 维。容易看出，使用全连接神经网络处理图像时需要训练的参数非常多。

在卷积神经网络中，神经元之间是非全连接的，即卷积层的神经元只与前一层的部分神经元节点相连，且同一层中某些神经元之间的连接权重 $\boldsymbol{w}$ 和偏置 $\boldsymbol{b}$ 是共享的，这样就大大减少了需要训练的参数数量。仍以 26 × 26 的手写数字灰度图像为例，如果用 6 个大小为 5 × 5 的卷积核对该图像进行卷积操作，则需训练的参数数量为 $5 \times 5 \times 6 + 6 = 156$ 个，可见卷积层参数量与输入图像大小无关，只与卷积核的大小和数量有关，卷积层参数量远远低于全连接层所需训练的参数量。

卷积神经网络具有平移不变性，即在图像平移后，相应特征图上的表达也随之平移。卷积和最大池化层保证了卷积神经网络的平移不变性。

例如，在图 7-11 中，假设输入图像的右下角有一个人的影像，经过卷积后，人脸的特征(耳朵，鼻子)也位于特征图的右下角，后续经过更复杂的卷积操作后仍能保持位置不变。

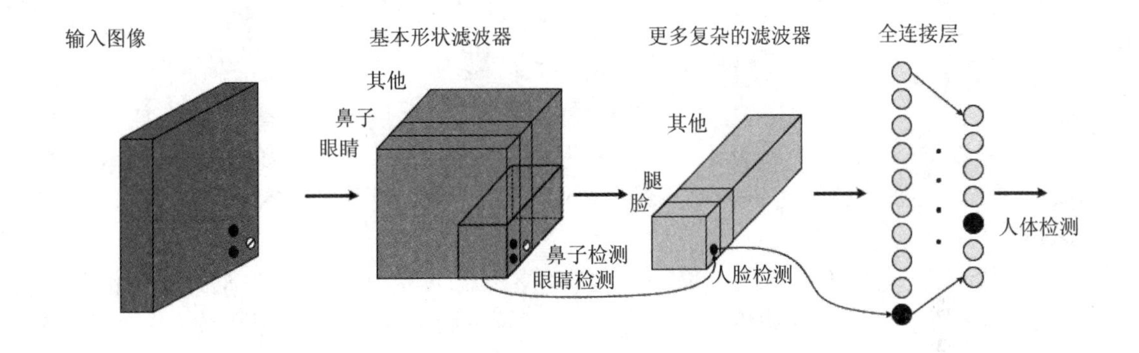

图 7-11　卷积神经网络的平移不变性(特征在右下角)

同样地，如图 7-12 所示，假如人出现在输入图像的右上角，那么卷积后对应的特征也在特征图的右上角。

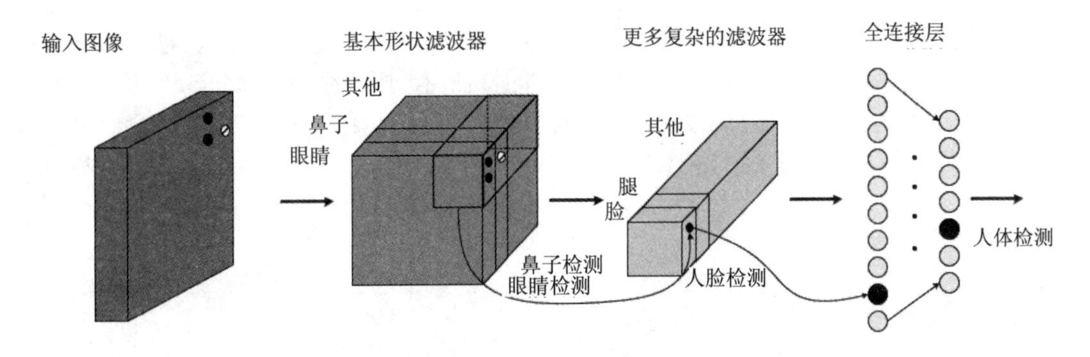

图 7-12　卷积神经网络的平移不变性(特征在右上角)

在卷积神经网络中，卷积操作是一种局部操作，即通过一定大小的卷积核感知图像中的一些局部位置，获取局部位置的特征。所以卷积被定义为不同位置的特征检测器，无论目标出现在图像中的哪个位置，它都会检测到同样的特征，输出同样的响应。例如，如果人被移动到了图像左下角，则卷积核直到移动到左下角的位置才会检测到人的特征。

最大池化返回感受野中的最大值，如果最大值被移动了，但是仍然在这个感受野中，那么池化层仍然会输出相同的最大值。例如，池化感受野大小为 2 × 2，最大值从该 2 × 2 区域的左上角移动到右下角，但最大池化的输出不变。

池化和卷积两种操作共同保证了卷积神经网络的平移不变性，即使图像被平移，卷积操作仍然能检测到图像中的特征，池化操作则可在局部区域内保持表达的一致性。

本章小结

本章主要讨论了卷积神经网络的基本概念，如卷积、池化、全连接等，同时，也讲解了卷积神经网络的设计和参数设置问题，这些为后续基于卷积神经网络的案例开发奠定了基础。

课后习题

1. 假设将一个大小为 320 × 320 × 3 的彩色图像输入神经网络，如果第一个隐藏层有 100 个神经元，每个神经元都完全连接到输入端，那么这个隐藏层有多少个参数(包括偏置参数)？

2. 假设将一个大小为 320 × 320 × 3 的彩色图像输入卷积神经网络，通过一个包含 64 个滤波器的卷积层，每个滤波器大小为 3 × 3，那么这个卷积层有多少个参数(包括偏置参数)？

3. 假设输入是 65 × 65 × 16 的特征图，将它与 32 个滤波器进行卷积，滤波器大小均为 5 × 5，步幅为 2，没有填充，那么输出特征图的维数是多少？

4. 假设图像的大小为 15 × 15 × 3，使用“padding = 2”填充，那么经过填充后的图像大小是多少？

5. 假设输入是 65 × 65 × 16 的特征图，将它与 32 个滤波器进行卷积，滤波器大小均为 5 × 5，步幅为 1，如果输出是与输入相同尺度的特征图，则填充物“padding”是多少？

6. 将大小为 48 × 48 × 16 的特征图输入最大池化层，池化步幅为 2，池化窗口大小为 2 × 2，则输出特征图的维数是多少？

第 8 章　目 标 检 测

目标检测不仅要找出图像中人们感兴趣的目标，同时要检测出目标的位置和大小。与图像分类不同，目标检测包括分类和定位两个任务，属于多任务问题。通俗地讲，目标检测就是在分类的基础上用方框把目标标注出来，如图 8-1 所示。

图 8-1　目标检测结果

作为计算机视觉的热门研究方向之一，目标检测是实例分割、图像标注和目标跟踪等其他视觉任务的基础，在机器人导航、智能视频监控、工业检测、航空航天等诸多领域具有广泛应用，在行人检测、人脸识别、人群计数、文本检测、交通标志与信号灯检测、遥感目标检测等任务中起着至关重要的作用。

8.1　目标检测的发展历程

目标检测的发展历程可以分为两个阶段，即传统目标检测阶段和基于深度学习的目标检测阶段。基于深度学习的目标检测算法又发展出两条技术路线：anchor based 和 anchor free。2001—2021 年目标检测的发展历程如图 8-2 所示。

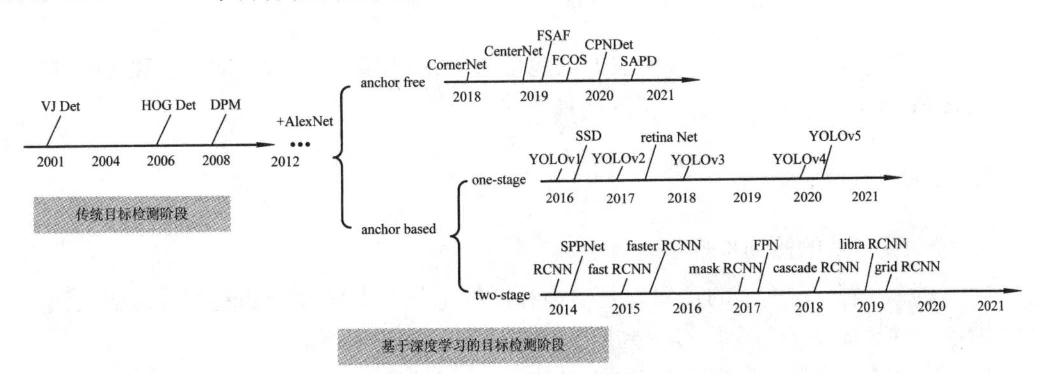

图 8-2　2001—2021 年目标检测的发展历程

8.1.1 传统目标检测算法

传统目标检测算法主要基于手工提取特征，其目标检测框架主要包括以下 3 个步骤：

(1) 选取感兴趣区域，利用不同尺寸的滑动窗口框住图中的某一部分作为可能包含物体的候选区域。

(2) 对候选区域进行特征提取，如 Harr 特征常用于人脸检测，HOG 特征常用于行人检测和普通目标检测等。

(3) 将提取的特征输入分类器进行识别，常用分类器有 SVM 模型、AdaBoost 模型等。

基于手工提取特征的传统目标检测算法主要包括维奥拉-琼斯(Viola Jones，VJ)检测器、方向梯度直方图(Histogram of Oriented Gradient，HOG)检测器、可变形的组件模型(Deformable Parts Model，DPM)检测器等。

传统目标检测算法主要有以下 3 个方面的缺陷：

(1) 手工设计的特征对于多样性变化的鲁棒性较差，检测效果不够好，识别准确率不高。

(2) 基于滑动窗口的区域选择策略没有针对性，窗口冗余，计算量大，运算速度较慢。

(3) 当物体较大时，滑动窗口只能框住物体的局部，可能会产生多个正确识别的结果。

8.1.2 基于深度学习的目标检测算法

2012 年，卷积神经网络的兴起将目标检测领域推向新的发展阶段。技术路线 anchor based 包括两阶段(two-stage)目标检测算法和一阶段(one-stage)目标检测算法两种。其中，两阶段目标检测算法是先由算法生成一系列作为样本的候选区域，再通过卷积神经网络进行样本分类，常见算法有 RCNN、fast RCNN 等。一阶段目标检测算法不需要产生候选区域，而是直接将目标区域定位问题转化为回归问题，常见算法有 YOLO、SSD 等。

技术路线 anchor free 摒弃了锚点(anchor)，通过确定关键点的方式来完成检测，大大减少了网络超参数的数量。Anchor free 算法是将网络对目标边界框的检测转化为对关键点的检测，不需要设计 anchor box 作为先验框。常见算法有 CornerNet、CenterNet、FSAF、FCOS、SAPD 等。

8.2 候选区域提取

目标检测中常用的候选区域提取方法包括滑动窗口(Sliding Window)法和选择性搜索(Selective Search)法，下面分别介绍这两种方法。

8.2.1 滑动窗口法

1. 滑动窗口法的检测步骤

(1) 选择一个一定大小的窗口，使窗口在图像上从左上角开始从左到右、从上到下等步长滑动，遍历图像的每个区域，判断窗口内存在目标的概率。

(2) 增大窗口，重复步骤(1)的操作。

(3) 重复步骤(2)，直到所有大小的窗口都在图像上完成遍历。

只要图像中存在目标，在这样循环往复的遍历中，总有一个窗口可以检测到目标。如图 8-3 所示为不同大小窗口的遍历过程。

图 8-3　不同大小窗口的遍历过程

在使用滑动窗口法时，因为不知道要检测的目标大小，所以要设置不同大小和比例的窗口去滑动，还需选取合适的步长，这样会产生很多的子区域，并且都要经过分类器作预测，计算量很大，可以用全卷积的方法高效实现滑动窗口算法。

Sermanet 等人在论文“Overfeat: Integrated recognition, localization and detection using convolutional networks”中提出一种卷积网络 ConvNet，可用于高效实现多尺度滑动窗口。ConvNet 训练阶段如图 8-4(a)所示，以 14 × 14 × 3 的图像块作为输入，经过一系列卷积、池化操作，得到 1 × 1 × 4 的特征图。1 × 1 代表空间信息，后面的 4 代表输出的通道数为 4，对应 4 个类别的预测概率值。

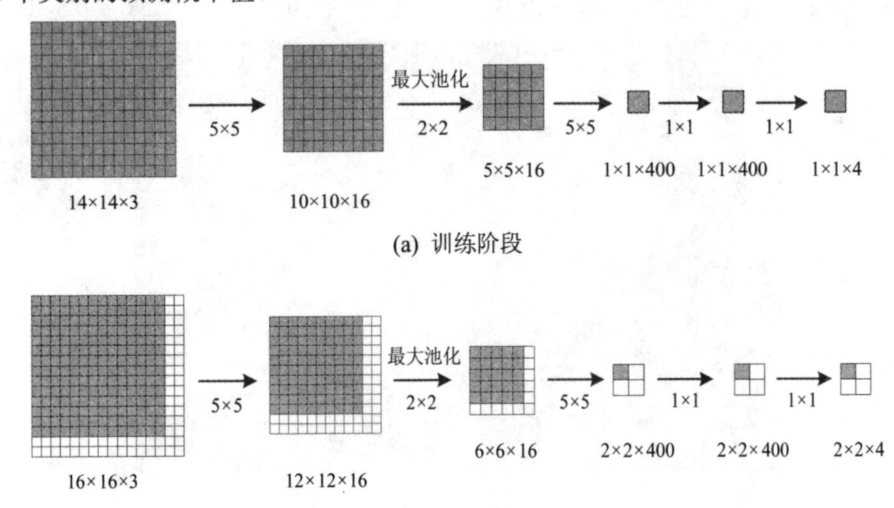

(b) 测试阶段

图 8-4　滑动卷积窗口

测试阶段如图 8-4(b)所示。对于待检测图像，如 16 × 16 × 3 的图像，经过卷积、池化操作共产生 4 个 2 × 2 的特征图。2 × 2 代表空间信息，其左上角深色元素对应待检测图像中左上角 14 × 14 的深色区域，通道数 4 对应 4 个类别的预测值。以上操作相当于在待检测图像上作大小为 14 × 14、步长为 2 的窗口滑动，经过 4 次滑动可遍历整幅待检测图像。在这 4 次滑动中，执行滑动窗口的卷积网络参数是共享的，而且窗口重叠部分的计算也可共享。这样在待检测图像上滑动使用卷积网络，可以高效实现多尺度目标的检测。

2. 非极大值抑制

在使用滑动窗口法时，对不同大小的滑动窗口进行预测后，可能得到多个包含同一目标的窗口，这些窗口会存在较高的重复部分，此时可采用非极大值抑制(Non-Maximum Suppression, NMS)的方法进行筛选，获得少量的预测标记框。

在进行非极大值抑制时需要使用交并比(Intersection Over Union，IOU)的概念。交并比定义为两个区域之间的重叠度，可用下式表示：

$$\text{IOU} = \frac{\text{Area of Overlap}}{\text{Area of Union}} \tag{8-1}$$

式中，Area of Overlap 和 Area of Union 如图 8-5 所示。

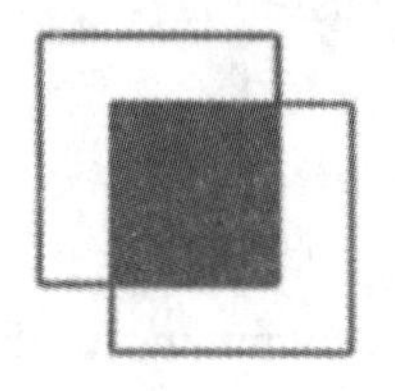

(a) Area of Overlap

(b) Area of Union

图 8-5　两个框的交和并

如图 8-6 所示为使用非极大值抑制的示例。图中 A、B、C、D 四个窗口都检测到了小狗这个目标，假设四个窗口包含狗的概率从大到小分别为 A = 0.9、B = 0.85、C = 0.8、D = 0.66。

图 8-6　包含目标的多个候选框

使用非极大值抑制进行筛选的步骤如下：

(1) 从最大概率窗口 A 开始，分别判断 B～D 与 A 的交并比是否大于某个设定的阈值。

(2) 假设 B 与 A 的交并比超过阈值，那么就扔掉 B；并标记窗口 A 是要保留下来的第一个窗口。

(3) 从剩下的窗口 C、D 中，选择概率最大的 C，然后判断 C 与 D 的交并比，若交并比大于设定的阈值，那么就扔掉 D；并标记 C 是要保留下来的第二个窗口。

就这样一直重复，最后被保留下来的窗口即是最可能包含狗的窗口。

8.2.2 选择性搜索法

选择性搜索法主要用于为物体检测算法提供候选区域，与滑动窗口法比起来，它速度快、召回率高。

选择性搜索法一般使用基于图(Graph-based)的图像分割方法，将图像分成若干个彼此不相交的、具有独特性质的区域作为输入，然后通过下面的步骤进行合并：

(1) 首先将所有分割区域的外框加到候选区域列表中。

(2) 基于相似度合并一些区域。

(3) 将合并后的分割区域作为一个整体，更新候选区域列表，转至步骤(2)。

通过不停地迭代，候选区域列表中的区域面积越来越大、区域数量越来越少。这个过程如图 8-7 所示，左图是通过自底向上的方法创建越来越大的候选区域。左图最下面一层是使用基于图的分割方法产生的初始分割区域，如奶牛、天空、云、电线杆、草地等；左图中间一层是经过相似度合并后产生的区域；左图最上面一层是进一步合并后产生的区域。右图是通过上述步骤合并后产生的候选区域。

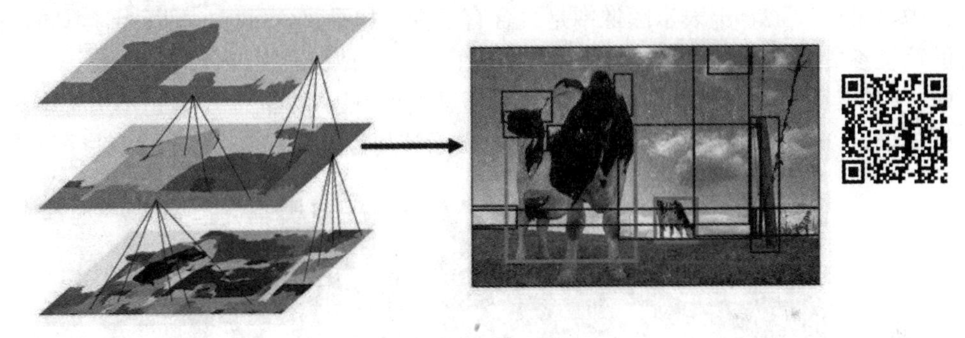

图 8-7　选择性搜索法示意图

在步骤(2)中，区域相似度可根据颜色、纹理、大小和形状等特征进行计算，最终的相似度可取这四种相似度的加权和。

8.3 目标定位和分类

目标检测的基本思路是同时解决定位(Localization)和分类(Classification)两个任务。相应地，目标检测算法有两个输出通道，一个通道完成目标位置判断任务，即输出目标的边框参数 b_x、b_y、b_h、b_w；另一个通道完成图像分类任务，即判断目标类别。

目标定位不仅要识别出图像中是什么，还要给出目标在图像中的位置信息。例如，在构建汽车自动驾驶系统时，图像中可能包括的目标有行人、汽车、摩托车和背景，这是标准的分类过程。如果还想定位图像中的目标，就要给出目标的边框，分别标记为 b_x、b_y、b_h、b_w，这 4 个数字是被检测目标边界的参数化表示，其中，b_x、b_y 分别表示边框的中心，b_h、b_w 分别表示边框的高和宽。

设图像左上角为(0, 0)，右下角为(1, 1)，b_x、b_y、b_h、b_w 均用所在图像位置或长度的比例大小表示。在图 8-8 中，b_x 的理想值是 0.5，它表示汽车位于图片水平方向的中间位置；

b_y大约是 0.7，表示图片距离底部 3/10 的位置；b_h约为 0.3，因为方框的高度是图像高度的 0.3 倍；b_w约为 0.8，表示方框宽度大约是图像宽度的 0.8 倍。

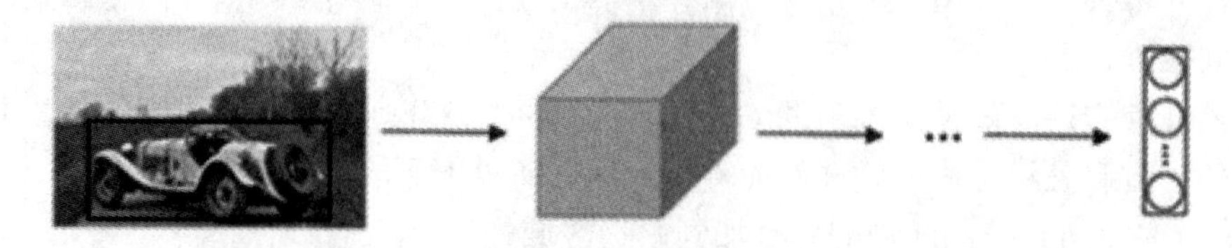

图 8-8　目标分类和定位

接下来介绍目标分类和定位的过程。以汽车自动驾驶系统为例，这里有行人、汽车、摩托车和背景 4 个类，神经网络输出的是分类标签(或分类标签出现的概率)和 b_x、b_y、b_h、b_w 4 个数字。

定义目标标签 $\boldsymbol{y}$ 如下：

$$\boldsymbol{y}=[p_c \quad b_x \quad b_y \quad b_h \quad b_w \quad c_1 \quad c_2 \quad c_3]^T \tag{8-2}$$

式中，第一个元素 p_c 表示图像中是否含有目标，如果包含目标，则 $p_c=1$，同时输出目标的边框参数 b_x、b_y、b_h、b_w 以及其类别标签 c_1、c_2 或 c_3。如果不包含目标，则 $p_c=0$，此时，$\boldsymbol{y}$ 的其他参数将变得毫无意义，不用考虑输出中边界框的大小，也不用考虑图像中的目标属于 c_1、c_2 和 c_3 中的哪一类。如图 8-9 所示分别为只有 1 个目标和没有目标的检测结果。

(a) 只有 1 个目标

(b) 没有目标

图 8-9　目标检测结果示例

8.4　两阶段目标检测算法

RCNN 系列算法(RCNN，Fast RCNN，Faster RCNN)均属于两阶段目标检测算法，需要先产生目标候选区域，然后对候选区域作分类与回归。

8.4.1　RCNN 算法

1. RCNN 算法的基本流程

RCNN 算法的基本流程如图 8-10 所示。

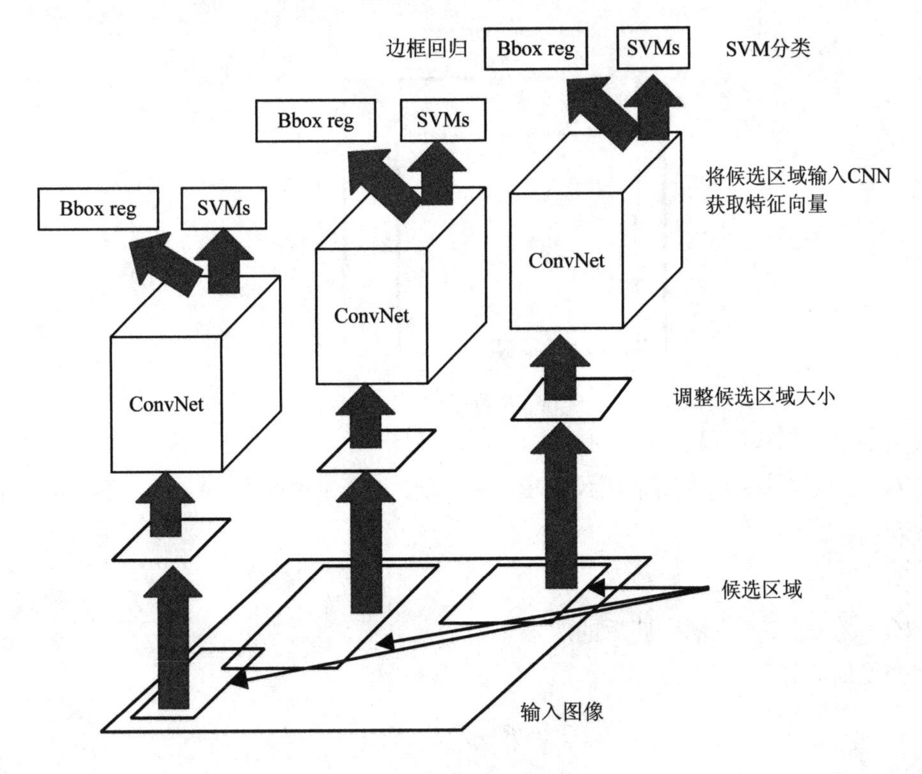

图 8-10　RCNN 算法的基本流程

(1) 获取输入图像。

(2) 提取约 2000 个候选区域。RCNN 算法采用选择性搜索法提取候选区域，具体做法是将图像分割成很多小块，计算每两个相邻区域的相似度，每次合并最相似的两块，直到最终合并至一幅完整的图像。将每次产生和合并的图像块都保存下来，这样就得到了图像的不同尺度表示。

(3) 调整候选区域大小。因为 CNN 对输入图像的大小有限制，所以在将候选区域输入 CNN 之前，要将候选区域进行固定尺寸的缩放。一般有两种缩放方法：一是各向同性缩放，即长宽缩放相同的倍数；二是各向异性缩放，即长宽缩放的倍数不同。在 RCNN 算法中对候选区域的尺寸缩放采用了非常暴力的手段，即无视候选区域的大小和形状，统一变换到 227×227 的尺寸。

(4) 将候选区域输入 CNN，获取特征向量。

(5) 将 CNN 输出的特征向量输入 SVM 中进行类别的判定。RCNN 算法选用二分类 SVM，假设检测 20 类目标，那么需要 20 个不同类别的 SVM 分类器，每个分类器都会对 2000 个候选区域的特征向量进行判断，最终得到 2000×20 的得分矩阵。矩阵的每一行表示一个候选区域，每一列表示一个类别，对应元素则表示某个候选区域属于某个类别的概率。

(6) 边框回归(Bounding Box Regression)。如图 8-11 所示，G 为目标边框(人为标注)，P 为 CNN 预测得到的边框，$\hat{G}$ 为回归后的边框，边框回归的任务是计算从 P 到 $\hat{G}$ 的映射，使得 $\hat{G}$ 与真实窗口 G 更接近。

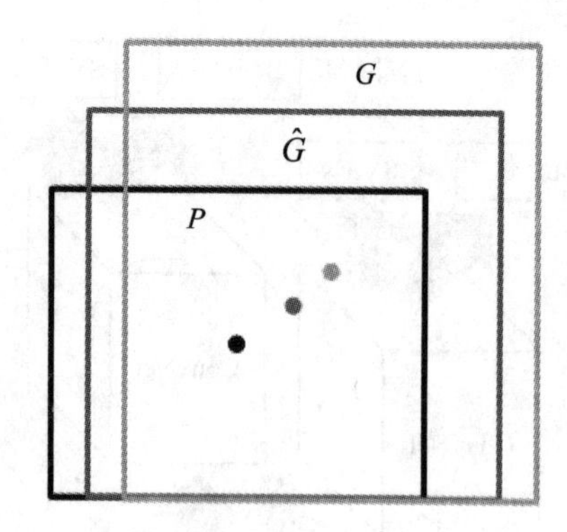

图 8-11　边框回归过程

映射主要采用平移和尺度缩放的方式。令：

$P=\{P_x,P_y,P_{\mathrm{w}},P_{\mathrm{h}}\}$ 表示当前最优预测框，下标 x、y 表示框的中心坐标，下标 w、h 表示框的宽和高；

$G=\{G_x,G_y,G_{\mathrm{w}},G_{\mathrm{h}}\}$ 表示真值；

$\hat{G}=\{\hat{G}_x,\hat{G}_y,\hat{G}_{\mathrm{w}},\hat{G}_{\mathrm{h}}\}$ 表示回归后的边框。

平移变换的计算公式如下：

$$\begin{cases}\hat{G}_x = P_x + P_{\mathrm{w}} d_x(P) \\ \hat{G}_y = P_y + P_{\mathrm{h}} d_y(P)\end{cases} \tag{8-3}$$

尺度缩放的计算公式如下：

$$\begin{cases}\hat{G}_{\mathrm{w}} = P_{\mathrm{w}} \exp(d_{\mathrm{w}}(P)) \\ \hat{G}_{\mathrm{h}} = P_{\mathrm{h}} \exp(d_{\mathrm{h}}(P))\end{cases} \tag{8-4}$$

接下来要做的就是求解 $d_*(P)$，下标“*”代表 x、y、w 或 h。在“Rich Feature Hierarchies for Accurate Object Detection and Semantic Segmentation”论文中，将 $d_*(P)$ 看作是 AlexNet 网络 Pool5 层特征 $\phi_5(P)$ 的线性函数，记为

$$d_*(P) = \boldsymbol{w}_*^{\mathrm{T}} \phi_5(P) \tag{8-5}$$

$\boldsymbol{w}_*^{\mathrm{T}}$ 就是所要学习的回归参数。定义损失函数为

$$\mathrm{Loss} = \sum_{i=1}^{N} (t_*^i - \hat{\boldsymbol{w}}_*^{\mathrm{T}} \phi_5(P^i))^2 + \lambda \|\hat{\boldsymbol{w}}_*\|^2 \tag{8-6}$$

式中，N 为边界框数量，$\lambda\|\hat{\boldsymbol{w}}_*\|^2$ 为正则项，使得损失函数取极小值的 $\boldsymbol{w}_*^{\mathrm{T}}$ 即为所求。

式(8-6)中的 t_* 可由下式计算得到：

$$\begin{cases}t_x = (G_x - P_x)/P_{\mathrm{w}} \\ t_y = (G_y - P_y)/P_{\mathrm{h}} \\ t_{\mathrm{w}} = \log(G_{\mathrm{w}}/P_{\mathrm{w}}) \\ t_{\mathrm{h}} = \log(G_{\mathrm{h}}/P_{\mathrm{h}})\end{cases} \tag{8-7}$$

2. RCNN 算法的不足

相较于原有目标检测算法，RCNN 算法在性能上有较大提升，然而，也存在以下问题：

(1) 冗余计算使得整个网络的检测速度变得很慢。先生成候选区域，再对区域进行卷积的做法带来两个问题：一是生成的候选区域有一定程度的重叠，对相同区域要进行重复卷积；二是对每个区域进行新的卷积需要新的存储空间。

(2) 图像缩放会丢失图像原有的信息。为了让候选区域符合 RCNN 算法的输入尺寸要求，需对候选区域进行剪裁或缩放，这会导致图像原有信息丢失，训练效果不好。

8.4.2　Fast RCNN 算法

针对 RCNN 算法缺陷，Fast RCNN 算法作了两方面改进：

(1) 不是对每个候选区域(region proposal)进行卷积，而是直接对整张图像进行卷积，这样减少了很多重复计算。

(2) 摒弃了直接采用剪切或缩放调整候选区域尺寸的方法，而是利用 RoI(Region-of-Interest)池化对候选区域特征图进行尺度变换，然后输入全连接层。RoI 池化的具体步骤如下：

① 将候选区域划分为 $H \times W$ 个分块；

② 对每个分块作最大池化；

③ 将候选区域中所有分块的最大池化输出值组合起来便形成大小为 $H \times W$ 的特征图。

如图 8-12 所示为 RoI 池化过程。图 8-12(a)为整幅图像的输入特征图；图 8-12(b)为获得的特征图上对应的建议区域；若想将所有建议区域的特征图统一为 2×2 大小，需要把建议区域分成 4 块，如图 8-12(c)所示；对每一块作最大池化，得到 2×2 的特征图，如图 8-12(d)所示。

0.88	0.44	0.14	0.16	0.37	0.77	0.96	0.27
0.19	0.45	0.57	0.16	0.63	0.29	0.71	0.70
0.66	0.26	0.82	0.64	0.54	0.73	0.59	0.26
0.85	0.34	0.76	0.84	0.29	0.75	0.62	0.25
0.32	0.74	0.21	0.39	0.34	0.03	0.33	0.48
0.20	0.14	0.16	0.13	0.73	0.65	0.96	0.32
0.19	0.69	0.09	0.86	0.88	0.07	0.01	0.48
0.83	0.24	0.97	0.04	0.24	0.35	0.50	0.91

(a) 输入特征图

0.88	0.44	0.14	0.16	0.37	0.77	0.96	0.27
0.19	0.45	0.57	0.16	0.63	0.29	0.71	0.70
0.66	0.26	0.82	0.64	0.54	0.73	0.59	0.26
0.85	0.34	0.76	0.84	0.29	0.75	0.62	0.25
0.32	0.74	0.21	0.39	0.34	0.03	0.33	0.48
0.20	0.14	0.16	0.13	0.73	0.65	0.96	0.32
0.19	0.69	0.09	0.86	0.88	0.07	0.01	0.48
0.83	0.24	0.97	0.04	0.24	0.35	0.50	0.91

(b) 建议区域

0.88	0.44	0.14	0.16	0.37	0.77	0.96	0.27
0.19	0.45	0.57	0.16	0.63	0.29	0.71	0.70
0.66	0.26	0.82	0.64	0.54	0.73	0.59	0.26
0.85	0.34	0.76	0.84	0.29	0.75	0.62	0.25
0.32	0.74	0.21	0.39	0.34	0.03	0.33	0.48
0.20	0.14	0.16	0.13	0.73	0.65	0.96	0.32
0.19	0.69	0.09	0.86	0.88	0.07	0.01	0.48
0.83	0.24	0.97	0.04	0.24	0.35	0.50	0.91

(c) 建议区域分块进行最大池化

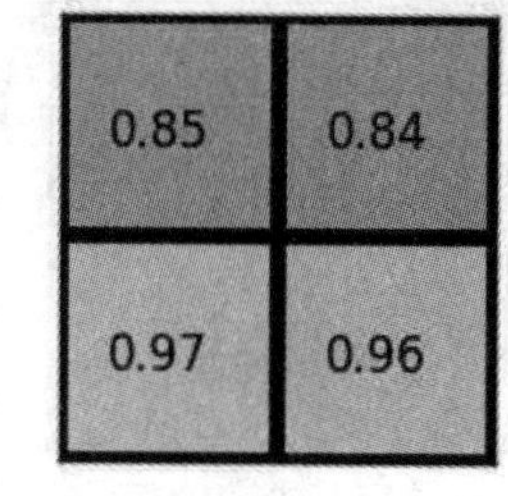

0.85	0.84
0.97	0.96

(d) 输出结果

图 8-12　RoI 池化处理

Fast RCNN 算法的操作步骤如图 8-13 所示。

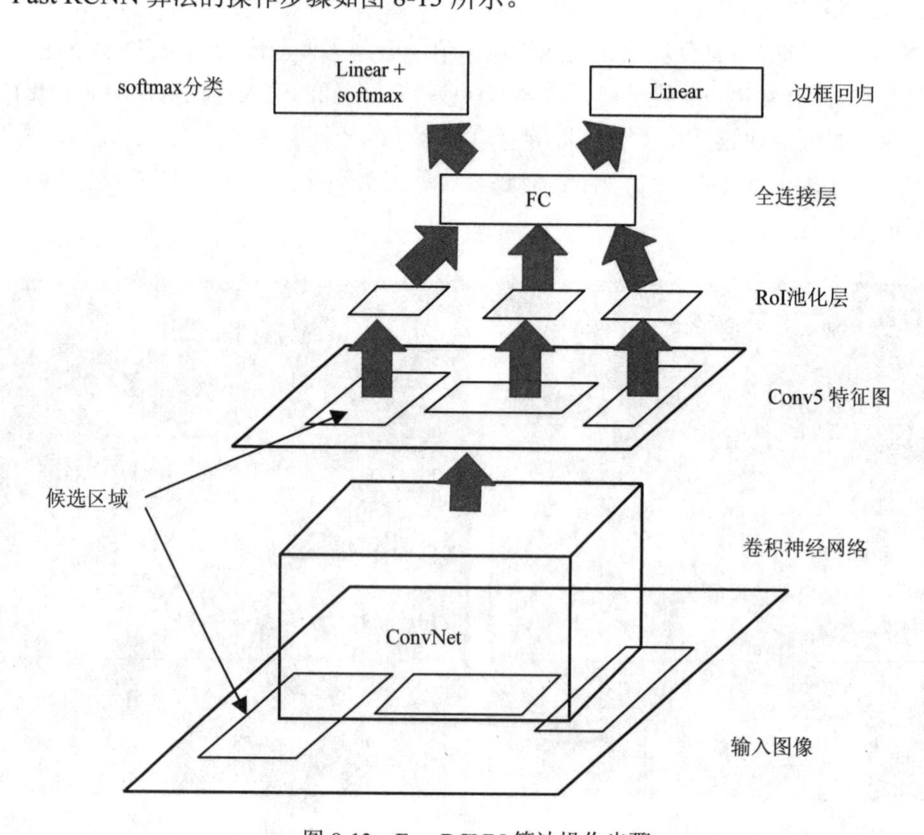

图 8-13　Fast RCNN 算法操作步骤

(1) 将整幅图像和选择性搜索获得的候选区域输入到卷积神经网络；

(2) 取第五个卷积层(Conv5)的特征图和候选区域的投影，作为 RoI 池化层的输入；

(3) 在候选区域应用 RoI 池化，保证每个候选区域特征图的尺寸相同；

(4) 经 RoI 池化后的候选区域被传递到全连接层中，用 softmax 和线性边框回归同时返回目标类别和边界框。

Fast RCNN 算法虽然对 RCNN 算法作了改进，但仍需使用选择性搜索法提取候选区域，目标检测的时间大多消耗在这上面。

8.4.3 Faster RCNN 算法

为了进一步提高检测算法的速度，Faster RCNN 算法使用区域建议网络(Region Proposal Network，RPN)代替选择性搜索法来获取候选区域。Faster RCNN 算法的基本结构如图 8-14 所示。

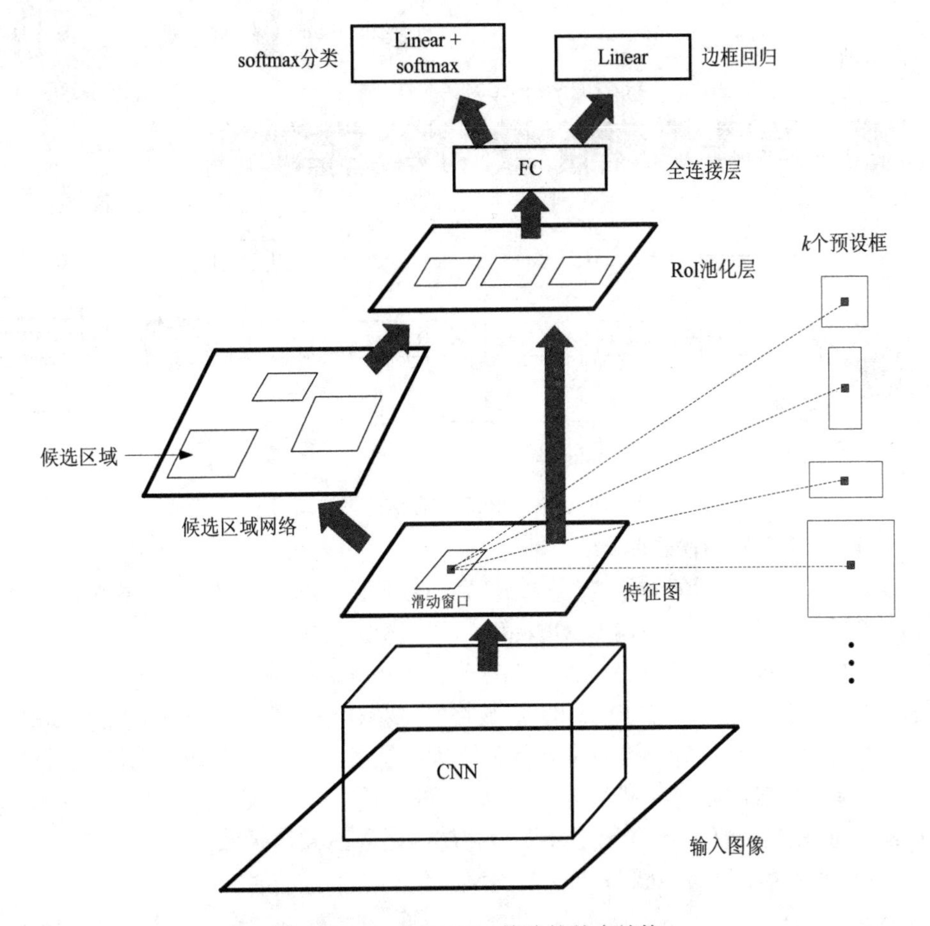

图 8-14 Faster RCNN 算法的基本结构

1. Faster RCNN 算法的组成部分

(1) 卷积神经网络。Faster RCNN 算法首先使用一组基础的 conv + ReLu + pooling 层提

取图像的特征图，该特征图被用于后续候选区域网络(Region Proposal Networks，RPN)和全连接层。

(2) 候选区域网络。RPN 用于生成候选区域，首先在特征图中每个滑动窗口的位置上生成 *k* 个预设框(anchor boxes)，通过 softmax 判断预设框属于目标(positive)还是背景(negative)，再利用边框回归来修正预设框，以获得精确的候选区域。

(3) RoI 池化层。该层用于收集 RPN 生成的候选区域，并根据候选区域的位置将其投影到特征图中(即从特征图中扣出候选区域)，在得到的候选区域特征图上应用 RoI 池化，保证每个候选区域特征图的尺寸相同。

(4) 经 RoI 池化后的候选区域被传递到全连接层中，用 softmax 和线性边框回归同时返回目标类别和边界框。

2. Faster RCNN 算法的网络结构及操作步骤

为了方便读者理解，在图 8-15 中给出了 Faster RCNN 算法的详细网络结构。

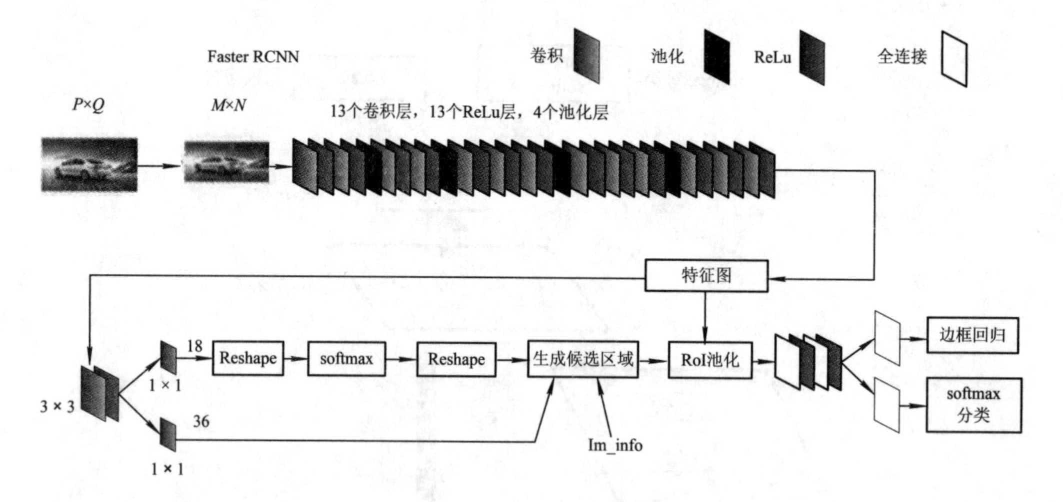

图 8-15　Faster RCNN 算法的网络结构

Faster RCNN 算法的操作步骤：

(1) 通过图 8-17 所示的卷积神经网络(13 个卷积层，13 个 ReLu 层，4 个池化层)得到特征图，将得到的特征图分别输入 RPN 和 RoI 池化层。

(2) RPN 网络分为两条线，上面一条线通过 softmax 对预设框进行分类，判定其属于目标还是背景，其中，第一个 Reshape 函数将二维特征图变为一维向量，便于 softmax 分类，第二个 Reshape 函数将一维向量恢复为二维特征图；下面一条线采用边框回归计算预设框的偏移量，生成的候选区域负责融合包含目标的预设框和对应的偏移量来获取精确的候选区域，同时通过阈值(Im_nfo)剔除太小和超出边界的候选区域。

(3) RoI 池化层及以后步骤与 Fast RCNN 一致。

3. 预设框介绍

RPN 依靠一个在共享特征图上滑动的窗口，为每个位置生成 9 种预先设置好长宽比与面积的预设框(即 anchor)。这 9 种初始预设框包含三种面积(128 × 128，256 × 256，512 × 512)，每种面积又包含三种长宽比(1∶1，1∶2，2∶1)，如图 8-16 所示。

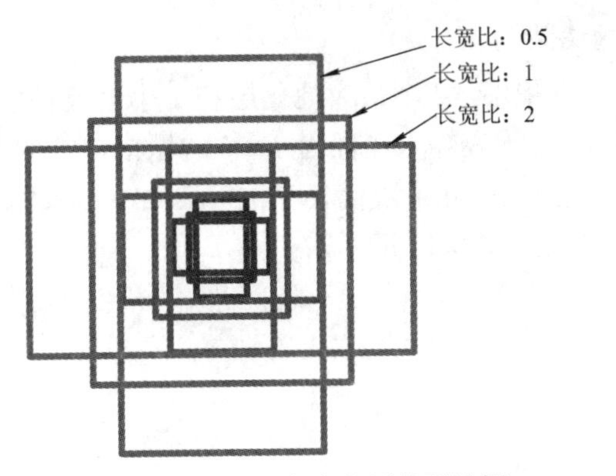

图 8-16 每个位置的预设框

一幅大小为 $M \times N$ 的图像上一共有多少个预设框呢？如果通过 CNN 将原图进行 16 倍的下采样，得到特征图，那么特征图一共有 $a = (M/16) \times (N/16)$ 个点，就有 $9a$ 个预设框。

8.5 一阶段目标检测算法

8.5.1 YOLO 算法

Joseph Redmon 等人在 2015 年提出了 YOLO(You Only Look Once)算法，该算法采用一个单独的 CNN 模型实现端到端的目标检测，通常也被称为 YOLO v1 算法；2016 年，他们对算法进行了改进，提出 YOLO v2 版本；2018 年发展出 YOLO v3 版本。为了更好更简单地了解 YOLO 的原理和思想，这一节详细地介绍 YOLO v1 算法。

1. YOLO v1 算法流程

YOLO v1 算法把图像看成一个 $s \times s$ 的栅格，如图 8-17 所示。这里的 s 等于 7，每个栅格预测 2 个预测框、预测框中含有目标的置信度以及每个栅格中的目标类别概率，然后通过后续处理得到最终的检测结果。

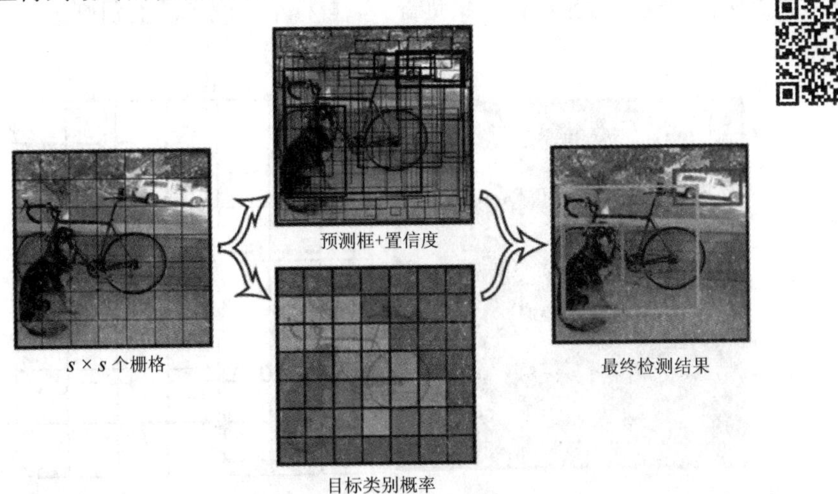

图 8-17 YOLO v1 算法流程

2. YOLO v1 算法的网络架构

YOLO v1 算法由 24 层卷积层，4 个最大池化层和 2 个全连接层组成，网络最后的输出维度是 $7\times7\times30$，这里 7×7 代表输入图像为 7×7 的栅格，30 的前 10 个数代表 2 个预测框的坐标以及相应的置信度，后 20 个数代表 VOC(Visual Object Classes)数据集中的 20 个类别，YOLO v1 的网络结构如图 8-18 所示。

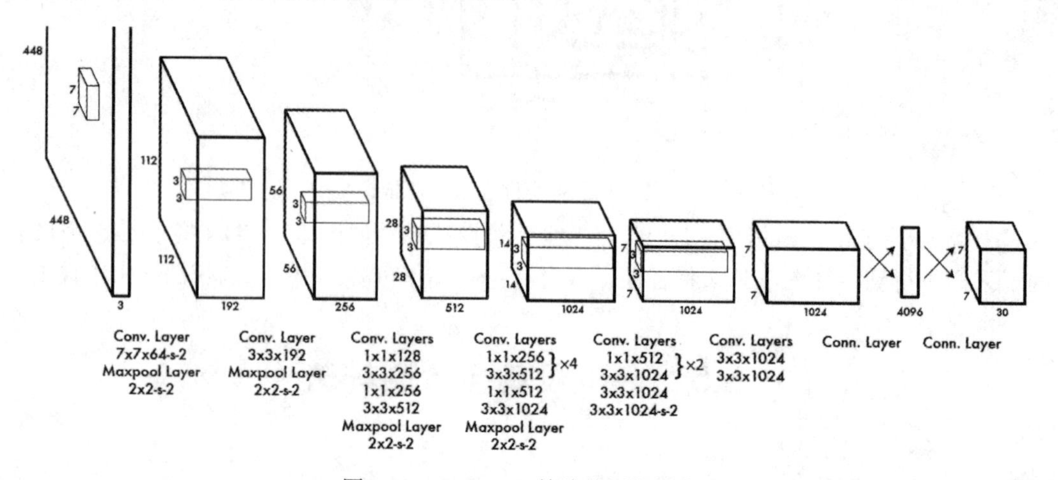

图 8-18　YOLO v1 算法的网络结构

3. YOLO v1 算法训练过程

在 YOLO v1 算法训练过程中，首先将图像分成 7×7 的栅格，然后将图像送入如图 8-18 所示的网络，生成 $7\times7\times(2\times5+20)$个结果，将输出结果与真值进行对比，求得损失函数并反向传播，更新网络权重。接下来讲解 YOLO 网络输出的 $7\times7\times30$ 维向量的求解问题。

1) 20 个目标的类别概率

对于输入图像中的每个目标，先找到其中心点。如图 8-19 中的小狗，被一个框框起来，框中心所在的栅格就是小狗所在的栅格，这个栅格对应的 30 维向量中，小狗的概率是 1，其他目标的概率是 0。所有其他 48 个栅格的 30 维向量中，小狗的概率都是 0，这就是所谓的“中心点所在的栅格对预测该对象负责”。自行车和汽车的类别概率也是由同样的方法确定的。

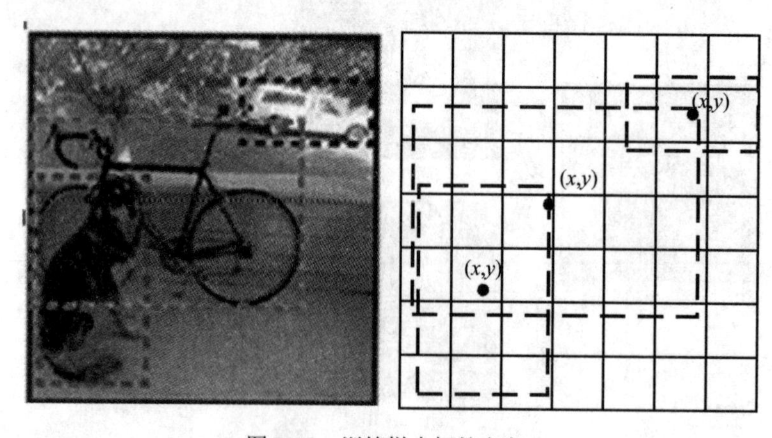

图 8-19　训练样本标签定义

2) 2 个预测框的位置

训练样本中标注了目标真实的边界框。在训练过程中，YOLO 网络为每个栅格生成 2 个预测框，该选哪一个呢？这就需要根据网络输出的预测框与目标实际边界框的 IOU 来选择，所以要在训练过程中动态决定到底选哪一个预测框，参考下面内容。

3) 2 个预测框的置信度

置信度可用下式计算：

$$\text{Confidence} = \Pr(\text{Object}) \times \text{IOU}_{\text{pred}}^{\text{truth}} \tag{8-8}$$

式中，$\Pr(\text{Object})$ 表示目标是否落在该栅格，如果目标落在该栅格中，$\Pr(\text{Object})$ 取 1，否则取 0；$\text{IOU}_{\text{pred}}^{\text{truth}}$ 表示预测框和目标真值框之间的 IOU 值。

比较 2 个预测框的 IOU 值，哪个比较大，就将目标真实边界框的值填入该预测框中，此时，将该预测框的置信度置为 1，另一个预测框的置信度置为 0。

4. 损失函数

损失就是网络预测输出值与样本标签值之间的偏差，YOLO 损失函数如下式所示：

$$\begin{aligned}\text{Loss} = {} & \lambda_{\text{coord}} \sum_{i=0}^{S^2} \sum_{j=0}^{B} I_{ij}^{\text{obj}} [(x_i - \hat{x}_i)^2 + (y_i - \hat{y}_i)^2] + \\ & \lambda_{\text{coord}} \sum_{i=0}^{S^2} \sum_{j=0}^{B} I_{ij}^{\text{obj}} [(\sqrt{w_i} - \sqrt{\hat{w}_i})^2 + (\sqrt{h_i} - \sqrt{\hat{h}_i})^2] + \\ & \sum_{i=0}^{S^2} I_i^{\text{obj}} \sum_{c \in \text{classes}} (p_i(c) - \hat{p}_i(c))^2 + \sum_{i=0}^{S^2} \sum_{j=0}^{B} I_{ij}^{\text{obj}} (C_i - \hat{C}_i)^2 + \\ & \lambda_{\text{noobj}} \sum_{i=0}^{S^2} \sum_{j=0}^{B} I_{ij}^{\text{noobj}} (C_i - \hat{C}_i)^2 \end{aligned} \tag{8-9}$$

式中，λ 是各部分损失的权重，S^2 表示栅格数，B 表示每个栅格中的预测框数，I_i^{obj} 表示栅格 i 中存在对象，I_{ij}^{obj} 表示栅格 i 的第 j 个预测框中存在对象，I_{ij}^{noobj} 表示栅格 i 的第 j 个预测框中不存在对象。

由式 8-9 可知，YOLO 的损失函数由 4 部分组成：

(1) 预测框中心点的误差：

$$\lambda_{\text{coord}} \sum_{i=0}^{S^2} \sum_{j=0}^{B} I_{ij}^{\text{obj}} [(x_i - \hat{x}_i)^2 + (y_i - \hat{y}_i)^2]$$

(2) 预测框宽、高的误差：

$$\lambda_{\text{coord}} \sum_{i=0}^{S^2} \sum_{j=0}^{B} I_{ij}^{\text{obj}} [(\sqrt{w_i} - \sqrt{\hat{w}_i})^2 + (\sqrt{h_i} - \sqrt{\hat{h}_i})^2]$$

(3) 预测类别的误差：

$$\sum_{i=0}^{S^2} I_i^{\text{obj}} \sum_{c \in \text{classes}} (p_i(c) - \hat{p}_i(c))^2$$

(4) 预测框置信度的误差：

$$\sum_{i=0}^{S^2}\sum_{j=0}^{B} I_{ij}^{\text{obj}}(C_i - \hat{C}_i)^2 + \lambda_{\text{noobj}}\sum_{i=0}^{S^2}\sum_{j=0}^{B} I_{ij}^{\text{noobj}}(C_i - \hat{C}_i)^2$$

5. 预测结果

给定一张图，运行 YOLO 算法后，可得到 98 个预测框，通过非极大值抑制算法可得到最后的可靠结果。

8.5.2 SSD 算法

SSD(Single Shot multibox Detector)是一种一阶段、多框预测算法。

1. 网络结构

SSD 算法采用 VGG16(由牛津大学视觉几何小组(Visual Geometry Group, VGG)提出的一种深层卷积神经网络)作为基础模型，并在此基础上新增了卷积层，可获得更多的用于检测的特征图，SSD 算法的网络结构如图 8-20 所示。

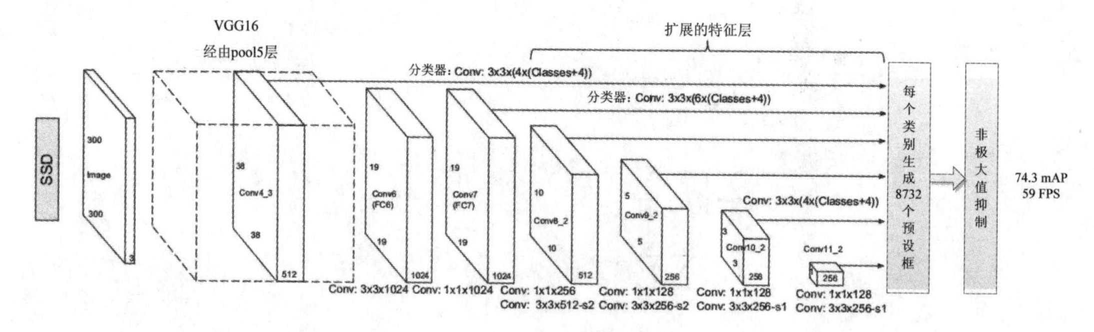

图 8-20　SSD 算法的网络结构

以输入 300 × 300 的图像为例，特征提取部分使用了 VGG16 的卷积层，并将 VGG16 的两个全连接层转换成了普通的卷积层(图中 Conv6 和 Conv7)。从图 8-20 中可以看出，SSD 算法将 Conv4_3、Conv7、Conv8_2、Conv9_2、Conv10_2、Conv11_2 都连接到了最后的检测分类层作回归。这里，Conv4_3 是指 VGG16 的第 4 个卷积模块第 3 层的特征图。

SSD 算法操作步骤：

(1) 将图像输入到 VGG16 网络中以获得不同大小的特征映射。

(2) 抽取 Conv4_3、Conv7、Conv8_2、Conv9_2、Conv10_2、Conv11_2 层的特征图，各层尺度分别为 38 × 38、19 × 19、10 × 10、5 × 5、3 × 3、1 × 1。

(3) 在这些特征图上的每一个点构造 6 个不同尺度大小的预设框，然后分别进行检测和分类，生成多个初步符合条件的预设框。

(4) 通过 NMS(非极大值抑制)，筛选出合适的预设框。

将图 8-20 中的 SSD 算法的网络结构中第 4 个卷积模块第 3 层、第 7 个卷积模块、第 8 个卷积模块第 2 层、第 9 个卷积模块第 2 层、第 10 个卷积模块第 2 层、第 11 个卷积模块第 2 层展开后，可得到如图 8-21 所示的网络结构展开图。

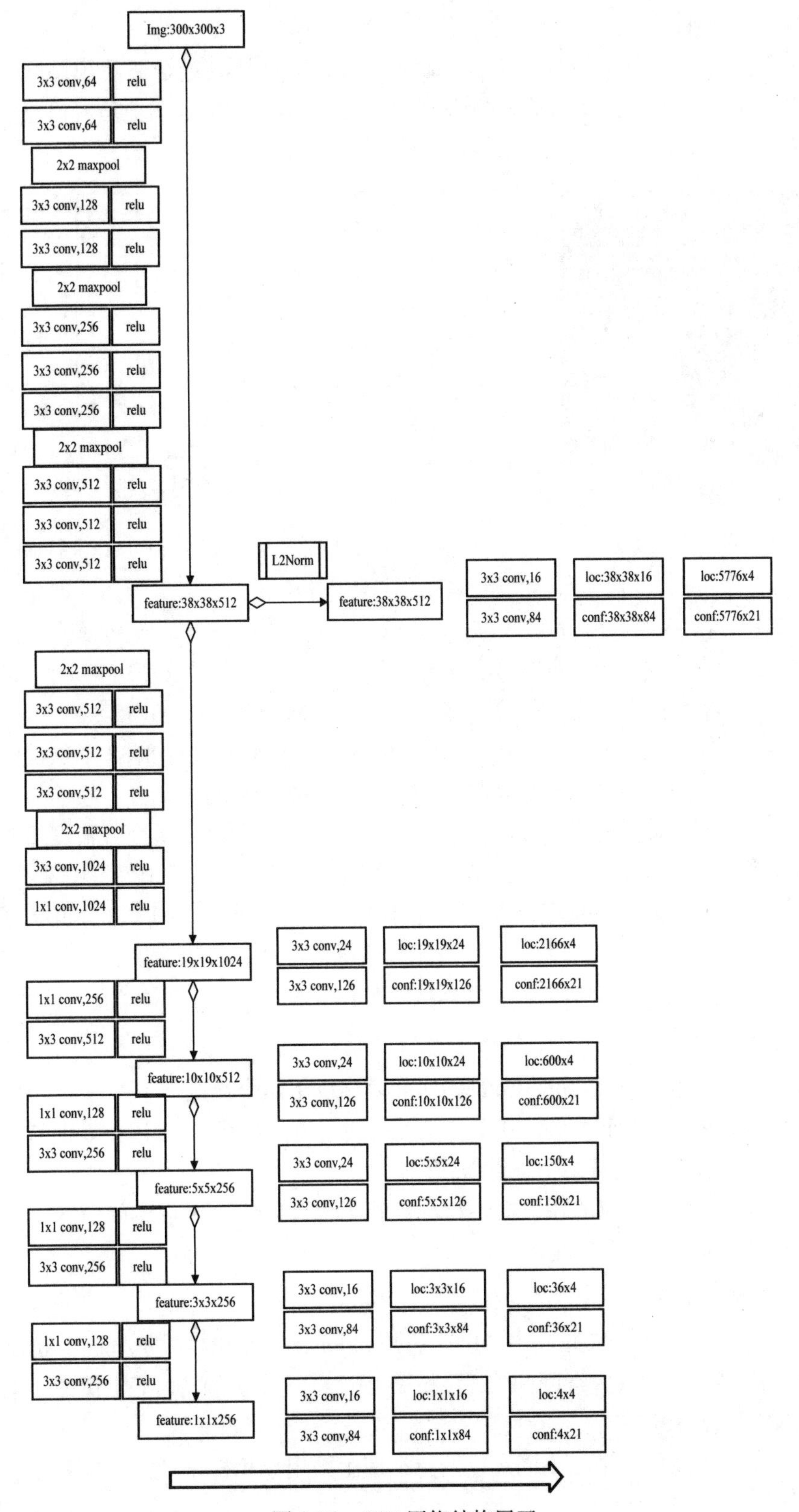

图 8-21　SSD 网络结构展开

2. 设置预设框

SSD 算法在不同大小的特征图上均设置预设框，以找到最合适的预设框的位置和尺寸。图 8-22 描述了不同尺度特征图预设框的设置，8 × 8 的特征图更适合检测小目标，如图中的猫；4 × 4 的特征图更适合检测大目标，如图中的狗。

(a) 输入图像和真值框

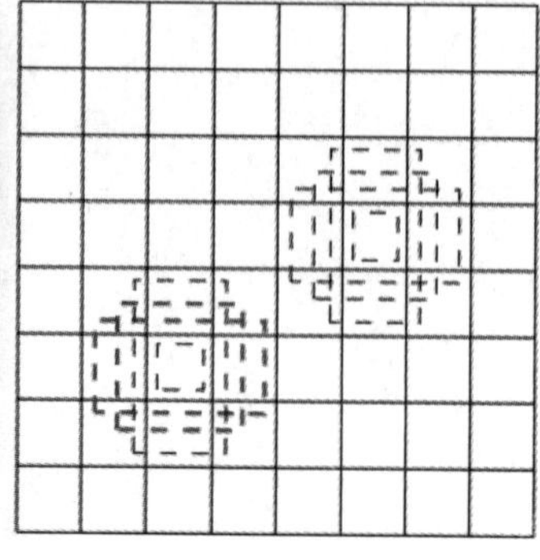

(b) 8 × 8 特征图

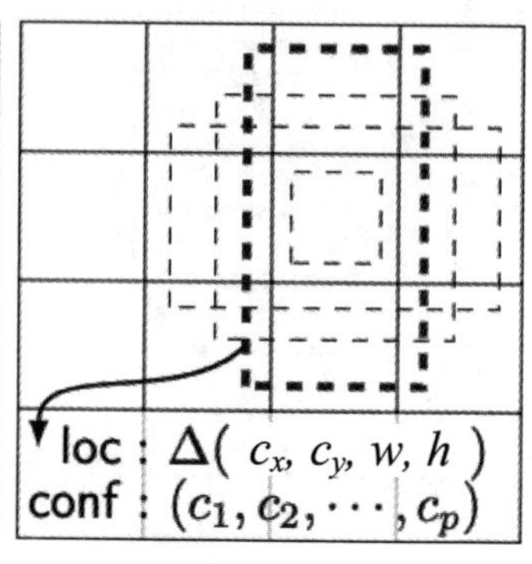

(c) 4 × 4 特征图

图 8-22　预设框的设置

图 8-22(b)和图 8-22(c)中的虚线框表示设置的预设框，一般每个特征图的每个点设置 6 个预设框，但是在实现时，Conv4_3，Conv10_2 和 Conv11_2 层仅使用 4 个预设框。因此，6 种不同大小的特征图，共有 38 × 38 × 4、19 × 19 × 6、10 × 10 × 6、5 × 5 × 6、3 × 3 × 4、1 × 1 × 4，也就是 5776、2166、600、150、36、4，加起来一共有 8732 个预设框。

对于每个预设框，都输出一组独立的检测值，主要分为两个部分。第一部分是各个类别的置信度。如果检测目标共有 *c* 个类别，SSD 算法需要预测 *c*+1 个置信度值，其中第一个置信度指的是不含目标的评分，当第一个置信度值最高时，表示预设框中并不包含目标。在预测过程中，置信度最高的那个类别就是预设框所属的类别。第二部分就是预设框的位置信息，包含 4 个值 $\Delta(c_x,c_y,w,h)$，分别表示预设框的中心坐标以及宽、高的偏移量。这样每个预设框需预测的值的个数为：1(目标或背景) + *x*(物体分类) + 4(位置信息)。

3. 预设框匹配

SSD 的预设框与真值(ground truth)的匹配遵循以下两个原则：

(1) 对于图像中的每个真值，找到与其 IOU 最大的预设框，将该预设框与其匹配，这样可以保证每个真值一定与某个预设框匹配。

(2) 对于剩余的未匹配的预设框，若与某个真值的 IOU 大于设定阈值(一般是 0.5)，那么该预设框可与这个真值进行匹配。

4. SSD 算法的特点

(1) SSD 算法结合了 YOLO 中的回归思想和 Faster RCNN 中的 Anchor 机制，使用全图各个位置的多尺度区域进行回归，既保持了 YOLO 速度快的特性，也保证了窗口预测跟 Faster RCNN 一样精准。

(2) SSD 算法的核心是在不同尺度的特征图上采用卷积核来预测一系列预设框的类别和位置。

8.6　采用 YOLO 算法进行目标检测的实例

从 Darknet 官网上(https://pjreddie.com/darknet/yolo/)下载官方已经训练好的 YOLO v3 模型，直接读取模型做目标检测。

首先，看一下目标检测代码的目录结构。

```
└─ root
    |  code.py                          #预测的代码
    ├─ cfg                              #目标检测模型的配置文件
    |      coco.names                   #各个类别的名称
    |      yolov3_coco.cfg              #目标检测网络的结构
    |      yolov3_coco.weights          #目标检测模型的权重
    |
    ├─ result                           #测试图像结果保存
    |      test1.jpg
    |      test2.jpg
    |
    └─ test                             #测试图像
           test1.jpg
           test2.jpg
```

接下来给出目标检测的实现代码。(https://www.cnblogs.com/_wenli/P/11939377.html)

```
#载入所需库
import cv2
import numpy as np
import os
import time
import matplotlib.pyplot as plt
from PIL import Image
def yolo_detect(pathIn = '',
                pathOut = None,
                label_path = './cfg/coco.names',
                config_path = './cfg/yolov3_coco.cfg',
                    weights_path = './cfg/yolov3_coco.weights',
                confidence_thre = 0.5,
                nms_thre = 0.3,
                jpg_quality = 80):
```

```
    '''
    注释
    pathIn：原始图像路径
    pathOut：结果图像路径
    label_path：类别标签文件路径
    config_path：模型配置文件路径
    weights_path：模型权重文件路径
    confidence_thre：0-1，置信度阈值，即保留概率大于这个值的边界框，默认为 0.5
    nms_thre：非极大值抑制阈值，默认为 0.3
    jpg_quality：设定输出图像的质量，范围为 0 到 100，默认为 80，越大质量越好
    '''
#加载类别标签文件
    LABELS = open(label_path).read().strip().split("\n")
    nclass = len(LABELS)

    #为每个类别的边界框随机匹配相应颜色
    np.random.seed(42)
    COLORS = np.random.randint(0, 255, size = (nclass, 3), dtype = 'uint8')

    #载入图像并获取其维度
    base_path = os.path.basename(pathIn)
    img = cv2.imread(pathIn)
    (H, W) = img.shape[:2]

    #加载模型配置和权重文件
    net = cv2.dnn.readNetFromDarknet(config_path, weights_path)

    #获取 YOLO 输出层的名字
    ln = net.getLayerNames()
    ln = [ln[i[0] - 1] for i in net.getUnconnectedOutLayers()]

    #将图像构建成一个 blob，设置图像尺寸，然后执行一次
    #YOLO 前馈网络计算，最终获取边界框和相应概率
    blob = cv2.dnn.blobFromImage(img, 1 / 255.0, (416, 416), swapRB = True, crop = False)
    net.setInput(blob)
    start = time.time()
    layerOutputs = net.forward(ln)
    end = time.time()
```

```
#显示预测所花费时间
print('消耗 {:.2f} 秒'.format(end - start))

#初始化边界框，置信度(概率)以及类别
boxes = []
confidences = []
classIDs = []

#迭代每个输出层，总共三个
for output in layerOutputs:
    #迭代每个检测
    for detection in output:
        #提取类别 ID 和置信度
        scores = detection[5:]
        classID = np.argmax(scores)
        confidence = scores[classID]

        #只保留置信度大于某值的边界框
        if confidence > confidence_thre:
            #将边界框的坐标还原至与原图像相匹配，记住 YOLO 返回的是
            #边界框的中心坐标以及边界框的宽度和高度
            box = detection[0:4] * np.array([W, H, W, H])
          (centerX, centerY, width, height) = box.astype("int")

            #计算边界框的左上角位置
            x = int(centerX - (width / 2))
            y = int(centerY - (height / 2))

            #更新边界框，置信度(概率)以及类别
            boxes.append([x, y, int(width), int(height)])
         confidences.append(float(confidence))
         classIDs.append(classID)

#使用非极大值抑制方法抑制弱、重叠边界框
idxs = cv2.dnn.NMSBoxes(boxes, confidences, confidence_thre, nms_thre)

#确保至少一个边界框
if len(idxs) > 0:
    #迭代每个边界框
```

```
            for i in idxs.flatten():
                #提取边界框的坐标
                (x, y) = (boxes[i][0], boxes[i][1])
                (w, h) = (boxes[i][2], boxes[i][3])

                #绘制边界框以及在左上角添加类别标签和置信度
                color = [int(c) for c in COLORS[classIDs[i]]]
                cv2.rectangle(img, (x, y), (x + w, y + h), color, 2)
                text = '{}: {:.3f}'.format(LABELS[classIDs[i]], confidences[i])
                (text_w, text_h), baseline = cv2.getTextSize(text, cv2.FONT_HERSHEY_SIMPLEX, 0.5, 2)
                cv2.rectangle(img, (x, y-text_h-baseline), (x +text_w, y), color, -1)
                cv2.putText(img, text, (x, y-5), cv2.FONT_HERSHEY_SIMPLEX, 0.5, (0, 0, 0), 2)

        #输出结果图像
        if pathOut is None:
            cv2.imwrite('with_box_'+base_path, img, [int(cv2.IMWRITE_JPEG_QUALITY), jpg_quality])
            cv2.imshow("we", img)
        else:
            cv2.imwrite(pathOut, img, [int(cv2.IMWRITE_JPEG_QUALITY), jpg_quality])

#测试一
pathIn = './test/test1.jpg'
pathOut = './result/test1.jpg'
yolo_detect(pathIn,pathOut)
imge = Image.open(pathOut)
plt.imshow(imge)
plt.axis('off')
plt.show()

#测试二
pathIn = './test/test2.jpg'
pathOut = './result/test2.jpg'
yolo_detect(pathIn,pathOut)
imge = Image.open(pathOut)
plt.imshow(imge)
plt.axis('off')
plt.show()
```

代码运行结果如图 8-23、图 8-24 所示。

图 8-23　同类别多目标检测与定位

图 8-24　多类别目标检测与定位

图 8-23 所示是同类别多目标检测与定位结果，其中，左图是原图，右图检测定位到了 3 个目标，这 3 个目标是狗的概率分别是 0.984，0.961 和 0.748。图 8-24 所示是多类别目标检测与定位结果，其中，左图是原图，右图检测定位到了 3 个类别(自行车, 人, 狗)的多个目标，并分别显示出各目标的检测概率。

本章小结

本章主要介绍了目标检测的传统方法和深度学习方法。详细阐述了基于深度学习目标检测算法中的两阶段方法，如 RCNN 系列算法；以及一阶段方法，如 YOLO 和 SSD 算法。本章最后给出了利用 YOLO v3 算法进行目标检测的实例，可为读者开展目标检测相关任务提供参考。

课后习题

1. 构建一个图像中包括的对象只有行人、汽车、摩托车和背景的分类和定位算法，设行人($c = 1$)，汽车($c = 2$)，摩托车($c = 3$)，则习题图 1 的标签是什么，即 $\boldsymbol{y} = [p_c, b_x, b_y, b_h, b_w, c_1, c_2, c_3]$的值是下列选项中的哪一个？

(a) $\boldsymbol{y} = [1, 0.6, 0.7, 0.3, 0.9, 1, 0, 0]$

(b) $\boldsymbol{y} = [1, 0.7, 0.3, 0.3, 0.3, 1, 0, 0]$

(c) $\boldsymbol{y} = [1, 0.6, 0.7, 0.3, 0.9, 0, 1, 0]$

(d) $\boldsymbol{y} = [1, 0.7, 0.6, 0.9, 0.3, 0, 1, 0]$

习题图 1

2. 求习题图 2 中两个框的交并比是多少？左上角的方框是 2×2，右下角的方框是 2×3，重叠的区域是 1×1。

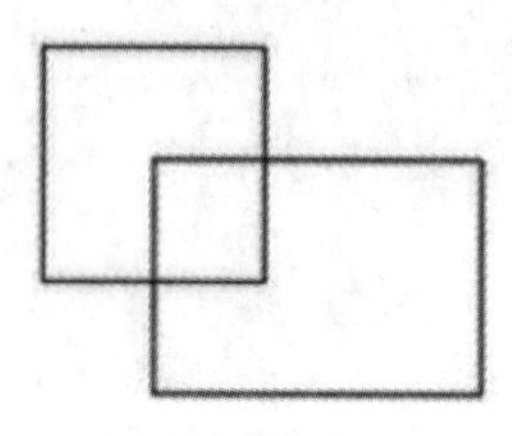

习题图 2

3. 在习题图 3 中的预测方框上运行非极大值抑制筛选，用于非极大值抑制的参数是：概率≤0.4 的框被丢弃，决定两个框是否重叠的交并比阈值为 0.5，则使用非极大值抑制筛选后将保留多少方框？

习题图 3

4. 在 YOLO 算法中，把图像看成一个 $s \times s$ 的栅格，假设 $s = 19$，用 YOLO 算法对一个带有 20 个类别的数据集做检测，则网络最后的输出维度是多少？

第 9 章　其他深度学习网络

卷积神经网络应用于图形图像的处理上取得了较好的效果，在计算机视觉任务(如图像分类、物体检测、图像分割等领域)中被广泛使用。然而，卷积神经网络的应用仍有局限性，如不能很好地处理有前后依赖信息的预测问题，随机的网络权值初始化方式将使得梯度下降算法难以收敛于全局最优值等。本章将介绍循环神经网络、深度信念网络和生成对抗网络，通过采用不同的网络结构解决上述问题，从而拓展深度网络在计算机视觉中的应用范围。

9.1　循环神经网络

在阅读一篇文章时，人们试图理解文章含义并得出相应结论的过程就是一个信息处理的过程。此时，人脑的输入并不只有当前的文章，还有我们之前相关知识的积累，也就是说我们并不是从空白的状态开始思考的，历史信息对于当前的任务至关重要。例如，在自然语言处理中理解一句话的含义时，不能孤立地看每个词的意思，要将该句中所有词联系起来形成序列，才能更好地分析其含义。同样，在视频处理中，也不能孤立地分析每一帧，而需要对整个序列进行分析。

在进行信息处理时，传统的神经网络无法考虑历史信息对当前预测的影响，因此，无法处理具有时间序列的输入信息。

循环神经网络(Recurrent Neural Network，RNN)是一类以序列数据为输入，在序列的演进方向进行递归，且所有节点(循环单元)按链式连接的神经网络，也称为递归神经网络。对循环神经网络的研究可追溯到 1987 年 Robinson 和 Fallside 等人在语音识别方面所做的工作，Werbos 等人进一步探讨了循环结构的反向传播问题。早期的循环神经网络并未引起足够的注意，在其发源的语音识别领域效果也不够理想，这主要是因为 RNN 的循环迭代使其不能长期保存历史信息，早期的 RNN 一般在超过 10 多个时间间隔后，就会出现梯度消失，即无法解决长期依赖问题。1997 年，Hochreiter 等人提出长短期记忆(Long Short-Term Memory，LSTM)网络，这一问题才得以解决。LSTM 网络也是目前最常见的循环神经网络模型。

9.1.1　基本概念

传统的神经网络结构如图 9-1(a)所示，其中，x 表示输入层特征、h 为隐藏层的输出、

o 为神经网络输出值。$\boldsymbol{U}$ 和 $\boldsymbol{V}$ 分别为输入层到隐藏层和隐藏层到输出层之间的权重矩阵。循环神经网络结构如图 9-1(b)所示，在隐藏层多了一个从自身到自身的连接，也可认为是反馈。可以看出，传统神经网络中 o 的值依赖于输入层特征 x、权重矩阵 $\boldsymbol{U}$ 和 $\boldsymbol{V}$，而在循环神经网络中，输出 o 还依赖于上一个隐藏层的输出以及权重矩阵 $\boldsymbol{W}$。

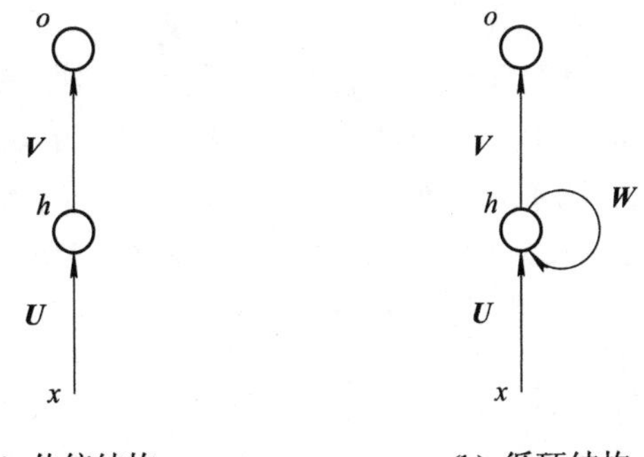

(a) 传统结构　　(b) 循环结构

图 9-1　神经网络结构

把图 9-1(b)展开，可得到如图 9-2 所示的展开图。

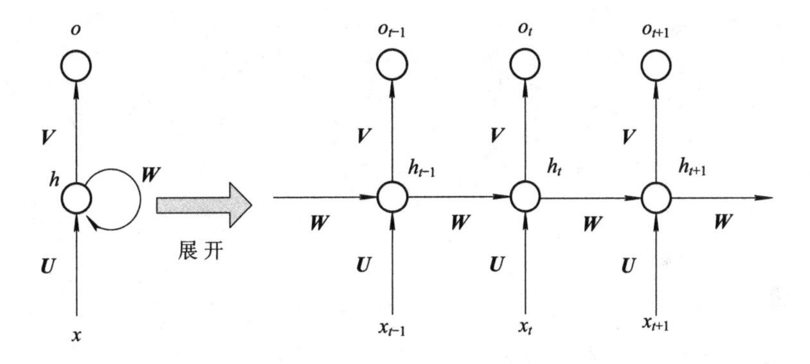

图 9-2　循环神经网络展开图

从图 9-2 中可以看出，网络的输入按照时间顺序向后传递。当前隐藏层的输出 h_t 取决于当前输入向量 $\boldsymbol{x}_t$ 以及上一时刻隐藏层的输出 h_{t-1}。可以把隐藏层状态视作“记忆体”，捕捉了之前时间点上的信息，可用公式表示为

$$\begin{cases} o_t = g(Vh_t) \\ h_t = f(Ux_t + Wh_{t-1}) \end{cases} \tag{9-1}$$

式中，g 和 f 分别是输出层和隐藏层的激活函数。

把 h_t 带入 o_t 中，并对 o_t 递归展开，可得

$$\begin{aligned} o_t &= g(\boldsymbol{V}h_t) = g(\boldsymbol{V}f(\boldsymbol{U}x_t + \boldsymbol{W}h_{t-1})) = g(\boldsymbol{V}f(\boldsymbol{U}x_t + \boldsymbol{W}f(\boldsymbol{U}x_{t-1} + \boldsymbol{W}h_{t-2}))) \\ &= g(\boldsymbol{V}f(\boldsymbol{U}x_t + \boldsymbol{W}f(\boldsymbol{U}x_{t-1} + \boldsymbol{W}(\boldsymbol{U}x_{t-2} + \cdots)))) \end{aligned} \tag{9-2}$$

可见，o_t 为 x_t，x_{t-1}，x_{t-2}，…的函数，即输出的 o_t 由当前时间及之前所有的“记忆”共

同计算得到，这是循环神经网络的特征之一。从展开图中可以看出，在每个时间步上权重矩阵 ***U***、***V*** 和 ***W*** 是复用的，即整个循环神经网络共享一组参数(***U***, ***V***, ***W***)，极大地减少了需要训练和预估的参数量，这是循环神经网络的另一特征。

9.1.2 双向循环神经网络

如图 9-2 所示的循环神经网络是单向的，即当前输出仅依赖于历史输入。但是，在很多情况下，当前输出不仅依赖于之前的输入，也依赖于之后的输入。例如，在完形填空中，所填的词要跟上下文相关。为解决这个问题，Schuster 和 Paliwal 于 1997 年提出双向循环神经网络(Bi-directional Recurrent Neural Network，BRNN)的概念，分别构建向前和向后的循环神经网络并相互叠加，得到双向循环神经网络。双向循环神经网络的结构如图 9-3 所示。

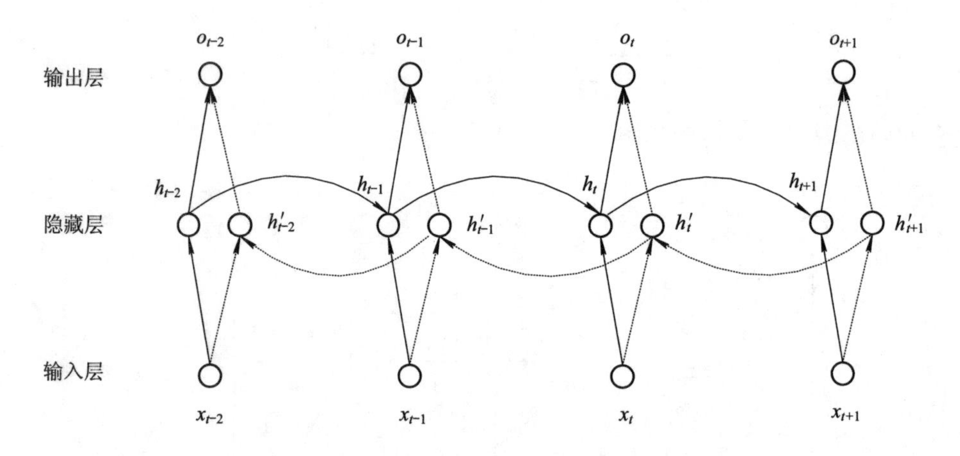

图 9-3　双向循环神经网络结构

图 9-3 所示的循环神经网络只包含一个隐藏层，在实际应用中，为了提高神经网络的性能，会使用多个隐藏层，即深层神经网络，也称为深度神经网络。

9.1.3 LSTM 网络

RNN 解决了对历史信息保存的问题，能够用来处理时序相关的信息。然而，在实际应用中，h_t 并不能捕捉和保留之前所有信息。这是因为随着时间间隔不断增大，RNN 训练期间信息不断地循环往复，在更新过程中错误梯度累积，导致网络不稳定。极端情况下会出现梯度爆炸和梯度消失的问题，丧失远距离学习能力。

LSTM 网络可有选择地对记忆进行过滤和更新，它的“记忆细胞”经过改造，该记的信息会一直传递，不该记的会被“门”截断。由于 LSTM 使用门来控制记忆过程，可以解决长期依赖问题。

1. LSTM 网络基本单元

LSTM 网络在每个时间步的内部增加了一个细胞状态(Cell State)来存储长期记忆，如图 9-4 所示，图中虚线框内即为细胞状态。

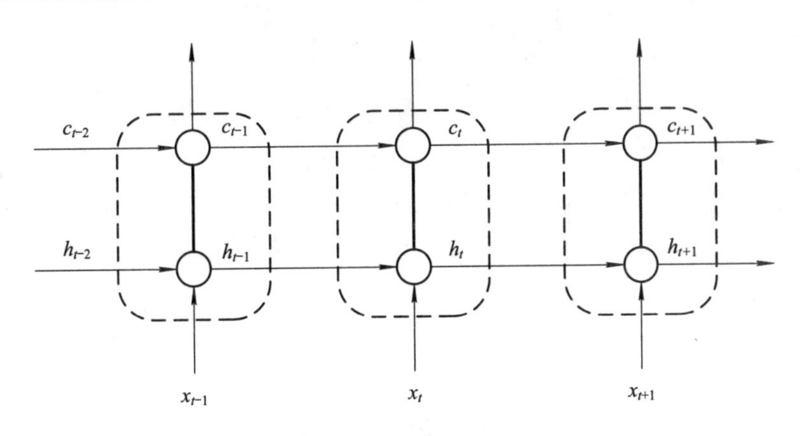

图 9-4　LSTM 网络结构

把图 9-4 与图 9-2 对照，容易看出，LSTM 网络的神经元和 RNN 的神经元在信息传递上几乎一致，只是在 RNN 的基础上增加了细胞状态，其主要作用是记忆长期信息。

LSTM 网络是如何通过这种结构实现长期记忆的呢？若将 LSTM 网络的一个时间步作为一个单元(见图 9-4 中的中间虚线框)，则其内部结构如图 9-5 所示。

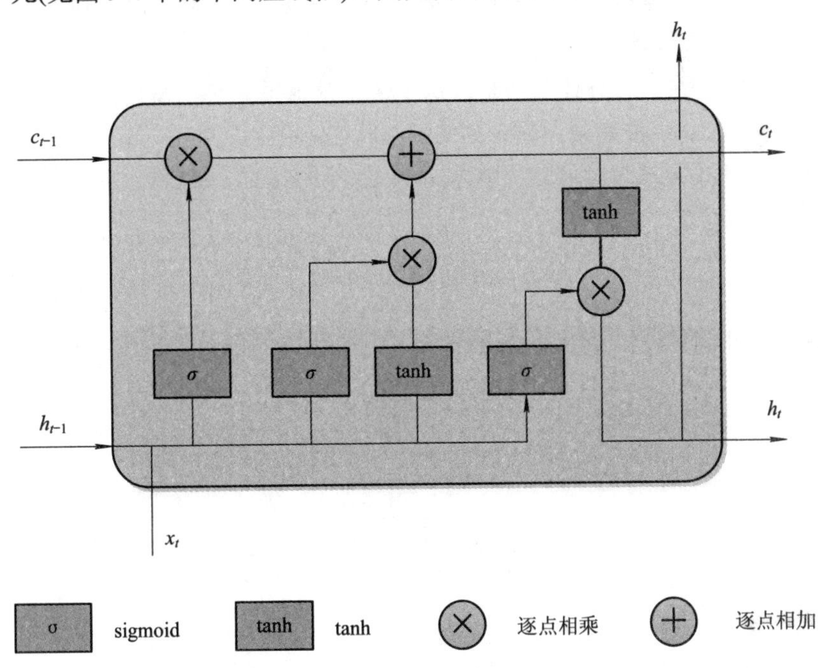

图 9-5　LSTM 网络单元内部结构

从图 9-5 中可以看出，在 t 时刻，LSTM 网络的输入有 3 个，即当前时刻网络的输入值 x_t、上一时刻 LSTM 网络的输出值 h_{t-1} 以及上一时刻的细胞状态 c_{t-1}。其输出有两个，即当前时刻的输出值 h_t 以及当前时刻的细胞状态 c_t。

LSTM 网络不同于 RNN 的关键就是细胞状态，在图 9-5 中，上方的水平线表示细胞状态从 c_{t-1} 到 c_t 的更新过程，如图 9-6 所示。细胞状态的更新类似于传送带，只有一些少量的线性交互。

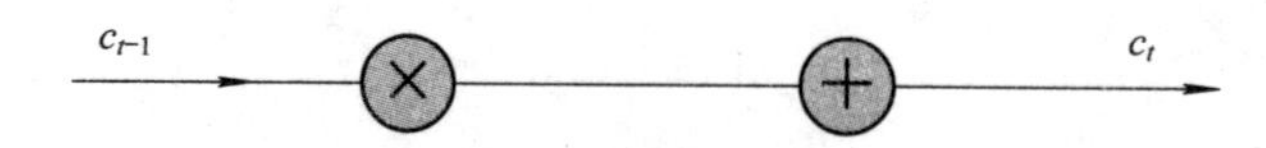

图 9-6　细胞状态更新

与细胞状态更新线性交互的是 LSTM 网络的“门”结构，“门”是一种让信息选择式通过的方法，可用来控制在传输过程中丢弃或者保留哪些信息。在一个时间步单元中一共包含 3 个门，它们均由一个 sigmoid 函数和一个按位的乘法操作组成，如图 9-7 所示。

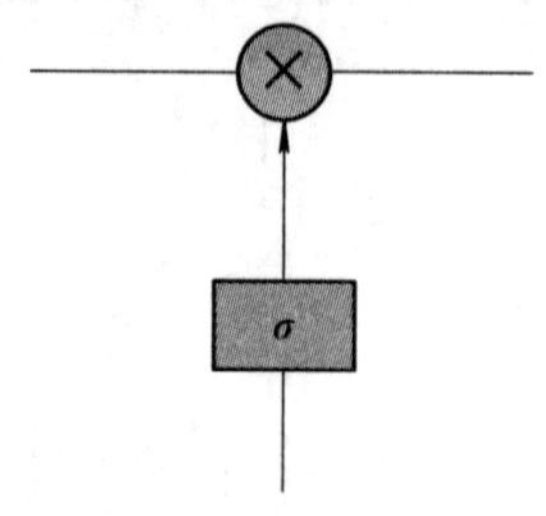

图 9-7 “门”结构

sigmoid 函数输出 0 到 1 之间的数值，描述与其进行按位乘法操作的向量有多少元素可以通过。0 代表“不许通过”，1 表示“允许通过”，0～1 代表“部分通过”。

2. LSTM 网络运算步骤

(1) 决定从细胞状态中丢弃什么信息。这个决定是通过一个遗忘门来完成的，即控制上一时刻的 h_{t-1} 和 c_{t-1} 是否传递到当前时刻的细胞状态 c_t 中。

如图 9-8 所示，其输入为当前时刻输入 x_t 和上一时刻的隐藏层输出 h_{t-1}，经过 sigmoid 函数，得到 f_t 的表达式为

$$f_t = \sigma(\boldsymbol{W}_f[h_{t-1}, x_t] + b_f) \tag{9-3}$$

式中，$\boldsymbol{W}_f$ 表示遗忘门的权值矩阵，b_f 为偏置项。

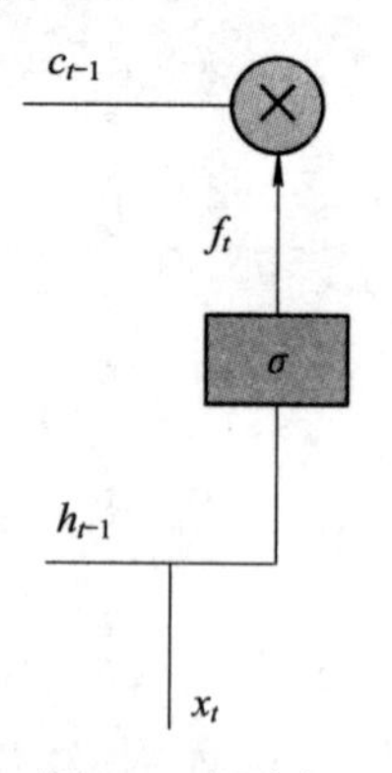

图 9-8　遗忘门

sigmoid 函数将变量值映射到 0～1，因此，f_t 的取值范围为[0,1]。f_t 与 c_{t-1} 逐点相乘，通过将 f_t 元素取值为 0，可以筛掉 c_{t-1} 中不想要的信息。

(2) 确定什么样的新信息被存放在细胞状态中。如图 9-9 所示，这里包含两个部分：sigmoid 函数决定什么值将要被更新，tanh 函数创建一个新的向量 $\tilde{c}_t$，作为备选更新信息。这两个函数的输出 i_t 和 $\tilde{c}_t$ 逐点相乘，作为对 c_t 更新的一部分。

$$\begin{cases} i_t = \sigma(W_i[h_{t-1}, x_t] + b_i) \\ \tilde{c}_t = \tanh(W_c[h_{t-1}, x_t] + b_c) \end{cases} \tag{9-4}$$

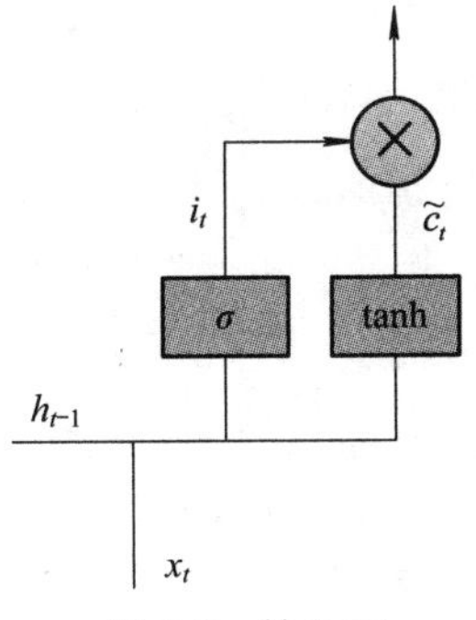

图 9-9　输入门

(3) 更新“细胞状态”，即更新 c_{t-1} 为 c_t。如图 9-10 所示，把前一时刻状态 c_{t-1} 与 f_t 逐点相乘，丢弃需要丢弃的信息；将 i_t 和 $\tilde{c}_t$ 逐点相乘，把当前信息有选择地输入到细胞状态 c_t 中；最后通过逐点相加将两者信息结合起来更新为 c_t，表达式如下：

$$c_t = f_t \otimes c_{t-1} + i_t \otimes \tilde{c}_t \tag{9-5}$$

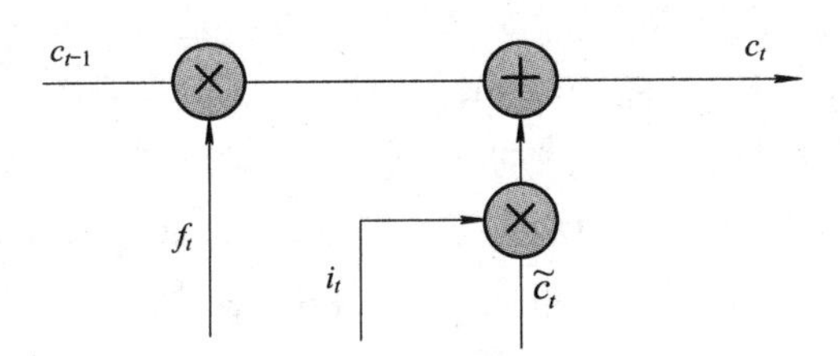

图 9-10　更新细胞状态

(4) 确定当前时刻的输出 h_t。这个输出是基于当前时刻细胞状态 c_t 的，但是还需要一个信息过滤的处理。如图 9-11 所示，先把细胞状态 c_t 输入 tanh 函数，得到一个−1 到 1 之间的值；然后，通过 sigmoid 函数确定细胞状态的哪个部分将被输出；最后，将 tanh 函数输出和 sigmoid 函数输出逐点相乘，得到当前时刻的输出 h_t，其表达式如下：

$$\begin{cases} o_t = \sigma(W_o[h_{t-1}, x_t] + b_o) \\ h_t = o_t \otimes \tanh(c_t) \end{cases} \tag{9-6}$$

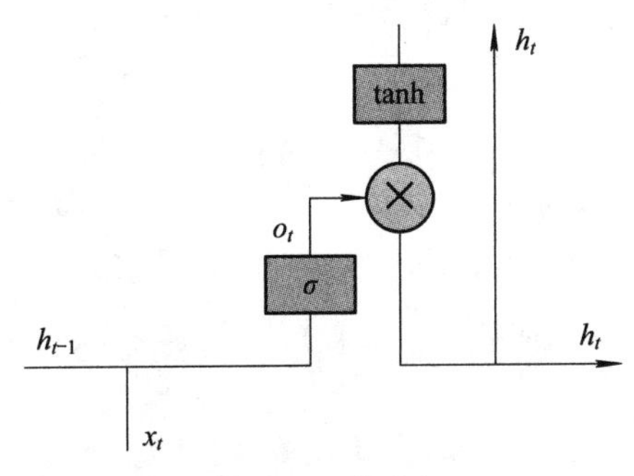

图 9-11　输出门

9.1.4 LSTM 网络模型训练

LSTM 网络模型的参数训练算法仍然采用第 6 章讲到过的反向传播算法，主要有如下 3 个步骤：

(1) 前向传播：计算各时间步单元中每个神经元的输出值，依据前面介绍的 LSTM 网络运算流程，分别计算出 f_t、i_t、c_t、o_t 和 h_t。

(2) 确定目标函数：计算每个神经元的输出值和预期值之间的误差项值，构造损失函数。

(3) 根据损失函数的梯度指引更新网络权值参数：RNN 和 LSTM 网络误差项的反向传播均包括两个方面，一个是空间上的，将误差项向网络的上一层传播，这与卷积神经网络中的反向传播类似；另一个是时间上的，沿时间反向传播，即从当前时刻 t 开始，计算每个时刻的误差。

9.2 深度信念网络

因为深度神经网络参数众多，在训练时需要大量的训练样本，所以无法进行有效的小样本学习。2006 年，为解决深度神经网络的训练问题，Geoffrey Hinton 提出深度信念网络(Deep Belief Network，DBN)。深度信念网络是一种生成模型，可估计观测数据和标签的联合概率分布，即 P(Observation|Label)和 P(Label|Observation)。前者表示通过训练可以让深度信念网络按照最大概率来生成训练数据；后者表示在给定观测数据(Observation)的条件下，估计 Lable 出现的最大概率。判别模型只需估计 P(Label|Observation)。

深度信念网络可用于无监督学习，此时，可将其看作自编码网络。由于自编码网络可以对原始数据在不同粒度上进行抽象，因此，深度信念网络可用于对数据进行压缩或者降维。当用于监督学习时，可将深度信念网络作为分类器来使用，其目的在于使分类标签尽可能准确，错误率尽可能地小。

9.2.1 受限玻尔兹曼机

深度信念网络是由多个受限玻尔兹曼机叠加而成的。受限玻尔兹曼机(Restricted Boltzmann Machine，RBM)是对标准玻尔兹曼机的一种改进。如图 9-12 所示，左图为标准玻尔兹曼机，右图为受限玻尔兹曼机，二者的区别在于受限玻尔兹曼机移除了同一层之间的连接，这也是“受限”的命名来源，受限玻尔兹曼机可有效降低标准玻尔兹曼机的计算复杂度。

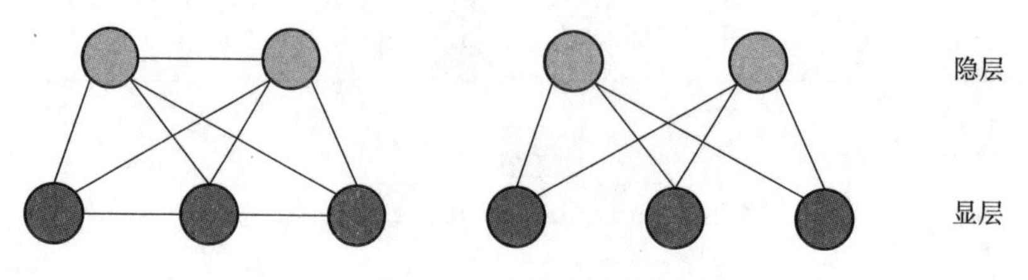

图 9-12　受限玻尔兹曼机

每个 RBM 均包括显层(Visible Layer)和隐层(Hidden Layer)两层神经元，显层神经元用于接收训练数据，隐层神经元用于特征提取。在 RBM 中，并非每个神经元都处于激活状态，也就是说并非所有神经元都被启用，我们用 1 和 0 表示神经元的激活和未激活状态。神经元的激活概率由可见层或隐藏层神经元的分布函数计算得出。如图 9-13 所示为 RBM 的神经元结构，图中以隐层神经元 h_1 为例，展示了其神经元结构。

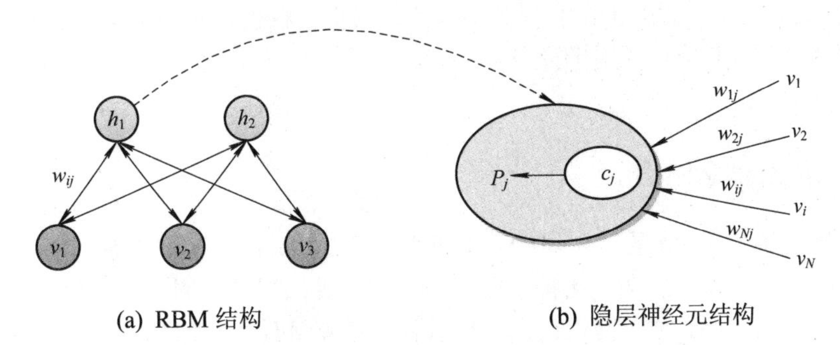

(a) RBM 结构　　(b) 隐层神经元结构

图 9-13　RBM 的神经元结构

在 RBM 中，任意两个神经元之间的连接权重用 w 表示，每个神经元自身有一个偏置系数，显层神经元的偏置系数用 b 表示，隐层神经元的偏置系数用 c 表示。在图 9-13 中，隐层神经元 h_j 被激活的概率为

$$P(h_j \mid \boldsymbol{v}) = \sigma\left(c_j + \sum_i w_{ij} v_i\right) \tag{9-7}$$

式中，$\boldsymbol{v}$ 表示显层输入向量，v_i 是第 i 个显层神经元，w_{ij} 是 v_i 和 h_j 之间的连接权重，c_j 是 h_j 的偏置，σ 为 sigmoid 函数，也可取满足值域在 0～1 之间的其他函数。

同样，显层神经元 v_i 的激活概率也可由隐层神经元的分布函数计算得出：

$$P(v_i \mid \boldsymbol{h}) = \sigma\left(b_i + \sum_j w_{ij} h_j\right) \tag{9-8}$$

式中，$\boldsymbol{h}$ 为隐层输出向量，b_i 是 v_i 的偏置。

RBM 的工作原理如下：记输入向量为 $\boldsymbol{v}$，将其赋值给显层，RBM 根据式(9-7)计算出每个隐层神经元被激活的概率 $P(h_j \mid \boldsymbol{v})$, $j = 1, 2, \cdots, M$, M 为隐层神经元数量。取 $\mu(0 \leqslant \mu \leqslant 1)$ 作为阈值，激活概率大于该阈值的神经元才被激活，即

$$h_j = \begin{cases} 1 & P(h_j \mid \boldsymbol{v}) \geqslant \mu \\ 0 & P(h_j \mid \boldsymbol{v}) < \mu \end{cases} \tag{9-9}$$

若给定隐层输出向量，则显层神经元激活概率的计算方法是一样的。

接下来看 RBM 的训练过程。RBM 共涉及 $\boldsymbol{h}$、$\boldsymbol{v}$、$\boldsymbol{b}$、$\boldsymbol{c}$、$\boldsymbol{w}$ 5 个参数，其中 $\boldsymbol{v}$ 是输入向量，$\boldsymbol{h}$ 是输出向量，$\boldsymbol{b}$、$\boldsymbol{c}$、$\boldsymbol{w}$ 是相应的偏置和权重，需要通过学习得到。RBM 的训练方法包括 Gibbs 采样、变分近似方法、对比散度以及模拟退火等，这里介绍对比散度的大致步骤。

(1) 将训练集中的一个样本 $\boldsymbol{v}$ 赋值给显层神经元，利用式(9-7)计算各隐层神经元被激活的概率，获取隐层激活向量 $\boldsymbol{h}$。

(2) 计算样本 $\boldsymbol{v}$ 与激活向量 $\boldsymbol{h}$ 的外积 $\boldsymbol{v}\boldsymbol{h}^{\mathrm{T}}$，称为正梯度。

(3) 利用 $\boldsymbol{h}$ 和式(9-8)计算显层神经元被激活的概率，获取显层节点激活向量 $\boldsymbol{v}'$。

(4) 用显层节点激活向量 $\boldsymbol{v}'$ 计算出隐层神经元被激活的概率，再次获取隐层节点激活向量，记为 $\boldsymbol{h}'$。

(5) 计算 $\boldsymbol{v}'$ 与 $\boldsymbol{h}'$ 的外积 $\boldsymbol{v}'\boldsymbol{h}'^{\mathrm{T}}$，称为负梯度。

(6) 设学习率为 η，使用正梯度和负梯度的差值更新权值，即 $\boldsymbol{w}=\boldsymbol{w}+\eta(\boldsymbol{v}\boldsymbol{h}^{\mathrm{T}}-\boldsymbol{v}'\boldsymbol{h}'^{\mathrm{T}})$。

经过训练之后，RBM 可用于提取显层特征，也可用于数据生成，即根据隐层特征来还原显层输入。

9.2.2 构建深度信念网络

前文已经介绍了 RBM 的基本结构，接下来介绍 DBN 的构建和训练。经典的 DBN 结构是由若干层 RBM 和一层全连接神经网络组成的一种深层神经网络，当然，根据应用领域和所完成任务的不同，神经网络层也可用其他分类器替代。DBN 的结构如图 9-14 所示。

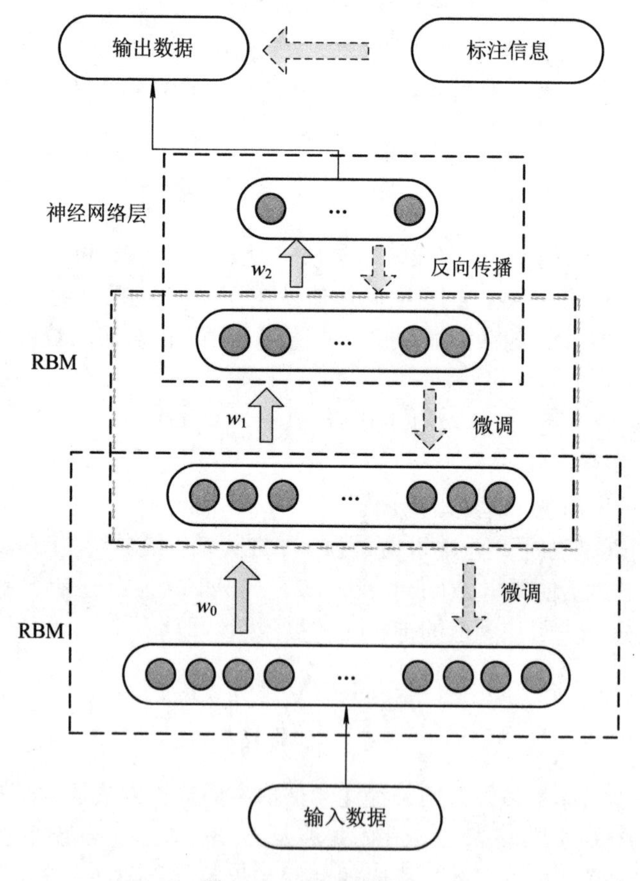

图 9-14　DBN 结构

DBN 的训练过程主要分为两步：

(1) RBM 网络训练。利用 9.2.1 节中 RBM 的训练步骤训练第一个 RBM，这是一个无监督的训练过程，在此过程中不需要标注信息；第一个 RBM 充分训练之后，固定其权重和偏置参数，将其隐层神经元的输出向量作为第二个 RBM 的输入向量，采用同样的方法训练第二个 RBM；重复以上步骤多次，确保特征向量在不同特征空间之间的映射，尽可能多地保留原始特征信息。

(2) 分类器训练。将最上层 RBM 的输出特征向量以及标注信息，作为神经网络层的输入，有监督地训练分类器；经过反向传播将神经网络层输出数据与标注信息之间的误差自顶向下传播至每层 RBM，优化整个 DBN。

仔细观察上述训练过程，可以发现，第(1)步相当于预训练，可将 RBM 的训练过程看作神经网络层的参数初始化。在训练之初，传统的神经网络权重参数通常是随机设置的，这会导致训练收敛于局部最优点以及训练时间过长等问题。在 DBN 的训练中，将最上层 RBM 训练后的输出作为神经网络层的输入，优化了参数设置。DBN 训练的第(2)步则相当于微调或调优的过程，因为在第(1)步预训练阶段，每个 RBM 是单独训练的，也就是说每一个 RBM 网络的权重只能确保使得自身特征向量映射达到最优；并不能使得整个 DBN 的特征向量映射达到最优，反向传播可将误差信息自顶向下传播至每一层 RBM，微调整个 DBN 网络。

9.3 生成对抗网络

9.3.1 基本概念

生成对抗网络(Generative Adversarial Network，GAN)是典型的生成模型(Generative Model)。生成模型主要用于模拟训练样本的概率分布，并生成与训练样本具有相同概率分布或相似特征的新样本，在机器学习的历史上一直占有举足轻重的地位。在拥有大量的数据(如图像、语音、文本等)的前提下，如果生成模型可以模拟这些高维数据的分布，那么对很多应用将大有裨益。

传统的生成模型(如混合高斯模型、隐马尔科夫链等)需要通过参数拟合估计真实样本的概率分布，然后对分布随机采样，进而生成新样本，其中难点在于如何估计真实样本的概率分布。

为解决这一问题，GAN 采用了完全不同的生成模型思想，即通过非监督的方式对真实样本进行学习，模拟真实数据的分布情况，以产生与真实样本相似的数据。GAN 的主要组成部分包括一个生成器和一个判别器，生成器负责生成与真实样本相似的假数据，判别器负责把假数据和真实数据区分开来；然后生成器开始优化网络、产生更接近真实样本的数据，判别器同样优化自身网络、越来越精确地区分生成样本和真实样本；如此循环往复，直至判别器无法区分真实数据和生成数据。可见，在 GAN 中的生成器和判别器分别扮演了“造假”和“打假”的角色，这也是“对抗”的含义所在。

9.3.2 生成对抗网络模型

生成对抗网络模型如图 9-15 所示。

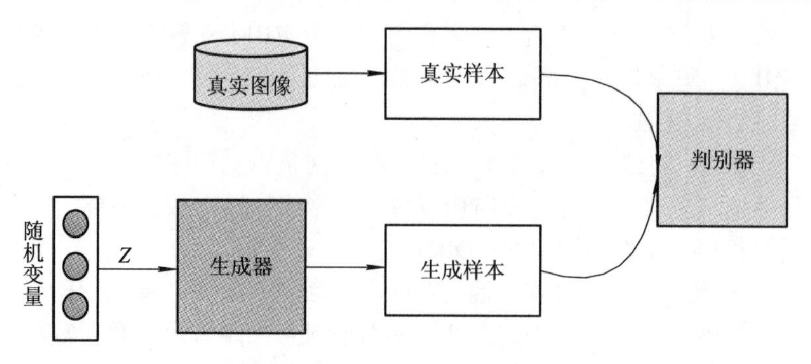

图 9-15　生成对抗网络模型

下面以图像为例，说明生成对抗网络模型的工作原理。

判别器(也称为判别模型)直观来看就是一个简单的神经网络结构，其输入为图像样本(真实的或生成的)，输出是一个概率值。判别器用于判断输入样本的真假：概率值大于 0.5，认为是真实样本；小于 0.5，则认为是生成样本。理想情况下，输入真样本，判别器输出应接近 1；输入假样本，判别器输出接近 0。如果判别器输出为 0.5，说明生成样本足以以假乱真，判别器无法辨别。

生成器(也称为生成模型)可以看成是一个神经网络模型，输入是概率分布已知的一组随机数 Z，输出是生成图像。生成对抗网络的目的是生成尽可能接近真实样本的数据，使判别器无法判断真假。

9.3.3 训练过程

判别器和生成器是相对独立的两个模块，对抗生成网络总体遵循单独交替迭代训练的原则。

在同一轮迭代中：

首先训练判别器，判别器的输入为真样本和上一轮迭代中生成器生成的假样本，及其相应的标签(真样本对应的标签为 1，生成样本对应的标签为 0)。判别器的输出是样本属于真样本的概率值，该概率值与样本标签之间的误差可用于反向传播，更新网络参数。可见，单就判别器而言，这是一个有监督的二分类问题。

其次训练生成器，如图 9-16 所示，其输入是已知概率分布的随机变量，经过生成器后，得到一幅图像。生成器的目标是产生尽可能逼真的样本图像，而生成样本的真实程度只能通过判别器进行判断，因此，在训练生成器时需要将生成器和判别器当作一个整体。需要说明的是，在训练生成器的过程中，判别器是固定的，相当于采用上次迭代中训练好的判别器，对生成样本进行测试。在生成器训练中，须将生成的假样本标签设置为 1，原因如下：

(1) 在生成器训练的早期，生成样本与真实样本之间相差较大，判别器输出其为真的概率很低，将生成的假样本标签设置为 1，这样通过判别器时会得到较大的误差，通过梯度反向传播，会迫使生成器作出较大改变。

(2) 当生成的样本足够真实时，判别器输出其为真的概率较高，将生成的假样本标签设置为 1，判别器会给出较小的误差，生成器不需大幅调整。

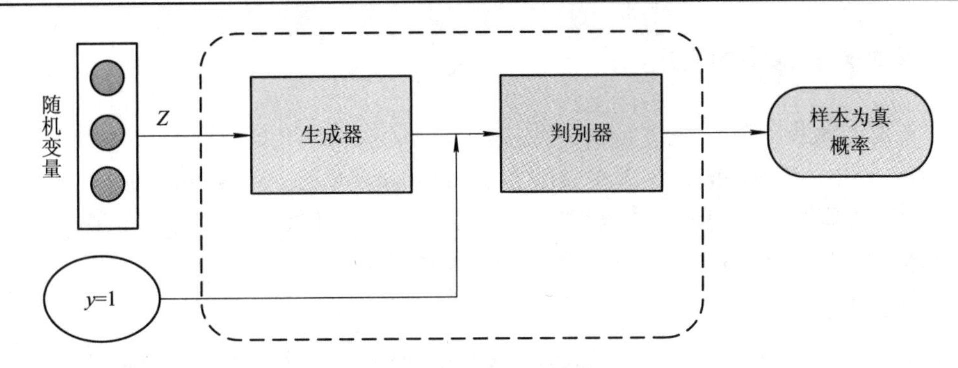

图 9-16　生成器的训练

通过此过程将完成假样本向真样本的逐步逼近。

注意：在训练生成器的时候要固定判别器，不让其进行参数更新，此处判别器的作用仅是计算误差，并传递至生成器，进而更新生成器的参数。

在迭代过程中，生成器和判别器都在不断优化自身网络，最终，生成器能够完全模拟出与真实数据一模一样的输出，判别器已经无力判断。

9.3.4　目标函数

基于 Ian Goodfellow 最早对 GAN 的定义，GAN 实际上是在完成这样一个优化任务：

$$\begin{cases}\min\limits_{G}\max\limits_{D} V(D,G) \\ V(D,G)=E_{x\sim p_{\text{data}}(x)}[\log D(x)]+E_{z\sim p_z(z)}[\log(1-D(G(z)))]\end{cases} \tag{9-10}$$

式中，G 表示生成器，D 表示判别器，G 和 D 均为可微函数，以确保误差可以反向传播。V 是代价函数，用来衡量判别器的性能，V 越大，表示判别器的性能越好。p_{data} 表示真实数据分布，$x\sim p_{\text{data}}(x)$ 表示 x 服从 p_{data} 概率分布。p_z 表示生成器输入数据 z 的概率分布，$z\sim p_z(z)$ 表示 z 服从 p_z 概率分布。

$D(x)$是判别器输出的 x 来自真实样本的概率，最理想的情况是如果输入来自真实样本，则 D 应使输出尽可能接近 1。所以，通过优化最大化这一项可以使 $D(x)=1$。

$1-D(G(z))$表示判别器判定 $G(z)$来自生成样本的概率。我们希望，当输入判别器的数据是生成数据时，判别器输出为0。由于D的输出是输入数据为真实数据的概率，那么$1-D(\cdot)$就是输入数据为生成数据的概率，通过优化 D 最大化这一项，可以使 $D(G(z))=0$，即输入数据为生成数据时，判别器正确地判定为 0。

$\min\limits_{G}\max\limits_{D} V(D,G)$ 可理解如下：判别器的训练目标是将输入真实样本判别为真实样本、将输入生成样本判别为生成样本的概率最大化，即 $\max\limits_{D} V(D,G)=E_{x\sim p_{\text{data}}(x)}[\log D(x)]+E_{z\sim p_z(z)}[\log(1-D(G(z)))]$；生成器的训练目标是将输入判别器的生成样本判别为生成样本的概率最小化，即通过优化 G 在$1-D(G(z))$上迷惑判别器，尽可能地得到 $D(G(z))=1$。本质上，生成器就是在最小化这一项，即 $\min\limits_{G} E_{z\sim p_z(z)}[\log(1-D(G(z)))]$，进而最小化价值函数 $\min\limits_{G} V(D,G)$。

9.3.5　生成对抗网络的应用

1. 生成图像数据集

2014 年，Ian Goodfellow 等人在其论文 *Generative Adversarial Nets*(《生成对抗网络》)中提出了生成新图像的应用。文中实验表明，GAN 可为 MNIST 手写字体数据集、CIFAR-10 普适物体小型数据集、Toronto 人脸数据集生成新样本。

2. 生成人脸照片

Tero Karras 等人在其论文“Progressive Growing of Gans for Improved Quality, Stability, and Variation”(《GAN 质量、稳定性及变化性的提高》)中，展示了生成高清人脸照片的案例，如图 9-17 所示。该案例以 CelebA-HQ 人脸属性数据集(包括 10 177 个名人的 202 599 张人脸图片，分辨率为 1024 × 1024)中的照片为输入，生成的照片具有名人的脸部特征，让人感觉此人的眼睛或鼻子很熟悉，却并不认识。

图 9-17　生成人脸照片的案例

3. 生成自然图像

Andrew Brock 等人在其论文“Large Scale GAN Training for High Fidelity Natural Image Synthesis”(《用于高保真自然图像合成的 GAN 规模化训练》)中，给出了用 BigGAN 技术生成自然图像的案例。如图 9-18 所示，利用该算法合成的图像有的几乎与真实照片无异，当然，算法还有进一步提升的空间，如第一行中的蘑菇图合成痕迹比较明显。

图 9-18　生成自然图像的案例

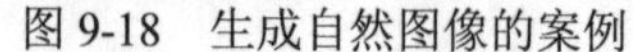

4. 图像转换

图像转换和图像风格的迁移是GAN比较擅长的应用领域，相关的研究也比较多。Phillip Isola等人在论文“Image-to-Image Translation with Conditional Adversarial Networks”(《基于条件对抗网络的图像转换》)中，介绍了如何使用条件GAN技术进行图像转换。图9-19给出了将素描图像转换为彩色图像的案例，论文中还给出了卫星图像和谷歌地图、白天景象和夜晚景象、黑白图片和彩色图片相互转换的案例。

图9-19　将素描图像转换为彩色图像的案例

除了上述应用案例外，GAN还可应用于动画角色生成、文字-图片转换、图片转表情、图片编辑、图片修复等领域。

本章小结

本章主要介绍了除卷积神经网络以外的其他深度学习网络(如循环神经网络、深度信念网络、生成对抗网络等)，在计算机视觉领域的应用中，感兴趣的读者可根据文中提到的参考文献进行更加深入的学习和研究。

课后习题

1. 循环神经网络除本章介绍的基本结构之外，还有许多变种，如Gated Recurrent Unit(GRU)就是长短时记忆网络的变种形式之一。查阅文献，简述GRU与经典长短时记忆网络的不同之处，并说明其优点。

2. 在生成对抗网络中包含生成器和判别器，分别属于生成模型和判别模型。试述生成模型和判别模型的区别和各自的优缺点。

第 10 章　人脸表情识别研究

人脸识别一直是计算机视觉中的重要应用，无论是传统的计算机视觉还是现在基于深度学习的计算机视觉，人脸识别都是主要的研究方向之一。

人脸表情识别(Facial Expression Recognition, FER)是人脸识别的一个重要组成部分。人脸表情与情绪之间存在着千丝万缕的联系。在非伪装情况下，表情是人类心理状态(如喜怒哀乐)在面部的较为直观的反映。识别和利用人脸表情信息可以使各种应用程序和用户更好地交流，提供更为个性化的服务和帮助。因此，自动人脸表情识别成为当前人工智能、人机交互以及图像识别等领域的研究热点之一。

10.1　人脸表情识别的发展历史

人脸识别是基于人的脸部特征信息进行身份识别的一种生物识别技术，是指用摄像机或摄像头采集含有人脸的图像或视频流，并自动在图像中检测和跟踪人脸，进而对检测到的人脸进行脸部识别的一系列相关技术。早在 20 世纪 50 年代，认知科学家就已着手对人脸识别展开研究；20 世纪 60 年代，人脸识别的工程化应用研究正式开启。当时的方法主要是利用人脸的几何结构，通过分析人脸器官特征点及其之间的拓扑关系进行辨识。这种方法简单直观，但是一旦人脸姿态、表情发生变化，则精度严重下降。

1991 年，著名的“特征脸”方法第一次将主成分分析和统计特征技术引入人脸识别，在实用效果上取得了长足的进步。这一思路也在后续研究中得到进一步发扬光大，例如，Belhumer 成功将 Fisher 判别准则应用于人脸分类，提出了基于线性判别分析的 Fisherface 方法。

21 世纪的前十年，随着机器学习理论的发展，学者们相继探索出了基于遗传算法、支持向量机、核方法、boosting 以及流形学习的人脸识别算法。在 2009～2012 年，稀疏表达(Sparse Representation)因其完美的理论和对遮挡因素的鲁棒性成为当时的研究热点。与此同时，业界也基本达成共识：利用基于人工精心设计的局部描述子进行特征提取和利用子空间方法进行特征选择能够取得较好的识别效果。

2014 年前后，随着大数据和深度学习的发展，神经网络重受瞩目，并在图像分类、手写体识别、语音识别等应用中获得了远超经典方法的结果。香港中文大学的 Sun Yi 等人提出将卷积神经网络应用到人脸识别上，采用 20 万个训练数据，在 LFW(Labeled Faces in the Wild)人脸数据集上第一次得到超过人类水平的识别精度，这是人脸识别发展历史上的一座里程碑。

人脸表情识别是人脸识别领域非常重要的一个方面，到目前为止，国际上关于表情分析与识别的研究工作可以分为基于心理学和基于计算机自动识别两类。在心理学方面，1978 年，Ekman 和 Friesen 就提出了表情分类。如表 10-1 所示为单一表情的表现与结构特点。

表 10-1　单一表情的表现与结构特点

表情	额头、眉毛	眼睛	脸的下半部
惊奇	1. 眉毛抬起，变高变弯； 2. 眉毛下的皮肤被拉伸； 3. 皱纹可能横跨额头	1. 眼睛睁大，上眼皮抬高，下眼皮下落； 2. 眼白可能在瞳孔的上边或下边露出来	下颌下落，嘴张开，唇和齿分开，但嘴部不紧张，也不拉伸
恐惧	1. 眉毛抬起并皱在一起； 2. 额头的皱纹只集中在中部，而不横跨整个额头	上眼睑抬起，下眼皮拉紧	嘴张，嘴唇或轻微紧张、向后拉，或拉长、同时向后拉
厌恶	眉毛压低，并压低上眼睑	在下眼皮下出现横纹，脸颊推动其向上，但并不紧张	1. 上唇抬起； 2. 下唇与上唇紧闭，推动上唇向上，嘴角下拉，唇轻微突起； 3. 鼻子皱起； 4. 脸颊抬起
愤怒	1. 眉毛皱在一起，并压低； 2. 在眉宇间出现竖直皱纹	1. 下眼皮拉紧，抬起或不抬起； 2. 上眼皮拉紧，眉毛压低； 3. 眼睛瞪大，可能鼓起	1. 唇有两种基本位置：紧闭，唇角拉直或向下；张开仿佛要喊； 2. 鼻孔可能张大
高兴	眉毛稍微下弯	下眼睑下边可能有皱纹，可能鼓起但并不紧张； 鱼尾纹从外眼角向外扩张	1. 唇角向后拉并抬高； 2. 嘴可能张大，牙齿可能露出； 3. 一道皱纹从鼻子一直延伸到嘴角外部； 4. 脸颊抬起
悲伤	眉毛内角皱在一起，抬高，带动眉毛下的皮肤	眼内角上眼皮抬高	1. 嘴角下拉； 2. 嘴角可能颤抖

在计算机自动识别方面，1978 年，Suwa 等人对一段人脸视频动画进行了人脸表情识别的最初尝试，提出了在图像序列中进行面部表情自动分析的方法。20 世纪 90 年代开始，自 K.Mase 和 A.Pentland 使用光流来判断肌肉运动的主要方向，使用提出的光流法进行面部表情识别之后，自动面部表情识别进入了新的时期。Rosenblum Mark 和 Yacoob Yaser 等人用 RBFN(Radid Basis Function Network，径向基函数网络)结构学习脸部特征与人类情绪之间的相关性，在最高一级识别情绪，在中间一级决定脸部特征运动，在低一级恢复运动方向。该系统可识别 7 种基本表情，如图 10-1 所示。

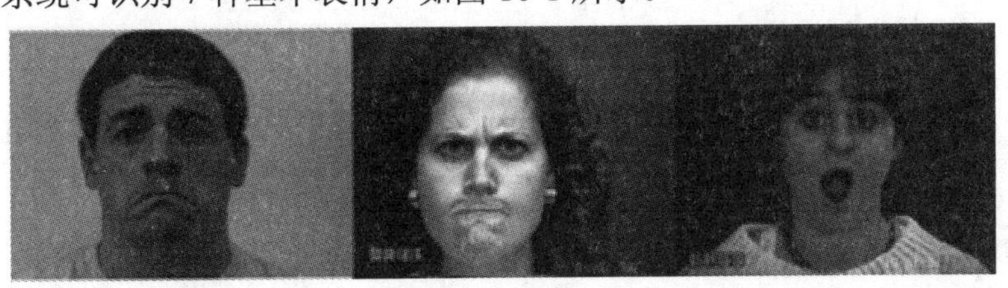

悲伤　　愤怒　　惊讶

图 10-1　人脸表情识别示意图

10.2　人脸表情识别的主要方法

传统的人脸面部表情识别方法主要依靠人工设计的特征(如纹理描述)和机器学习技术(如主成分分析、线性判别、支持向量机等)的结合。但是在无约束的环境下，人工设计对不同情况的特征提取较为困难，同时易受外来因素干扰(如光照、角度、复杂背景等)，进而导致识别率下降。如表 10-2 所示为传统人脸表情识别方法的优点和缺点。

表 10-2　传统人脸表情识别方法的优点和缺点

人脸表情识别方法	方法简述	优点	缺点
稀疏表达	使用 SRC 算法，先建立超完备子空间，然后解 L1 最优化问题，接着重构残差，最后通过稀疏系数进行分类	操作较为简单，有一定的鲁棒性	样本必须是稀疏的，实用价值不高
gabor 变换	模拟人类视觉系统，可以将视网膜成像分解成一组滤波图像，每个分解的图像能够反映频率和方向在局部范围内的强度变化，从而获得纹理特征，常与 SVM 分类器结合使用，提高表情识别的准确率	在提取目标的局部空间和频率域信息方面有良好的特性，对图像边缘敏感，提供良好的方向选择和尺度选择，具有较好的光照适应性	由于变换基函数不能成为正交关系，因此采用非正交的冗余基，增加计算量和存储，不宜直接用于匹配和识别，样本较少时识别准确率不高
主成分分析和线性判别	尽可能多地保留原始人脸表情图像中的信息，通过对整幅人脸表情图像进行变换，获取特征进行识别	重建性较好	可分性较差，外来因素干扰(光照、背景、角度等)导致识别率下降
光流法	主要就是将运动图像函数 $f(x, y, t)$ 作为基本函数，根据图像强度守恒原理建立光流约束方程，然后求解运动参数	受外界环境影响较小，能够反映人脸表情变化的实际规律	识别模型和算法较复杂，计算量较大
图匹配法	该方法利用 gabor 核函数来提取面部特征点周围的轮廓信息，存储到节点中，用全连通图表示人脸各特征点之间的关系，图的边存储了特征点之间的相对位置信息，使用双向递归神经网络对图形进行处理，提取图形的外观和集合表示	利用节点，有效地去除了和面部表情无关的信息，减少了干扰和训练开销；每条边代表两个节点之间的距离，可以很好地代表不同面部表情引起的几何变化	时间复杂度高，速度较慢，实现复杂

近年来，随着计算机资源以及深度学习理论的不断丰富，人脸表情识别技术得到进一步发展，其中卷积神经网络是人脸表情识别中最常用的深度学习方法。该方法不需要针对不同类型的表情人工设计有效的特征，而是基于大量的训练数据，自动地学习图像中的关键人脸特征。

经过几年的发展，深度学习在表情识别领域已取得一定成果，Yu 构建了一个 9 层 CNN 结构，在最后一层的连接层采用 Softmax 分类器将表情分为 7 类。Lopes 在 CNN 前加入预处理过程，探索预处理对精度的影响，该算法能够有效提高识别精度，且训练时间更短。Wang 采用 triplet 作为损失函数，用于训练差异性小的样本，并且运用了数据增强手段，该模型对难以区分的类间表情(如生气和厌恶)表现优良。Zhao 融合多层感知机(Multi Layer Perceptron，MLP)和深度置信网(Deep Belief Network，DBN)，将 DBN 无监督特征学习的优势和 MLP 的分类优势联系起来以提高性能。He 结合深度学习与传统机器学习，首先运用 LBP/RIV(Local Binary Pattern/Rotation Invariant Variance)提取初次特征，以初次特征作为 DBN 的输入实现分类。Li 为了解决 DBN 忽略图片局部特征的问题，将 CS-LBP(Center Symmetry-Local Binary Pattern)与 DBN 进行融合。

预计未来对人脸识别技术的研究仍将是以深度学习网络(尤其是深度卷积神经网络)为基本架构来构建模型，并以已公开的多个大规模人脸图像数据集为训练和测试数据。由于网络模型的性能通常会随着网络深度的增加而加强，所以构建的模型也要借鉴 ResNet 思想以加深网络模型深度。同时，也需要结合现有损失函数或者提出新的损失函数。

10.3　人脸表情识别的实现过程

人脸表情识别一般包括图像获取、图像预处理、特征提取和分类识别 4 个步骤。

(1) 图像获取：人脸表情的采集主要是通过摄像头等图像捕捉工具，获取的是静态图像或动态图像序列。在采集图片过程中需要注意以下几个方面：

① 图像大小适中，过大或者过小都会影响最后识别效果；

② 采集到的人脸图像应当具有较高的分辨率；

③ 采集过程中外界条件要好，例如光照充足，拍摄角度最好为正面等；

④ 在采集动态人脸时，实时摄像头拍摄结果应为高清；

⑤ 面部不宜有遮挡物，防止对表情识别产生较大影响。

(2) 图像预处理：主要包括图像的尺寸变换、灰度归一化、头部姿态矫正以及图像分割等工作。经过图像预处理操作，可以极大地改善图像质量，消除噪声，为后续的特征提取和分类识别提供良好的数据图像。

(3) 特征提取：主要采用数学方法，依靠计算机技术对人脸的器官特征、纹理区域和预定义的特征点进行定位和提取，并将庞大的数据图像进行降维处理，即将点阵转化成更高级别图像表述，如形状、运动、颜色、纹理、空间结构等。该步骤为人脸表情识别中的核心步骤，是识别技术的关键，决定着最终的识别结果。特征提取算法大体分为基于静态图像的特征提取算法、基于动态图像的特征提取算法和卷积神经网络方法 3 种。

① 基于静态图像的特征提取算法可分为整体法和局部法。

a. 整体法。人脸表情是依靠脸部肌肉运动来体现的，人脸表情静态图像直观地显示了表情发生时人脸肌肉运动所产生的面部形体和纹理的变化。从整体上看，这种变化造成了面部器官的明显形变，会对人脸表情图像带来影响，因此无论是从脸部的变形出发还是从脸部的运动出发，都可以将表情作为一个整体来分析，找出不同表情下的图像差别。

整体法中的经典算法包括主成分分析法(Principal Component Analysis，PCA)、独立分量分析法(Independent Component Analysis，ICA)和线性判别分析法(Linear Discriminant Analysis，LDA)。

b. 局部法。静态人脸表情图像不仅仅有整体的变化，也存在着局部变化。捕捉到局部肌肉纹理、皱褶等蕴含的信息，可以极大地提高表情属性的判断。局部法的经典方法以gabor 小波和 LBP 算子为代表。

② 基于动态图像的特征提取算法。动态图像反映的是人脸表情的变化过程，因此动态图像的表情特征主要体现在人脸的持续形变和面部不同区域的肌肉运动上。当前的主要方法为光流法、模型法和几何法。

③ 卷积神经网络方法。由于硬件性能的提升，深度学习模型可以对数据进行有效的特征提取，这是许多传统的浅层机器学习模式所达不到的，并且最终的识别效果要远高于以往方法。较为经典的基于深度模型的表情特征提取算法大致有直接法、映射法、残差法等。

(4) 分类识别：在进行表情识别的分类器设计和选择时，主要可选项包括线性分类器、神经网络分类器、支持向量机、隐马尔可夫模型等分类识别方法。最终将提取的特征与之前训练好的模型进行搜索匹配，得出表情概率，根据设定的阈值来判断表情的分类。

10.4 人脸表情识别的算法实现

对于深度学习的人脸表情识别方法，影响其准确度的主要因素包括训练数据集、神经网络的设计以及损失函数设计。本节使用大量人脸表情数据训练来防止过拟合，并且对网络模型不断进行改进、优化，减少损失率，最终达到较为准确地识别出人脸面部表情的目的。

1. 运行环境搭建

本次深度学习方法的运行环境为 Windows 10 系统。CPU 为 Core i7-9700K；内存为 32 GB；GPU 为 NVIDIA GeForce RTX 2080。利用 CUDA10.1 和 CUDNN v7.6.5 加快 GPU 运算；编译器为 PyCharm，并且安装第三方库支持模型训练。

2. 数据集来源

使用公开数据集不仅可以节约收集数据的时间，而且可以更公平地评价模型以及表情分类器的性能，因此采用的是 FER2013、JAFFE 和 CK+ 3 种数据集。

FER2013 人脸表情数据集由 35886 张人脸表情图片组成，其中，训练图(Training)有 28708 张，公共验证图(Public Test)和私有验证图(Private Test)各 3589 张，每张图片都是大小固定的 48 × 48 的灰度图像，共有 7 种表情，分别对应于数字标签 0～6，具体表情对应的标签和中英文如下：0—anger(生气)；1—disgust(厌恶)；2—fear(恐惧)；3—happy(开心)；4—sad(伤心)；5—surprised(惊讶)；6—neutral(中性)。但是，数据集并没有直接给出图像，而是将表情类别、图像数据、图像用途数据保存到 csv 文件中，需要使用 pandas 解析才能得到相应图像。

JAFFE 数据集一共有 213 张图像，选取了 10 名日本女学生，每个人作出 7 种表情，包括 angry、disgust、fear、happy、sad、surprise、neutral(愤怒、厌恶、恐惧、高兴、悲伤、惊讶、中性)。

Cohn-Kanade 扩展数据(CK+)是目前比较通用的人脸表情数据集，适合于进行人脸表情识别的研究。它是 2010 年在 Cohn-Kanda 数据集的基础上扩展得来的，包含 123 名参与者、593 个图片序列。CK+与 CK 数据集的区别为 CK 数据集只有静态图片，CK+数据集中还包括动态视频，两者都含有情绪标签，指出了参与者的表情。

3. 训练模型搭建

本模型借鉴 VGG16 网络结构，然后在此基础上进行部分改动，最终构建了如图 10-2 所示的网络模型，该网络模型的结构参数如表 10-3 所示。

表 10-3　网络模型的结构参数

层名称	核数目	核尺寸	步长	填充	丢弃	特征图尺寸
Input	0	0	None	None	0	(48,48,1)
Conv1-1	32	1 × 1	1	0	0	(48,48,32)
Conv2-1	64	3 × 3	1	1	0	(48,48,64)
Conv2-2	64	5 × 5	1	2	0	(48,48,64)
Pool2	0	2 × 2	2	0	0	(24,24,64)
Conv3-1	64	3 × 3	1	1	0	(24,24,64)
Conv3-2	64	5 × 5	1	2	0	(24,24,64)
Pool3	0	2 × 2	2	0	0	(12,12,64)
FC1	None	None	None	0	50%	(1,1,2048)
FC2	None	None	None	0	50%	(1,1,1024)
Output	None	None	None	0	0	(1,1,8)

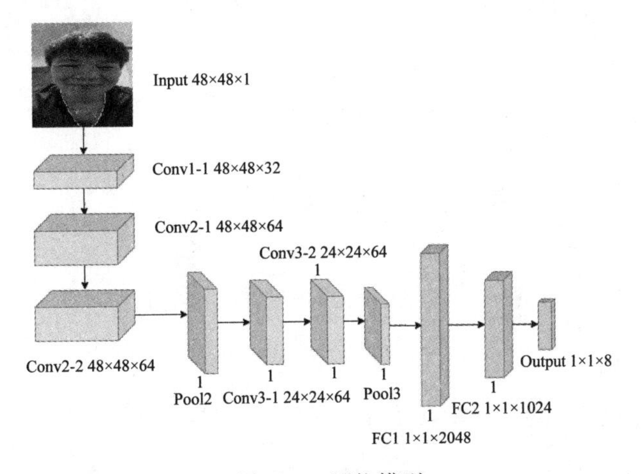

图 10-2　网络模型

4. 损失函数

由于人脸面部表情存在多种类型，因此采用多分类交叉熵损失函数。

5. 超参设置

在模型训练过程中使用随机梯度下降法(Stochastic Gradient Descent，SGD)进行损失优化，将学习动量设为 0.9，初始学习率设为 0.001，权重衰减设为 10^{-6}，Batch_Size 设为 16。在第 1～500 次迭代中学习率为初始学习率，在第 501～550 次迭代中学习率为初始学习率的 0.1 倍，在第 550 次之后的迭代中，学习率为初始学习率的 0.01 倍，适当地降低学习率，可以使模型更有效地学习，也能降低训练损失。

6. 实现代码

实现代码的目录结构如下：

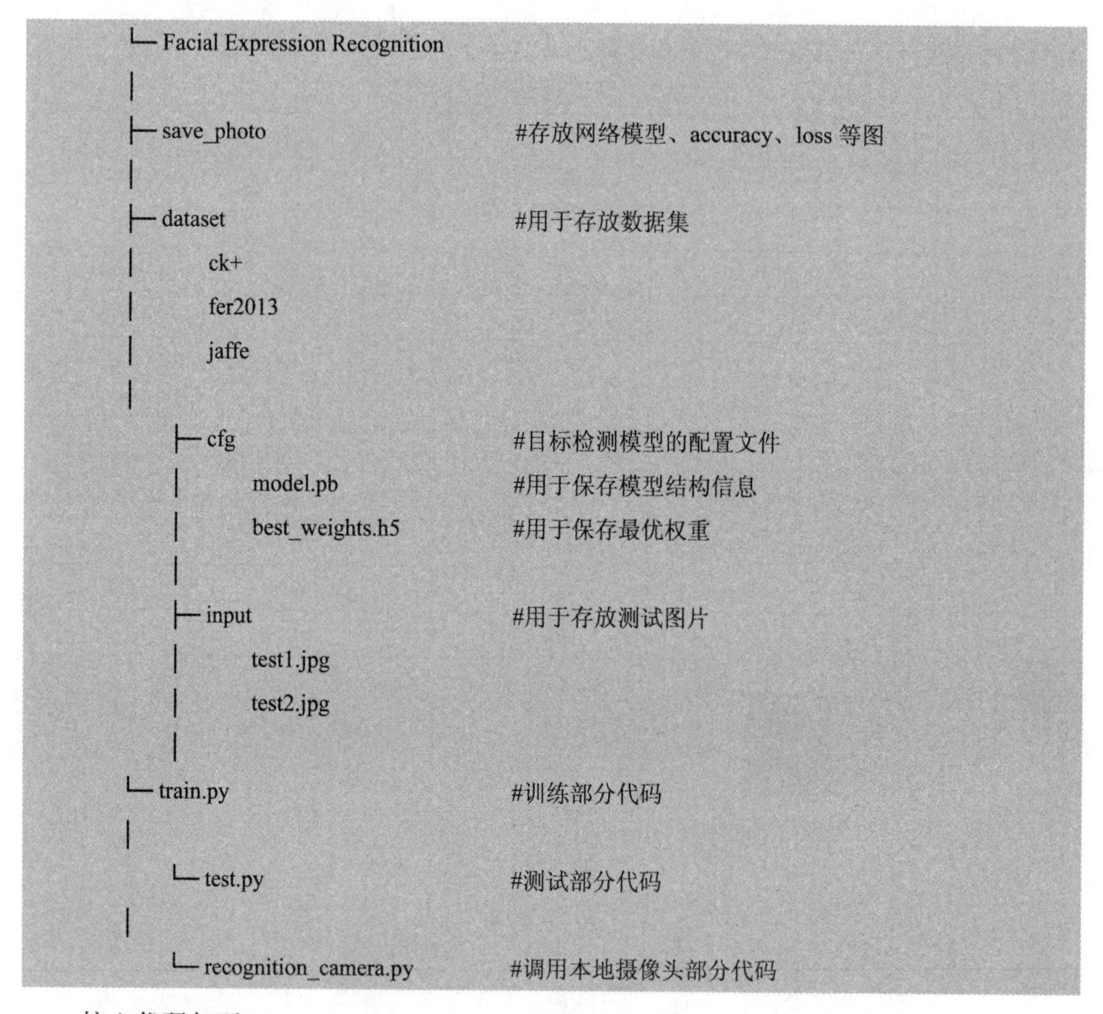

```
└─ Facial Expression Recognition
|
├─ save_photo                           #存放网络模型、accuracy、loss 等图
|
├─ dataset                              #用于存放数据集
|      ck+
|      fer2013
|      jaffe
|
    ├─ cfg                              #目标检测模型的配置文件
    |      model.pb                     #用于保存模型结构信息
    |      best_weights.h5              #用于保存最优权重
    |
    ├─ input                            #用于存放测试图片
    |      test1.jpg
    |      test2.jpg
    |
└─ train.py                             #训练部分代码
|
    └─ test.py                          #测试部分代码
|
    └─ recognition_camera.py            #调用本地摄像头部分代码
```

核心代码如下：

```
#载入所需库
import pandas as pd
```

```
import torch
import numpy as np
import cv2
import os
import torch.utils.data as data
import torch.optim as optim
import torch.nn as nn
#训练模型
parser = argparse.ArgumentParser()
parser.add_argument("--dataset",type = str,default = "fer2013",
    help = "dataset to train, fer2013 or jaffe or ck+")
parser.add_argument("--epochs", type = int, default = 1000)
parser.add_argument("--batch_size", type = int, default = 16)
parser.add_argument("--plot_history", type = bool, default = True)
opt = parser.parse_args()
his = None
print(opt)
if opt.dataset = = "fer2013":
    expressions, x_train, y_train = Fer2013().gen_train()
    _, x_valid, y_valid = Fer2013().gen_valid()
    _, x_test, y_test = Fer2013().gen_test()
    #target 编码
    y_train = to_categorical(y_train).reshape(y_train.shape[0], -1)
    y_valid = to_categorical(y_valid).reshape(y_valid.shape[0], -1)
    #为了统一几个数据集的尺寸，增加一列全 0 元素
    y_train = np.hstack((y_train, np.zeros((y_train.shape[0], 1))))
    y_valid = np.hstack((y_valid, np.zeros((y_valid.shape[0], 1))))
    print("load fer2013 dataset successfully,
        it has {} train images and {} valid iamges".format(y_train.shape[0], y_valid.shape[0]))

    model = CNN3(input_shape = (48, 48, 1), n_classes = 8)
    sgd = SGD(lr = 0.01, decay = 1e-6, momentum = 0.9, nesterov = True)
    model.compile(optimizer = sgd, loss = 'categorical_crossentropy', metrics = ['accuracy'])
    callback = [
        ModelCheckpoint('./models/cnn2_best_weights.h5', monitor = 'val_acc',
            verbose = True, save_best_only = True,
```

```
                    save_weights_only = True)]
    train_generator = ImageDataGenerator(rotation_range = 10, width_shift_range = 0.05,
                                         height_shift_range = 0.05, horizontal_flip = True,
                                         shear_range = 0.2, zoom_range = 0.2).
                                         flow(x_train, y_train, batch_size = opt.batch_size)
    valid_generator = ImageDataGenerator().flow(x_valid,y_valid, batch_size = opt.batch_size)
    history_fer2013 = model.fit_generator(train_generator,
    steps_per_epoch = len(y_train) // opt.batch_size,
    epochs = opt.epochs, validation_data = valid_generator,
    validation_steps = len(y_valid) // opt.batch_size, callbacks = callback)
    his = history_fer2013

#模型测试
def load_cnn_model():
    """
    载入 CNN 模型
    :return:
    """
    from model import CNN3
    model = CNN3()
    model.load_weights('E:/FER/FacialExpressionRecognition-master/models/cnn3_best_weights.h5')
    return model

if __name__ = = '__main__':
    app = QtWidgets.QApplication(sys.argv)
    form = QtWidgets.QMainWindow()
    model = load_cnn_model()
    ui = UI(form, model)
    form.show()
    sys.exit(app.exec_())
```

接下来以摄像头实时采集的视频作为测试数据，测试流程如下：

(1) 从网络摄像头获取图像流；

(2) 使用 OpenCV 检测人脸；

(3) 将图像转化为灰度图；

(4) 将图像缩放并输入到预先训练好的网络；

(5) 获取预测结果并将表情标签添加到摄像头图像上；

(6) 返回最终的图像流。

相应的实现代码如下：

```
parser = argparse.ArgumentParser()
parser.add_argument("--source", type = int, default = 0, help = "data source, 0 for camera 1 for video")
parser.add_argument("--video_path", type = str, default = None)
opt = parser.parse_args()

if opt.source = = 1 and opt.video_path is not None:
    filename = opt.video_path
else:
    filename = None

def load_model():
    """
    加载本地模型
    :return:
    """
    model = CNN3()
    model.load_weights('./models/best_weights.h5')
    return model

def generate_faces(face_img, img_size = 48):
    """
    将探测到的人脸进行增广
    :param face_img: 灰度化的单个人脸图
    :param img_size: 目标图片大小
    :return:
    """

    face_img = face_img / 255.
    face_img = cv2.resize(face_img,(img_size,img_size), interpolation = cv2.INTER_LINEAR)
    resized_images = list()
    resized_images.append(face_img)
    resized_images.append(face_img[2:45, :])
    resized_images.append(face_img[1:47, :])
    resized_images.append(cv2.flip(face_img[:, :], 1))

    for i in range(len(resized_images)):
        resized_images[i] = cv2.resize(resized_images[i], (img_size, img_size))
```

```
            resized_images[i] = np.expand_dims(resized_images[i], axis = -1)
        resized_images = np.array(resized_images)
        return resized_images

def predict_expression():
    """
    实时预测
    :return:
    """
    #参数设置
    model = load_model()

    border_color = (0, 0, 0)                #黑色边框
    font_color = (255, 255, 255)            #白色字体
    capture = cv2.VideoCapture(0)           #指定 0 号摄像头
    if filename:
        capture = cv2.VideoCapture(filename)

    while True:
        _, frame = capture.read()           #读取一帧视频，返回是否到达视频结尾的布尔值和
                                              这一帧的图像
        frame = cv2.cvtColor(cv2.resize(frame,(800,600)), cv2.COLOR_BGR2RGB)
        frame_gray = cv2.cvtColor(frame, cv2.COLOR_BGR2GRAY)      #灰度化
        cascade = cv2.CascadeClassifier('./dataset/params/haarcascade_frontalface_alt.xml')
                                                                   #检测人脸
        #利用分类器识别出哪个区域为人脸
        faces = cascade.detectMultiScale(frame_gray, scaleFactor = 1.1,
            minNeighbors = 1, minSize = (120, 120))
        #如果检测到人脸
        if len(faces) > 0:
            for (x, y, w, h) in faces:
                face = frame_gray[y: y + h, x: x + w]           #脸部图片
                faces = generate_faces(face)
                results = model.predict(faces)
                result_sum = np.sum(results, axis = 0).reshape(-1)
                label_index = np.argmax(result_sum, axis = 0)
                emotion = index2emotion(label_index)
                cv2.rectangle(frame, (x - 10, y - 10), (x + w + 10, y + h + 10),
```

```
                    border_color, thickness = 2)
                frame = cv2_img_add_text(frame, emotion, x+30, y+30, font_color, 20)
                #puttext 中文显示问题
        cv2.FONT_HERSHEY_SIMPLEX, 1, font_color, 4)
        cv2.imshow("expression recognition(press esc to exit)", frame)
        #利用人眼假象

         key = cv2.waitKey(30)          #等待 30 ms，返回 ASCII 码

         #如果输入 esc，则退出循环
         if key = = 27:
             break
     capture.release()  #释放摄像头
     cv2.destroyAllWindows()  #销毁窗口
if __name__ = = '__main__':
     predict_expression()
```

7. 实验结果

实验结果如图 10-3、图 10-4 所示。

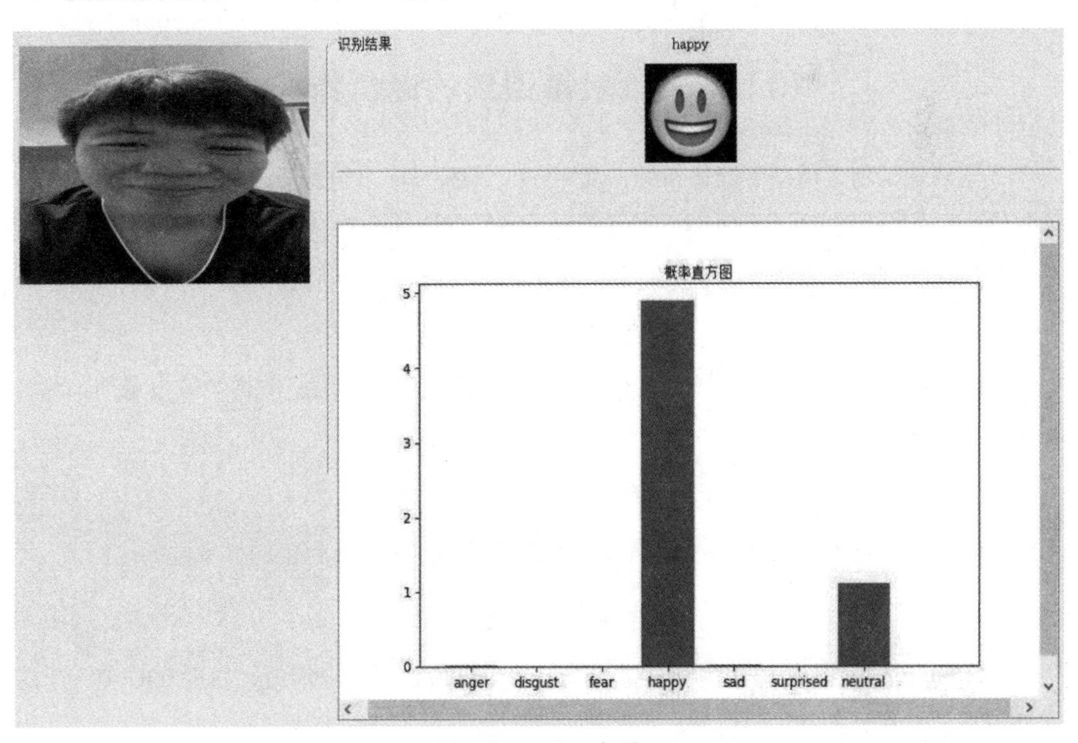

图 10-3　happy(高兴)

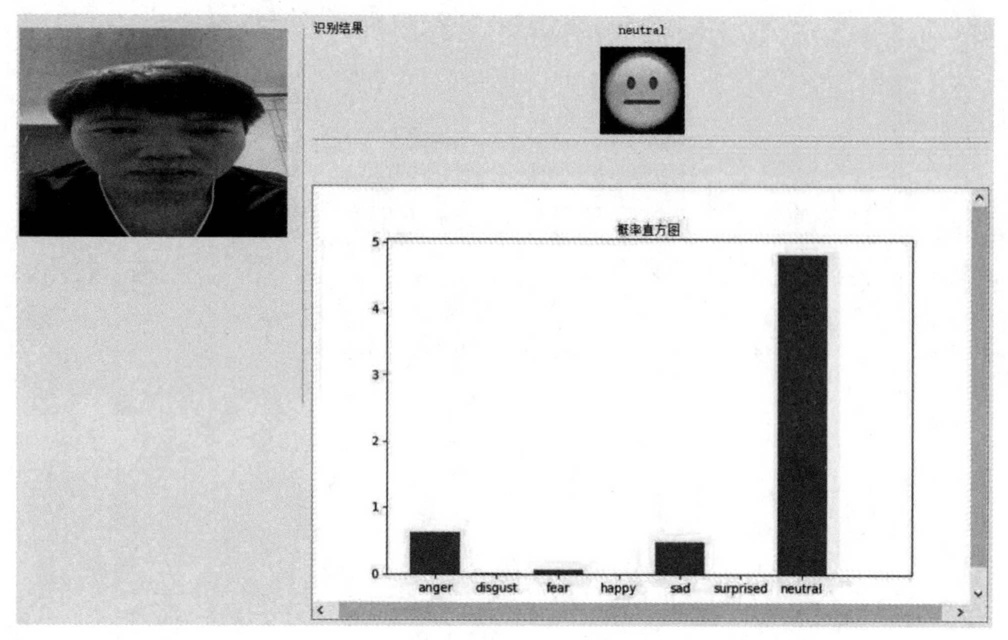

图 10-4　neutral(中性)

在图 10-3 中，摄像头检测到的人脸在图的左上角，可以看出是高兴的神情，人脸表情识别算法预测结果显示该人脸样本属于 happy 的概率最大，进而正确地将其识别为 happy。直方图的纵轴表示概率，5 表示 100%。在图 10-4 中，人脸表情识别算法也正确地识别出了中性的表情。

10.5　人脸表情识别的评价指标

人脸表情识别采用以下评价指标，其中 TP、TN、FP、FN 的定义与第 5 章相同：

(1) 准确率(Accuracy)：简单来说就是被正确分类的样本数占所有样本数的比例，正确率越高，分类器效果越好。

$$\text{Accuracy} = \frac{\text{TP} + \text{TN}}{\text{TP} + \text{TN} + \text{FP} + \text{FN}} \tag{10-1}$$

(2) 精确率(Precision)：从预测结果的角度统计，正确预测为正的样本数占全部预测为正的样本数比例。

$$\text{Precision} = \frac{\text{TP}}{\text{TP} + \text{FP}} \tag{10-2}$$

(3) 召回率/查全率(Recall)：正确预测为正的样本数占实际为正的样本数的比例。

$$\text{Recall} = \frac{\text{TP}}{\text{TP} + \text{FN}} \tag{10-3}$$

(4) IOU：预测框 A 与真实框 B 重叠的程度，一般设置一个阈值，如果 IOU 值大于这个阈值，则认为目标被正确检测，反之则认定目标没有被正确检测。

(5) 每秒处理帧数(FPS)：用于评估检测器的实时性，通常采用每秒处理帧数指标评价其执行速度，FPS 值越大，说明检测器的实时性越好。

下面举例详细说明。假如某箱子里有橘子 80 个，橙子 20 个，共 100 个水果，目标是找出所有的橙子。现在某人挑选出 50 个水果，其中 20 个是橙子，另外还错误地把 30 个橘子也当作橙子挑选出来了。需要说明的是，没有被挑出的另外 50 个水果默认是橘子，属于被正确分类的样本。根据准确率的定义，即正确分类的样本数与总样本数之比，容易得到：70(20 个橙子+50 个橘子)个水果被正确分类了，水果总数是 100 个，所以 accuracy 就是 70%(70/100)。精确率为该人挑选的水果中正确的水果(橙子)所占比例，因此 Precision 为 40%(20 橙子/(20 橙子+30 误判橘子是橙子))。召回率为该人得到的橙子占本箱中所有橙子的比例，故 recall 的值为 100%(20 橙子/(20 橙子+0 误判为橘子的橙子))。

10.6　人脸表情识别的挑战

人脸表情识别历经多年的发展，已取得一定的研究成果，然而，由于采集条件的差异性和人脸表情的复杂性，该领域仍面临以下诸多挑战。

(1) 缺少综合基准数据集，人脸表情基准数据集应包括各种类型的、频繁发生的自然面部遮挡和面部表情的注释，不仅要按离散类别标注，还需按人脸运动单元(Action Unit，AU)标注。

(2) 人脸表情的不确定性，模棱两可的表情、低质量表情图片以及标注者的情感主观性导致表情类别很多时候不是唯一确定的，即表情存在不确定性。

(3) 非受控环境的人脸遮挡和姿态问题，目前缺少面部遮挡检测技术，无法可靠地确定面部遮挡的具体参数，如类型和位置等。

本章小结

本章详细介绍了人脸表情识别的发展历史、主流方法、算法流程和评价标准；设计了以 CNN 为基础的深度学习网络，开发了人脸表情识别的代码；最后指明了人脸表情识别存在的挑战和研究方向。

第 11 章　计算机视觉实验

在前序章节理论讲解的基础上，安排计算机视觉相关实验。遵循由易到难、从单一任务到综合性实例的顺序，本章共设置图像基础变换、图像空域滤波、边缘检测、特征提取、传统图像分类、神经网络分类、卷积神经网络分类、YOLO 目标检测等 8 个实验项目。每个实验项目包括实验目的、实验内容、实验步骤等内容，并提供可实现源代码，可为读者提供详细的实验指导。

11.1　图像基础变换

一、实验目的

熟悉 Python 和 OpenCV 的运行环境和图像处理的常用命令；掌握图像读取、显示和保存等基本操作；理解图像几何变换的基本原理。

二、实验内容

(1) 图像的读写操作；

(2) 图像的平移；

(3) 图像的缩放；

(4) 图像的旋转；

(5) 图像的翻转。

三、实验步骤

1) 实验数据准备

实验数据为 jpg 格式或者 png 格式的 RGB 图像，注意记住图像的存储路径。本实验中采用的图像如图 11-1 所示，图像像素数为 400 × 293，存储路径为 C:\Users\Experiment\ lotus.jpg。

图 11-1

2) 图像的读写操作

(1) 读入图像：cv.imread()。

(2) 显示图像：cv.imshow()。

(3) 存储图像：cv.imwrite()。

3) 图像的平移

图像平移采用函数 res = cv2.warpAffine(img,M,(rows,cols))来完成。warpAffine 函数有 3 个参数，分别为原始图像、变换矩阵、变换后的图像大小。

4) 图像的缩放

图像缩放采用函数 dst = cv2.resize(src, dsize, f_x, f_y, interpolation)来实现。其中，src 表示需缩放的图像，dsize 表示缩放后图像的大小，f_x、f_y 分别表示宽度和高度方向的缩放比例，一般情况下，dsize 和(f_x，f_y)选择一种即可，interpolation 表示选择的插值算法。

5) 图像的旋转

OpenCV 提供函数 M = cv2.getRotationMatrix2D()，用来获得旋转变换矩阵 ***M***。该函数需要 3 个参数，依次为旋转中心、旋转角度、旋转后图像的缩放比例，如：

```
M = cv2.getRotationMatrix2D((cols/2,rows/2),45,1)
```

获得 ***M*** 后，调用 cv2.warpAffine 函数可得到旋转后的图像：

```
res = cv2.warpAffine(img,M,(cols,rows))
```

6) 图像的翻转

OpenCV 中提供函数 cv2.flip(src,flipCode)来实现图像的翻转，其中，src 为原图像，flipCode 为翻转代码，其取值如下：

flipCode = 0，以 X 轴为对称轴翻转；

flipCode > 0，以 Y 轴为对称轴翻转；

flipCode < 0，同时沿 X、Y 轴翻转。

11.2　图像空域滤波

一、实验目的

熟悉 Python 和 OpenCV 的运行环境和图像处理的常用命令；掌握图像添加噪声、滤波处理等基本操作；理解图像空域滤波的基本原理。

二、实验内容

(1) 中值滤波；

(2) 均值滤波；

(3) 高斯滤波。

三、实验步骤

1) 实验数据准备

本实验所用数据为 jpg 格式的 lenna 灰度图像，如图 11-2 所示，图像存储路径为 C:\Users\Experiment\lenna.jpg。

图 11-2

2) 添加噪声

在图像滤波中，常见的噪声有高斯噪声和椒盐噪声。高斯噪声指服从高斯分布(正态分布)的一类噪声，通常是因为不良照明和高温引起的传感器噪声。椒盐噪声通常是由图像传感器、传输信道、解压处理等产生的黑白相间的亮暗点噪声(椒指黑色噪声点，盐指白色噪声点)。在 Python 和 OpenCV 中很容易通过相关代码来实现噪声添加。给图像添加高斯噪声可参考书中代码 3-2，添加椒盐噪声可参考书中代码 3-3。

3) 均值滤波

在 OpenCV 中提供函数 cv.blur(image, ksize)来实现均值滤波，其中，image 表示待处理的图像，ksize 参数表示模糊内核大小，例如，(5,5)表示生成的模糊内核是一个 5 × 5 的矩阵。对高斯噪声图像进行均值滤波的示例可参考书中代码 3-4。

4) 高斯滤波

在 OpenCV 中提供函数 cv.GaussianBlur(src, (blur1, blur2), sigma)来实现高斯滤波，其中，src 是要进行滤波的图像，(blur1，blur2)是高斯核的大小，blur1 和 blur2 的选取一般是奇数，blur1 和 blur2 的值可以不同，sigma 为标准差。对高斯噪声图像进行高斯平滑滤波的示例可参考书中代码 3-5。

5) 中值滤波

在 OpenCV 中提供函数 cv.medianBlur(image,ksize)来实现中值滤波，其中，image 为待处理图像，ksize 表示滤波窗口大小。对椒盐噪声图像进行中值滤波的示例可参考书中代码 3-6。

可尝试采用不同的滤波方法分别对高斯噪声图像和椒盐噪声图像进行滤波处理，比较不同滤波方法的适用性。

11.3　边缘检测

一、实验目的

理解边缘检测的基本原理；掌握 Canny、Sobel、Laplace 三种边缘检测算子的程序实现。

二、实验内容

(1) Sobel 边缘检测；

(2) Laplace 边缘检测；

(3) Canny 边缘检测。

三、实验步骤

本实验所用数据为 jpg 格式的 lenna 灰度图像，如图 11-3 所示，图像存储路径为 C:\Users\Experiment\lenna.jpg。

图 11-3

1) Sobel 边缘检测

(1) 水平方向卷积。将原图像进行水平方向的卷积操作，卷积核可表示为 sobel_x = np.array([[−1,0,1], [−2,0,2], [−1,0,1]])。

(2) 垂直方向卷积。将原图像进行垂直方向的卷积操作，卷积核可表示为 sobel_y = np.array([[−1,−2,−1], [0,0,0], [1,2,1]])。

(3) 梯度计算。将水平方向卷积操作和垂直方向卷积操作得到的特征图按公式 $\sqrt{G_x^2+G_y^2}$ 计算，可得到梯度。

使用 Sobel 算子进行边缘检测的示例可参考书中代码 3-7。

2) Laplace 边缘检测

(1) 图像填充。在图像四周填充一圈 0，通过 np.pad(img, ((1,1), (1,1)), 'constant')函数来实现，np.pad()有三个参数，分别为需要填充的图像、每个轴边缘需要填充的数值数目、填充的方式。

(2) Laplace 卷积。将填充后的图像进行 Laplace 卷积操作，若采用 4 邻域 Laplace 算子，其卷积核可表示为 np.array([[0,1,0], [1,−4,1], [0,1,0]])。

使用 Laplace 算子进行边缘检测的示例可参考书中代码 3-8。

3) Canny 边缘检测

(1) 高斯平滑滤波。采用高斯平滑滤波对原图像进行降噪处理，采用函数 img = cv2.GaussianBlur(src, (3, 3), 2)来完成。GaussianBlur 有 3 个参数，分别为原始图像、高斯核的大小和标准差。

(2) 计算梯度幅值和方向。梯度幅值由公式 $\sqrt{G_x^2+G_y^2}$ 计算，为简便起见，经常用 $|G_x|+|G_y|$ 代替，梯度方向由公式 $\arctan(G_y/G_x)$ 得到，x 和 y 方向梯度 G_x 和 G_y 可由 Sobel 算子计算得到。

(3) 非极大值抑制。在每一点上，将邻域中心像素与沿着其对应的梯度方向的两个像素相比，若中心像素为最大值，则保留，否则置为 0，这样可以抑制非极大值，保留局部梯度最大的点，以得到细化的边缘。

(4) 双阈值检测和边缘连接。设置两个阈值，分别为低阈值和高阈值。低于低阈值，则判定不是边缘点；高于高阈值，则判定是边缘点；如果介于两者之间，则要看周围 8 邻域是否有边缘点，如果有则判定是边缘点，否则判定不是边缘点。

在 OpenCV 中提供了 Canny 边缘检测的函数 canny = cv.Canny(img, thred1, thred2)，其中，thred1 是低阈值，thred2 是高阈值。调用该函数即可完成 Canny 边缘检测。

11.4 特 征 提 取

一、实验目的

了解与掌握 HOG 和 SIFT 特征的基本原理；能够使用 Python 和 OpenCV 进行 HOG 和 SIFT 特征提取；能够对两幅图像进行 SIFT 特征匹配。

二、实验内容

(1) HOG 特征提取；

(2) SIFT 特征提取；

(3) SIFT 特征匹配。

三、实验步骤

1) 实验数据准备

本实验中 HOG 特征所用数据为 jpg 格式的灰度图像，如图 11-4 所示，图像存储路径为 C:\Users\Experiment\hog_image.jpg。

图 11-4

本实验中 SIFT 特征提取所用数据为 jpg 格式的灰度图像，如图 11-5 所示，图像存储路径为 C:\Users\Experiment\lenna.jpg。

图 11-5

本实验中 SIFT 特征匹配所用数据为两幅 jpg 格式图像，如图 11-6 所示。

图 11-6

2) HOG 特征提取

(1) 以灰度图方式加载图片，并对灰度图像进行 gamma 矫正；

(2) 计算像素梯度；

(3) 计算每个单元(cell)的梯度直方图；

(4) 每 4 个单元构成 1 个块，对块进行归一化；

(5) 计算 HOG 特征描述子；

(6) 对图像进行渲染并显示。

对图像进行 HOG 特征提取的参考代码如下：

```
import cv2
import numpy as np
import math
import matplotlib.pyplot as plt


class Hog_descriptor():
```

```
    def _init_ (self, img, cell_size = 16, bin_size = 8):
        self.img = img

        #伽马校正
        self.img = np.sqrt(img / np.max(img))
        self.img = img * 255

        self.cell_size = cell_size
        self.bin_size = bin_size
        self.angle_unit = 360 / self.bin_size

    def extract(self):
        height, width = self.img.shape
        #1.计算每个像素的梯度和方向
        gradient_magnitude, gradient_angle = self.global_gradient()
        gradient_magnitude = abs(gradient_magnitude)

        cell_gradient_vector = np.zeros((height // self.cell_size, width // self.cell_size, self.bin_size))
        for i in range(cell_gradient_vector.shape[0]):
            for j in range(cell_gradient_vector.shape[1]):
                #取一个 cell 中的梯度大小和方向
                cell_magnitude = gradient_magnitude[i * self.cell_size:(i + 1) * self.cell_size,
                                 j * self.cell_size:(j + 1) * self.cell_size]
                cell_angle = gradient_angle[i * self.cell_size:(i + 1) * self.cell_size,
                                 j * self.cell_size:(j + 1) * self.cell_size]

                #得到每一个 cell 的梯度直方图;
                cell_gradient_vector[i][j] = self.cell_gradient(cell_magnitude, cell_angle)

        #得到 HOG 特征可视化图像
        hog_image = self.render_gradient(np.zeros([height, width]), cell_gradient_vector)

        #HOG 特征向量
        hog_vector = []
        #使用滑动窗口
        for i in range(cell_gradient_vector.shape[0] - 1):
            for j in range(cell_gradient_vector.shape[1] - 1):
                #4 个 cell 得到一个 block
                block_vector = cell_gradient_vector[i:i+1][j:j+1].reshape(-1, 1)
```

```
                #正则化
                block_vector = np.array([vector / np.linalg.norm(vector) for vector in block_vector])
                hog_vector.append(block_vector)
        return hog_vector, hog_image

    def global_gradient(self):
        #得到每个像素的梯度
        gradient_values_x = cv2.Sobel(self.img, cv2.CV_64F, 1, 0, ksize = 5)#水平梯度
        gradient_values_y = cv2.Sobel(self.img, cv2.CV_64F, 0, 1, ksize = 5)#垂直梯度
        gradient_magnitude = np.sqrt(gradient_values_x**2 + gradient_values_y**2)#总梯度
        gradient_angle = cv2.phase(gradient_values_x, gradient_values_y,
                                   angleInDegrees = True)#方向
        return gradient_magnitude, gradient_angle

    def cell_gradient(self, cell_magnitude, cell_angle):
        #得到 cell 的梯度直方图
        orientation_centers = [0] * self.bin_size
        for i in range(cell_magnitude.shape[0]):
            for j in range(cell_magnitude.shape[1]):
                gradient_strength = cell_magnitude[i][j]
                gradient_angle = cell_angle[i][j]
                min_angle, max_angle, mod = self.get_closest_bins(gradient_angle)
                orientation_centers[min_angle] + = (gradient_strength * (1 - (mod / self.angle_unit)))
                orientation_centers[max_angle] + = (gradient_strength * (mod / self.angle_unit))
        return orientation_centers

    def get_closest_bins(self, gradient_angle):
        idx = int(gradient_angle / self.angle_unit)
        mod = gradient_angle % self.angle_unit
        return idx, (idx + 1) % self.bin_size, mod

    def render_gradient(self, image, cell_gradient):
        #得到 HOG 特征图
        cell_width = self.cell_size / 2
        max_mag = np.array(cell_gradient).max()
        for x in range(cell_gradient.shape[0]):
            for y in range(cell_gradient.shape[1]):
                cell_grad = cell_gradient[x][y]
                cell_grad / =  max_mag
```

```
                angle = 0
                angle_gap = self.angle_unit
                for magnitude in cell_grad:
                    angle_radian = math.radians(angle)
                    x1 = int(x * self.cell_size + magnitude * cell_width * math.cos(angle_radian))
                    y1 = int(y * self.cell_size + magnitude * cell_width * math.sin(angle_radian))
                    x2 = int(x * self.cell_size - magnitude * cell_width * math.cos(angle_radian))
                    y2 = int(y * self.cell_size - magnitude * cell_width * math.sin(angle_radian))
                    cv2.line(image, (y1, x1), (y2, x2), int(255 * math.sqrt(magnitude)))
                    angle + =  angle_gap
        return image

img = cv2.imread('hog_image.jpg', cv2.IMREAD_GRAYSCALE) #灰度图片
hog = Hog_descriptor(img, cell_size = 8, bin_size = 9)
vector, image = hog.extract()
print(np.array(vector).shape)
plt.subplot(121)
plt.imshow(img, cmap = plt.cm.gray)
plt.subplot(122)
plt.imshow(image, cmap = plt.cm.gray)
plt.show()
```

注：本实验代码参考了 https://blog.csdn.net/ppp8300885/article/details/71078555。

实验结果如图 11-7 所示，左图为输入的灰度图像，右图为灰度图每个单元的梯度方向直方图的可视化。其中，“亮线”代表了单元中的梯度方向密度分布，亮度越高说明累计梯度强度越大。可以看出，图像中局部目标的表象和形状能够被梯度的方向密度分布很好地描述。如在屋顶和窗户的边缘处，梯度方向密度较大，在可视化图中对应的亮度也就越高。

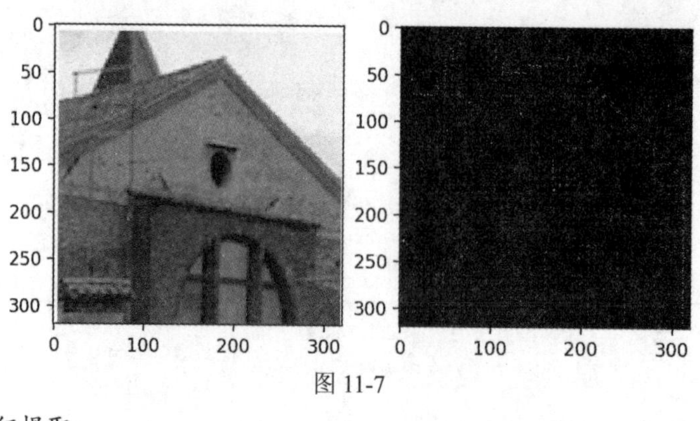

图 11-7

3) SIFT 特征提取

(1) 读入图像：cv.imread()。

(2) 转换成灰度值：cv2.cvtColor()。

(3) 实例化 SIFT 函数：sift = cv2.SIFT_create()。

(4) 计算出图像的关键点和 SIFT 描述子：sift.detectAndCompute()。

(5) 画出特征点：cv2.drawKeypoints()。

对图像进行 SIFT 特征提取的参考代码如下：

```
import cv2
img = cv2.imread("lenna.jpg")
img_gray = cv2.cvtColor(img, cv2.COLOR_BGR2GRAY)
sift = cv2.SIFT_create(nfeatures = 0, nOctaveLayers = 3, contrastThreshold = 0.04,
                       edgeThreshold = 10, sigma = 1.6)
keypoints, descriptors = sift.detectAndCompute(img_gray, None)

for keypoint,descriptor in zip(keypoints, descriptors):
    print("keypoint:", keypoint.angle, keypoint.class_id, keypoint.octave, keypoint.pt,
          keypoint.response, keypoint.size)
    print("descriptor: ", descriptor.shape)

img = cv2.drawKeypoints(image = img_gray, outImage = img, keypoints = keypoints,
                        flags = cv2.DRAW_MATCHES_FLAGS_DRAW_RICH_KEYPOINTS,
                        color = (51, 163, 236))

cv2.imshow("img_gray", img_gray)
cv2.imshow("new_img", img)
cv2.waitKey(0)
cv2.destroyAllWindows()
```

SIFT 特征提取结果如图 11-8 所示，其中，各圆圈的圆心表示特征点位置，圆圈大小表示特征点尺度，圆圈中“半径”状线段表示特征点方向。

图 11-8

4) SIFT 特征匹配

(1) 读入图像：cv.imread()。

(2) 转换成灰度值：cv2.cvtColor()。

(3) 实例化 SIFT 函数：sift = cv2.SIFT_create()。

(4) 计算出图像的关键点和 SIFT 描述子：sift.detectAndCompute()。

(5) 实例化匹配函数：matcher = cv2.BFMatcher()。

(6) 关键点匹配：matches = matcher.knnMatch()。

(7) 画出匹配连线：cv2.drawMatches。

对图像进行 SIFT 特征匹配的实现代码如下：

```
import cv2
import numpy as np


img1 = cv2.imread("flower1.jpg")
img2 = cv2.imread("flower2.jpg")
sift = cv2.SIFT_create()


kp1, des1 = sift.detectAndCompute(img1, None)
kp2, des2 = sift.detectAndCompute(img2, None)


#匹配
matcher = cv2.BFMatcher()
matches = matcher.knnMatch(des1, des2, k = 2)        #k = 2，表示寻找两个最近邻


h1, w1 = img1.shape[:2]
h2, w2 = img2.shape[:2]

good_match = []
for m, n in matches:
    if m.distance < 0.5*n.distance:
    #如果第一个邻近距离比第二个邻近距离的 0.5 倍小，则保留
        good_match.append(m)

out_img = np.zeros((max(h1, h2), w1 + w2, 3), np.uint8)
out_img[:h1, :w1] = img1
out_img[:h2, w1:w1 + w2] = img2
out_img = cv2.drawMatches(img1, kp1, img2, kp2, good_match, out_img)
cv2.imshow("out_img2", out_img)
cv2.waitKey(0)
cv2.destroyAllWindows()
```

SIFT 特征匹配结果如图 11-9 所示，可以看出，虽然图像经过剪切，利用 SIFT 特征仍能正确匹配出两幅图像之间的特征点。

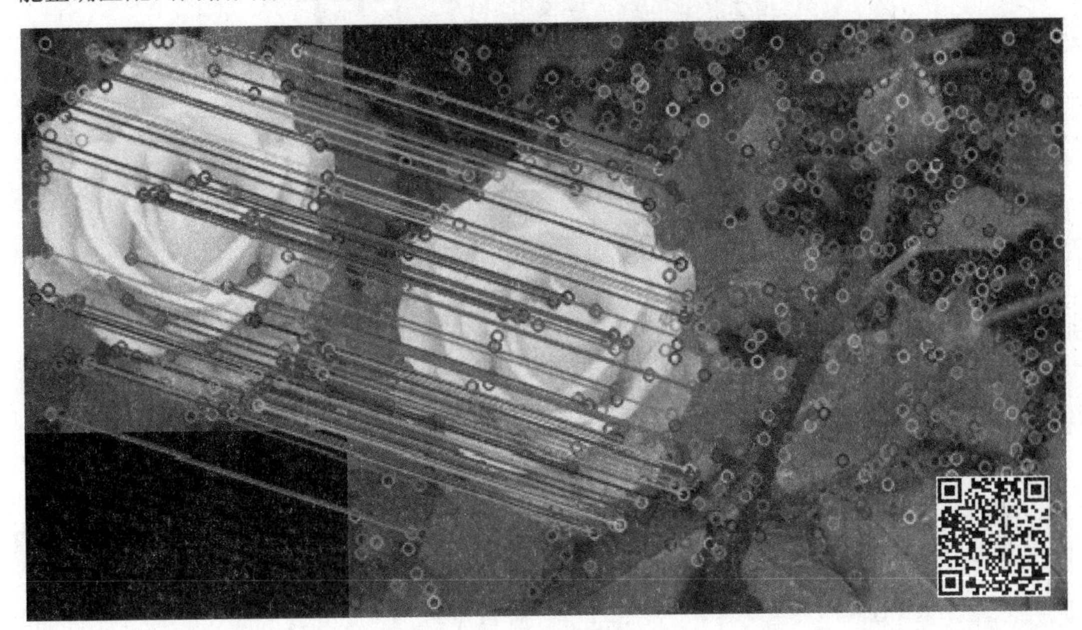

图 11-9

11.5　传统图像分类

一、实验目的

了解传统图像分类算法；能够利用 SIFT 特征和 SVM 分类器完成图像分类；掌握图像分类任务中的训练和测试流程。

二、实验内容

(1) 图像特征提取；

(2) 词袋模型建立；

(3) 分类器训练；

(4) 分类器测试。

三、实验步骤

1) 实验数据准备

本实验采用 mnist 手写字体数据集，如图 11-10 所示，mnist 数据集包含四个部分：

- Training set images: train-images-idx3-ubyte.gz (包含 60 000 个训练样本)；
- Training set labels: train-labels-idx1-ubyte.gz (包含 60 000 个训练样本标签)；
- Test set images: t10k-images-idx3-ubyte.gz (包含 10 000 个测试样本)；
- Test set labels: t10k-labels-idx1-ubyte.gz (包含 10 000 个测试样本标签)。

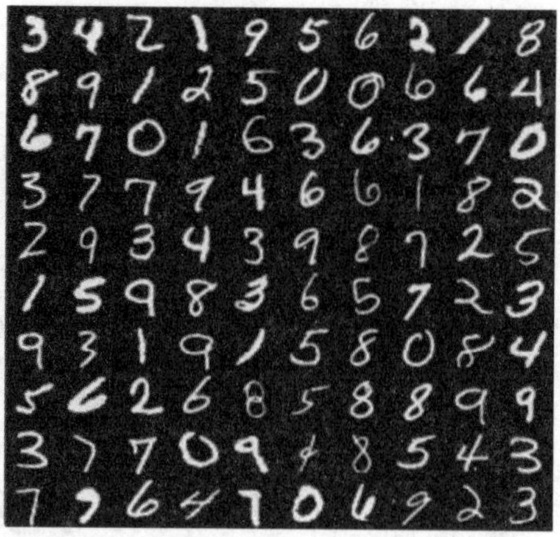

图 11-10

2) 提取 SIFT 特征

参考代码：

```
import numpy as np
import os
import struct
import cv2
import joblib
from sklearn.svm import LinearSVC
"""
从图片数据集提取 SIFT 特征
"""
def get_sift(image):
    sift = cv2.SIFT_create(50)   #max number of SIFT points is 50
sift = cv2.xfeatures2d.SIFT_create()

    kp, des = sift.detectAndCompute(image, None)
    #kp 是特征点，des 是特征点描述
    return des
```

3) 计算词袋

参考代码：

```
def learnVocabulary(features):
    wordCnt = 50
#criteria 表示迭代停止的模式
#eps---精度 0.1，max_iter---满足超过最大迭代次数 20
criteria = (cv2.TERM_CRITERIA_EPS + cv2.TERM_CRITERIA_MAX_ITER, 20, 0.1)
#得到 k-means 聚类的初始中心点
```

```
    flags = cv2.KMEANS_RANDOM_CENTERS
    #标签，中心 = kmeans(输入数据(特征)、聚类的个数 K、预设标签、
    #聚类停止条件、重复聚类次数、初始聚类中心点
    compactness, labels, centers = cv2.kmeans(features, wordCnt, None,criteria, 20, flags)
    return centers
```

4) 计算图像特征向量和标签

遍历训练集，用词袋模型和图像的 SIFT 关键点计算图像的特征向量以及对应的标签。

参考代码：

```
def calcFeatVec(features, centers):
    featVec = np.zeros((1, 50))
    for i in range(0, features.shape[0]):
        #第 i 张图片的特征点
        fi = features[i]
        diffMat = np.tile(fi, (50, 1)) - centers
        #axis = 1 按行求和，即求特征到每个中心点的距离
        sqSum = (diffMat**2).sum(axis = 1)
        dist = sqSum**0.5
        #升序排序
        sortedIndices = dist.argsort()
        #取出最小的距离，即找到最近的中心点
        idx = sortedIndices[0]
        #该中心点对应+1
        featVec[0][idx] + = 1
    return featVec


"""
利用词袋模型与 SIFT 特征计算特征向量，以及与特征向量对应的 label
"""
def get_featrue_label(images_list, labels_list):
    centers = np.load("./svm_centers.npy")
    features = np.float32([]).reshape(0, 50)
    labels = np.float32([])
    for image,label in zip(images_list,labels_list):
        image = np.array(image).reshape(28, 28)
        image = cv2.normalize(image, None, 0, 255, cv2.NORM_MINMAX).astype('uint8')
        des = get_sift(image)   #des 是特征点描述
        if des is None:
            continue
        featVec = calcFeatVec(des, centers)   #使用词袋模型和 SIFT 特征
```

```
#计算图像的特征向量
            features = np.append(features, featVec, axis = 0)
            labels = np.append(labels,label)
        return features ,labels
```

5) 分类器训练

用4)中得到的所有特征向量和训练标签，对SVM分类器进行训练。

```
"""
分类器训练
"""
def train():
    labels_path = os.path.join("./", 'train-labels.idx1-ubyte')
    images_path = os.path.join("./", 'train-images.idx3-ubyte')
    with open(labels_path, 'rb') as lbpath:
        magic, n = struct.unpack('>II', lbpath.read(8))
        labels = np.fromfile(lbpath, dtype = np.uint8)
    with open(images_path, 'rb') as imgpath:
        magic, num, rows, cols = struct.unpack(">IIII", imgpath.read(16))    #文件的描述信息
        print("magic, num, rows, cols", magic, num, rows, cols)
        #2051 60000 28 28
        images = np.fromfile(imgpath, dtype = np.uint8).reshape(len(labels), 784)
    images_list = images.tolist()
    labels_list = labels.tolist()
    feature_sets = np.float32([]).reshape(0 ,128)

    print("提取特征点")
    for image_list,label_index in zip(images_list[:10000],labels_list[:10000]):
        image = np.array(image_list).reshape(28, 28)
        image = cv2.normalize(image, None, 0, 255, cv2.NORM_MINMAX).astype('uint8')
        des = get_sift(image)       #des是特征点描述
        if des is None:             #有可能没有检测出特征点
            continue
        feature_sets = np.append(feature_sets, des, axis = 0)

    print("聚类描述建立词袋")
    centers = learnVocabulary(feature_sets)
    #保存词袋
    filename = "./svm_centers.npy"
    np.save(filename, centers)
    print("计算特征向量")
```

```
    trainData, trainLabel = get_featrue_label(images_list[:10000], labels_list[:10000])
    print("支持向量机分类器训练")
    clf = LinearSVC()
    clf.fit(trainData, trainLabel)
    joblib.dump(clf, "digits_cls.pkl", compress = 3)        #保存分类器模型
    print("训练结束")
```

6) 分类器测试

输入测试集路径，用来将得到的图片特征向量输入到已经训练好的 SVM 分类器中求得预测结果，与事实标签进行比较，得到分类器在测试集上的正确率。

```
"""
测试数据集
"""
def test():
    labels_path = os.path.join("./", 't10k-labels.idx1-ubyte')
    images_path = os.path.join("./", 't10k-images.idx3-ubyte')
    with open(labels_path, 'rb') as lbpath:
        magic, n = struct.unpack('>II', lbpath.read(8))
        t10k_labels = np.fromfile(lbpath, dtype = np.uint8)
    with open(images_path, 'rb') as imgpath:
        magic, num, rows, cols = struct.unpack(">IIII", imgpath.read(16))
        t10k_images = np.fromfile(imgpath, dtype = np.uint8).reshape(len(t10k_labels), 784)
    images_list = t10k_images.tolist()
    labels_list = t10k_labels.tolist()

    print("使用测试集进行分类器测试")
    predict_date,test_label = get_featrue_label(images_list[:500], labels_list[:500])

    clf = joblib.load("digits_cls.pkl")          #读取模型，生成分类器
    predictions = clf.predict(predict_date)
    num_correct = 0
    for i in range(len(predictions)):           #比照预测数据与标签
        if predictions[i] = = test_label[i]:
            num_correct += 1
print("%s of %s values correct." % (num_correct, len(predictions)))


train()
test()
```

注：本实验代码部分参考了 https://blog.csdn.net/tzwsg/article/details/112596769。

11.6　神经网络分类

一、实验目的

熟悉 Pyhon 和 OpenCV 的运行环境、图像处理的常用指令以及 numpy 和 matplotlib 库的使用，掌握神经网络基本概念及搭建网络模型的一般步骤。

二、实验内容

(1) 神经网络模型构建；

(2) 网络训练；

(3) 性能测试。

三、实验步骤

1) 实验数据准备

本实验仍然采用 mnist 手写字体数据集作为实验数据集，与实验五不同的是，本实验采用 Tensorflow 1.0 框架，Tensorflow 在其 example 中加入了该数据集，并提供了相应的实现方法，因此，不需要作额外的数据处理。

2) 网络构建

(1) 输入：对于手写数字识别问题，训练样本为 28×28 的单通道灰度图像，一张图像有 784 个特征，那么将 N 张图像同时输入，则相当于输入 $N \times 784$ 的数据。这里的 N 通常是批量处理时每一次输入数据的批量大小，例如，本实验中每次遍历输入 50 张图片，那么 N 就是 50。

(2) 输出：因为最终要得出的是每张图片的分类到底是数字 0，1，2，3，4，5，6，7，8，9 中的哪一类，所以这是一个 10 分类问题。

(3) 隐层设计：共设计两层隐藏层，隐藏层 1 设计了 256 个神经元，隐藏层 2 设计了 128 个神经元。那么，w_1 的维度为 784×256，w_2 的维度为 256×128，w_3 的维度为 128×10。

(4) 非线性层：采用 sigmoid 作为激活函数。

3) 网络训练

(1) 前向传播：将网络上一层的输出作为下一层的输入，传播过程主要包括线性计算和非线性计算，线性计算为 $w*x$+bias(各层 w 取值和 bias 初始值均为随机设置)，非线性计算则是对 $w*x$+bias 的结果进行非线性激活，采用 sigmoid()函数。

(2) 损失函数：将前向传播的计算结果输入到 softmax 分类器中，再将分类结果与训练样本的真实标签比较，最后采用交叉熵损失函数得到 loss 值。

(3) 反向传播：根据得到的 loss 值，采用 Adam 优化器进行反向传播，更新各层参数 w 和 bias。

4) 性能测试

将测试样本输入训练好的网络模型，得到测试结果。

本实验的参考代码：

```
import tensorflow as tf
from tensorflow.examples.tutorials.mnist import input_data
def get_data():
    mnist = input_data.read_data_sets("MNIST_data/", one_hot = True)
    return mnist
def weight_variable(shape):
    #产生随机数
    init = tf.truncated_normal(shape,stddev = 0.1)
    return tf.Variable(init)
def bias_variable(shape):
    init = tf.constant(0.1,shape = shape)
    return tf.Variable(init)
def network(mnist):
    #第一层隐藏层，256 个神经元
    X = tf.placeholder(tf.float32,shape = [None,784])
    weight1 = weight_variable([784,256])
    bias1 = bias_variable([256])
    h1 = tf.nn.sigmoid(tf.matmul(X,weight1)+bias1)
    #第二层隐藏层，128 个神经元
    weight2 = weight_variable([256,128])
    bias2 = bias_variable([128])
    h2 = tf.nn.sigmoid(tf.matmul(h1,weight2)+bias2)
    #输出层
    weight3 = weight_variable([128,10])
    bias3 = bias_variable([10])
    h3 = tf.nn.sigmoid(tf.matmul(h2,weight3)+bias3)
    #配置 dropout 层
    keep_prob = tf.placeholder("float")
    h3_drop = tf.nn.dropout(h3, keep_prob)
    #softmax 输出层
    y_predict = tf.nn.softmax(h3_drop)
    #训练样本标签
    y_label = tf.placeholder(dtype = tf.float32,shape = [None,10])

    #交叉熵函数
    loss = -tf.reduce_sum(y_label * tf.log(y_predict))
    #优化器反向传播
    train_step = tf.train.AdamOptimizer(learning_rate = 1e-3).minimize(loss)
    #计算准确率
```

```
        prediction = tf.equal(tf.argmax(y_predict,1),tf.argmax(y_label,1))
        accuracy = tf.reduce_mean(tf.cast(prediction,"float"))
        #初始化参数
        sess = tf.InteractiveSession()
        sess.run(tf.initialize_all_variables())
        #开始训练
        for i in range(1000):
            train_set = mnist.train.next_batch(50)
            if i%100 = = 0:
                train_acc = accuracy.eval(feed_dict = {X:train_set[0],y_label:train_set[1],keep_prob:1})
                print("step %d,training accuracy is %g"%(i,train_acc))
            else:
                sess.run(train_step,feed_dict = {X:train_set[0],y_label:train_set[1],keep_prob:0.5})
        #性能测试
        point = 0
        for i in range(10):
            test_set = mnist.test.next_batch(50)
            temp_point = sess.run(accuracy,feed_dict = {X:test_set[0],y_label:test_set[1],keep_prob : 1})
            print(temp_point)
            point += temp_point
        average_point = point/10
        print("average_point:%g"%(average_point))


    if_name_ = = "_main_":
        mnist = get_data()
        network(mnist)
```

注：本实验代码参考了 https://blog.csdn.net/bofu_sun/article/details/101604238。

11.7 卷积神经网络分类

一、实验目的

深入理解卷积神经网络的原理和流程，掌握深度网络的构建、参数设置、训练和测试等环节。

二、实验内容

(1) 数据集的下载；

(2) 卷积神经网络模型的建立；

(3) 模型的训练；

(4) 模型的加载和测试。

三、实验步骤

1) 实验数据准备

采用 mnist 手写字体数据集。

2) 卷积神经网络模型的建立

用 class 类建立的 CNN 模型包括以下层次：卷积层(Conv2d)→激活函数(ReLU)→最大池化(MaxPooling)→卷积层(Conv2d)→激活函数(ReLU)→最大池化(MaxPooling)→展平多维特征图→接入全连接层(Linear)→输出。

各层参数如下：

(1) 第一个卷积层(Conv2d)的输入图像大小为 28 × 28 × 1，因为 mnist 数据集是灰度图像，只有一个通道。卷积核个数设置为 16，卷积核大小设置为 5 × 5，步长设置为 1，padding 设置为 2。激活函数使用 ReLU 函数，最大池化层(MaxPooling)卷积核大小设置为 2 × 2。

(2) 第二个卷积层(Conv2d)的输入图像大小为 14 × 14 × 16，卷积核个数设置为 32，卷积核大小设置为 5 × 5，步长设置为 1，padding 设置为 2。激活函数使用 ReLU 函数，最大池化层(MaxPooling)卷积核大小设置为 2 × 2。

(3) 建立全卷积连接层，输出是 10 个类别，对应 0～9 共 10 个数字。

3) 模型的训练

训练参数设置如下：训练整批数据的次数 epoch 取 100，BATCH_SIZE 设置为 64，学习率设置为 0.001，激活函数采用 ReLU 函数，优化器采用 Adam。

将训练样本 x 及其标签 y 输入 CNN，采用 nn.CrossEntropyLoss()函数计算网络预测结果和样本真实标签之间的损失，利用 torch.optim.Adam(cnn.parameters(), lr = LR)计算 Adam 优化器，更新网络权重。最后，将训练好的模型保存为 cnn2.pkl。

4) 模型的加载和测试

模型的加载使用 cnn.load_state_dict(torch.load('cnn2.pkl'))实现。为了方便显示结果，取测试数据集中前 32 张图像进行测试，如图 11-11 所示。

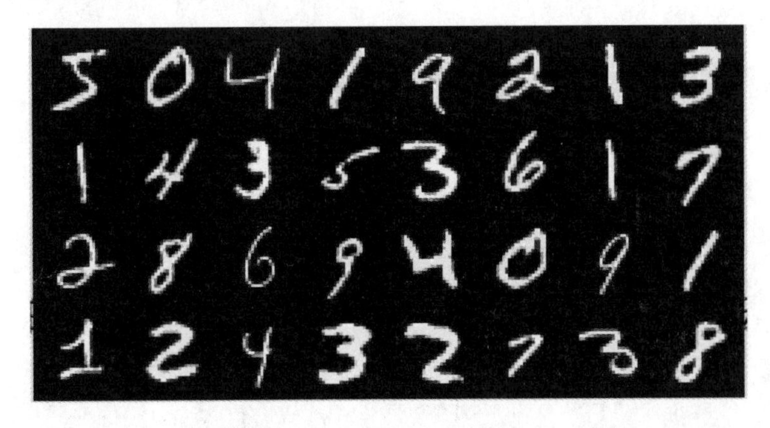

图 11-11

对实验图 11-11 的测试结果为

[5 0 4 1 9 2 1 3 1 4 3 5 3 6 1 7 2 8 6 9 4 0 9 1 1 2 4 3 2 7 3 8]

11.8　YOLO 目标检测

一、实验目的

深入理解 YOLO 目标检测算法的原理；掌握 YOLO 网络模型的构建；能够使用训练好的模型进行目标检测。

二、实验内容

(1) YOLO 网络模型构建；

(2) YOLO 网络测试。

三、实验步骤

1) 实验准备

从 Darknet 官网上下载 yolov3 的下列相关文件：

- yolov3.weights：包含预训练的网络权重；
- yolov3.cfg：包含网络配置；
- coco.names：包含 COCO 数据集中的 80 个不同类别名。

实验中最好把这 3 个文件与程序文件放在相同目录下，否则，需要改动文件的导入地址。

2) 导入所需第三方库

参考代码：

```
import cv2
import numpy as np
import os
import time
import matplotlib.pyplot as plt
from PIL import Image
```

3) 初始化配置

配置文件路径和实验阈值：

```
def yolo_detect(pathIn = '',
            pathOut = None,
            label_path = './cfg/coco.names',                    #类别标签文件路径
            config_path = './cfg/yolov3_coco.cfg',              #模型配置文件路径
            weights_path = './cfg/yolov3_coco.weights',         #模型权重文件路径
            confidence_thre = 0.5,                              #置信度阈值
            nms_thre = 0.3,                                     #非极大值抑制阈值
            jpg_quality = 80):
```

加载类别标签文件：

```
LABELS = open(label_path).read().strip().split("\n")
nclass = len(LABELS)
```

加载模型配置和权重文件：

```
net = cv2.dnn.readNetFromDarknet(config_path, weights_path)
```

4) 输入图像预处理

在利用 OpenCV 进行深度网络计算时，一般将图像转换为 blob 形式。在本实验中，利用 blobFromImage 函数将图像像素值缩放到[0, 1]范围，且在不裁剪的情况下，将图片尺寸调整为(416, 416)。

```
blob = cv2.dnn.blobFromImage(img, 1/255.0, (416, 416), swapRB = True, crop = False)
```

5) 将 blob 输入到前向网络中进行预测

参考代码：

```
net.setInput(blob)
layerOutputs = net.forward(ln)
```

6) 保留检测框

遍历检测结果，只保留置信度高于给定阈值的检测框。

7) 非极大值抑制

使用非极大值抑制方法减少重叠的边界框。

```
idxs = cv2.dnn.NMSBoxes(boxes, confidences, confidence_thre, nms_thre)
```

该实验的源码和结果见教材 8.6 节 YOLO 目标检测实例。

本 章 小 结

本章详细介绍了计算机视觉相关实验，包括图像基础实验、特征提取、传统图像分类、卷积神经网络分类，以及 YOLO 目标检测等，提供了可实现的操作步骤和参考代码，为读者进行计算机视觉实践奠定基础。

参考文献

[1] ROBERTS L G. Machine perception of three-dimensional solids[D]. Massachusetts Institute of Technology, 1963.

[2] DAVID MARR. Vision: A computational investigation into the human representation and processing of visual information. The MIT Press, 2010.

[3] FELZENSZWALB P F, HUTTENLOCHER D P. pictorial structures for object recognition [J]. International Journal of Computer Vision, 2005, 61(1): 55-79.

[4] BROOKS R A, BINFORD T O. Geometric modeling in vision for manufacturing[C]: Techniques and Applications of Image Understanding. SPIE, 1981, 281: 141-159.

[5] DENG J, DONG W, SOCHER R, et al. Imagenet: A large-scale hierarchical image database[C]: 2009 IEEE conference on computer vision and pattern recognition. IEEE, 2009: 248-255.

[6] ALOM M Z, TAHA T M, YAKOPCIC C, et al. The history began from alexnet: A comprehensive survey on deep learning approaches[J]. arXiv preprint arXiv:1803.01164, 2018.

[7] ZHONG Z, JIN L, XIE Z. High performance offline handwritten chinese character recognition using googlenet and directional feature maps[C]. 2015 13th International Conference on Document Analysis and Recognition (ICDAR). IEEE, 2015: 846-850.

[8] SZEGEDY C, IOFFE S, VANHOUCKE V, et al. Inception-v4, inception-resnet and the impact of residual connections on learning[C]. Thirty-first AAAI conference on artificial intelligence. 2017.

[9] XIAO H, RASUL K, VOLLGRAF R. Fashion-mnist: a novel image dataset for benchmarking machine learning algorithms[J]. arXiv preprint arXiv:1708.07747, 2017.

[10] RECHT B, ROELOFS R, SCHMIDT L, et al. Do CIFAR-10 classifiers generalize to CIFAR-10?[J]. arXiv preprint arXiv:1806.00451, 2018.

[11] SALAKHUTDINOV R, TENENBAUM J B, TORRALBA A. Learning with hierarchical-deep models[J]. IEEE transactions on pattern analysis and machine intelligence, 2012, 35(8): 1958-1971.

[12] VICENTE S, CARREIRA J, AGAPITO L, et al. Reconstructing pascal voc[C]. Proceedings of the IEEE conference on computer vision and pattern recognition. 2014: 41-48.

[13] VINYALS O, TOSHEV A, BENGIO S, et al. Show and tell: lessons learned from the 2015 mscoco image captioning challenge[J]. IEEE transactions on pattern analysis and machine intelligence, 2016, 39(4): 652-663.

[14] SANDLER M, HOWARD A, ZHU M, et al. Mobilenetv2: inverted residuals and linear bottlenecks[C]. Proceedings of the IEEE conference on computer vision and pattern recognition. 2018: 4510-4520.

[15] KANG X, ZHUO B, DUAN P. Dual-path network-based hyperspectral image classification[J]. IEEE Geoscience and Remote Sensing Letters, 2018, 16(3): 447-451.

[16] HU J, SHEN L, SUN G. Squeeze-and-excitation networks[C]. Proceedings of the IEEE conference on computer vision and pattern recognition. 2018: 7132-7141.

[17] ZHANG X, ZHOU X, LIN M, et al. Shufflenet: an extremely efficient convolutional neural network for mobile devices[C]. Proceedings of the IEEE conference on computer vision and pattern recognition. 2018: 6848-6856.

[18] RAFAEL C. GONZALEZ, RICHARD E. WOODS. 数字图像处理[M]. 阮秋奇，阮宇智，译. 北京：电子工业出版社，2007.

[19] 霍宏涛. 数字图像处理[M]. 北京：北京理工大学出版社，2002.

[20] PRATT W K. Digital image processing[M], New York: Wiley Interscience, 1978.

[21] YLI-HARJA O, ASTOLA J, NEUVO Y. Analysis of the properties of median and weighted median filters using threshold logic and stack filter representation[J]. IEEE Transactions on Signal Processing, 1991, 39(2): 395-410.

[22] DENG G, PINOLI J C. Differentiation-based edge detection using the logarithmic image processing model[J]. Journal of Mathematical Imaging and Vision, 1998, 8(2): 161-180.

[23] DALAL N, TRIGGS B. Histograms of oriented gradients for human detection[C]. 2005 IEEE computer society conference on computer vision and pattern recognition (CVPR'05). IEEE, 2005, 1: 886-893.

[24] LOWE D G. Object recognition from local scale-invariant features[C]. Proceedings of the seventh IEEE international conference on computer vision. IEEE, 1999, 2: 1150-1157.

[25] LOWE D G. Distinctive image features from scale-invariant keypoints[J]. International journal of computer vision, 2004, 60(2): 91-110.

[26] IIJIMA T. Basic theory on normalization of a pattern [J]. Bulletin of Electro Technical Laboratory, 1962.

[27] COVER T M, HART P E. Nearest neighbor pattern classification[J]. IEEE Transactions on Information Theory, 1967, 13(1): 21-27.

[28] WESTON J, WATKINS C. Support vector machines for multi-Class pattern recognition. Proc European Symposium on Artificial Neural Networks, 1999.

[29] [日]斋藤康毅. 深度学习入门(基于 Python 的理论与实现)[M]. 陆宇杰，译. 北京：人民邮电出版社，2018.

[30] WANG S C. Artificial neural network[M]. Interdisciplinary computing in java programming. Springer, Boston, MA, 2003: 81-100.

[31] WIESEL T N, HUBEL D H. Single-cell responses in striate cortex of kittens deprived of vision in one eye[J]. Journal of neurophysiology, 1963, 26(6): 1003-1017.

[32] VIOLA P, JONES M J. Robust real-time face detection[J]. International journal of computer vision, 2004, 57(2): 137-154.

[33] UIJLINGS J R R, VAN DE SANDE K E A, GEVERS T, et al. Selective search for object recognition[J]. International journal of computer vision, 2013, 104(2): 154-171.

[34] REN S, HE K, GIRSHICK R, et al. Faster r-cnn: towards real-time object detection with region proposal networks[J]. Advances in neural information processing systems, 2015, 28.

[35] REDMON J, DIVVALA S, GIRSHICK R, et al. You only look once: unified, real-time object detection[C]. Proceedings of the IEEE conference on computer vision and pattern recognition. 2016: 779-788.

[36] LIU W, ANGUELOV D, ERHAN D, et al. Ssd: single shot multibox detector[C]. European conference on computer vision. Springer, Cham, 2016: 21-37.

[37] LAW H, DENG J. Cornernet: detecting objects as paired keypoints[C]. Proceedings of the European conference on computer vision (ECCV). 2018: 734-750.

[38] DUAN K, BAI S, XIE L, et al. Centernet: keypoint triplets for object detection[C]. Proceedings of the IEEE/CVF international conference on computer vision. 2019: 6569-6578.

[39] ZHU C, HE Y, SAVVIDES M. Feature selective anchor-free module for single-shot object detection[C]. Proceedings of the IEEE/CVF conference on computer vision and pattern recognition. 2019: 840-849.

[40] TIAN Z, SHEN C, CHEN H, et al. Fcos: fully convolutional one-stage object detection[C]. Proceedings of the IEEE/CVF international conference on computer vision. 2019: 9627-9636.

[41] ZHU C, CHEN F, SHEN Z, et al. Soft anchor-point object detection[C]. European Conference on Computer Vision. Springer, Cham, 2020: 91-107.

[42] ROBINSON A J, FALLSIDE F. The utility driven dynamic error propagation network[M]. Cambridge: University of Cambridge Department of Engineering, 1987.

[43] WERBOS P J. Generalization of backpropagation with application to a recurrent gas market model[J]. Neural networks, 1988, 1(4): 339-356.

[44] HOCHREITER S, SCHMIDHUBER J. Long short-term memory[J]. Neural computation, 1997, 9(8): 1735-1780.

[45] SCHUSTER M, PALIWAL K K. Bidirectional recurrent neural networks[J]. IEEE transactions on Signal Processing, 1997, 45(11): 2673-2681.

[46] HINTON G E, OSINDERO S, TEH Y W. A fast learning algorithm for deep belief nets[J]. Neural computation, 2006, 18(7): 1527-1554.

[47] GOODFELLOW I, POUGET-ABADIE J, MIRZA M, et al. Generative adversarial nets[J]. Advances in neural information processing systems, 2014, 27.

[48] KARRAS T, AILA T, LAINE S, et al. Progressive growing of gans for improved quality, stability, and variation[J]. arXiv preprint arXiv:1710.10196, 2017.

[49] BROCK A, DONAHUE J, SIMONYAN K. Large scale GAN training for high fidelity natural image synthesis[J]. arXiv preprint arXiv:1809.11096, 2018.

[50] ISOLA P, ZHU J Y, ZHOU T, et al. Image-to-image translation with conditional adversarial networks[C]. Proceedings of the IEEE conference on computer vision and

pattern recognition. 2017: 1125-1134.

[51] 南亚会，华庆一. 遮挡人脸表情识别深度学习方法研究进展[J]. 计算机应用研究，2022, 39(2): 10.

[52] TAIGMAN Y, YANG M, RANZATO M A, et al. Deepface: closing the gap to human-level performance in face verification[C]. Proceedings of the IEEE conference on computer vision and pattern recognition. 2014: 1701-1708.

[53] TRIGUEROS D S, MENG L, HARTNETT M. Face recognition: from traditional to deep learning methods[J]. arXiv preprint arXiv:1811.00116, 2018.

[54] GOODFELLOW I J, BULATOV Y, IBARZ J, et al. Multi-digit number recognition from street view imagery using deep convolutional neural networks[J]. Computer Science, 2013.

[55] EKMAN P, FRIESEN W V. Facial action coding system[J]. Environmental Psychology & Nonverbal Behavior, 1978.

[56] ROSENBLUM M, YACOOB Y, DAVIS L S. Human emotion recognition from motion using a radial basis function network architecture, Uni. of Maryland[R]. CS-TR-3304, 1994.

[57] YU Z, ZHANG C. Image based static facial expression recognition with multiple deep network learning[C]. Proceedings of the 2015 ACM on international conference on multimodal interaction. 2015: 435-442.

[58] LOPES A T, DE AGUIAR E, OLIVEIRA-SANTOS T. A facial expression recognition system using convolutional networks[C]. 2015 28th SIBGRAPI Conference on Graphics, Patterns and Images. IEEE, 2015: 273-280.

[59] WANG J, YUAN C. Facial expression recognition with multi-scale convolution neural network[C]. Pacific Rim Conference on Multimedia. Springer, Cham, 2016: 376-385.

[60] ZHAO X, SHI X, ZHANG S. Facial expression recognition via deep learning[J]. IETE technical review, 2015, 32(5): 347-355.

[61] HE J, CAI J, FANG L, et al. Facial expression recognition based on LBP/VAR and DBN model[J]. Application research of computers, 2016, 33(8): 2509-2513.

[62] LI C, WEI W, WANG J, et al. Face recognition based on deep belief network combined with center-symmetric local binary pattern[M]. Advanced multimedia and ubiquitous engineering. Springer, Singapore, 2016: 277-283.